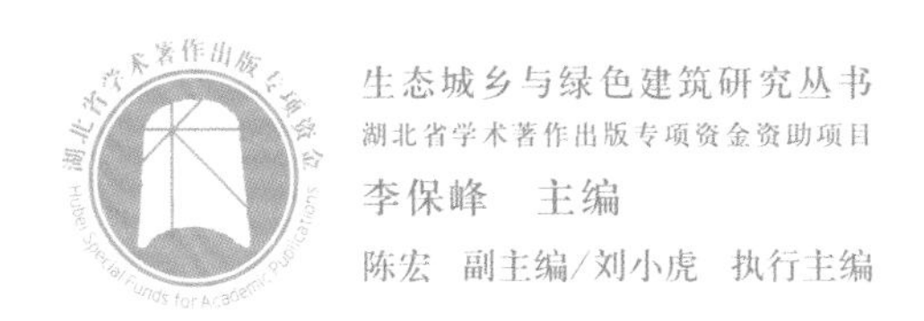

生态城乡与绿色建筑研究丛书

湖北省学术著作出版专项资金资助项目

李保峰 主编

陈宏 副主编/刘小虎 执行主编

Urban Blocks Wind Environment Evaluation and Form Generation Design

城市街区风环境评价与形态生成方法研究

耿雪川 著

中国 · 武汉

图书在版编目(CIP)数据

城市街区风环境评价与形态生成方法研究/耿雪川著.—武汉:华中科技大学出版社,2020.12

(生态城乡与绿色建筑研究丛书)

ISBN 978-7-5680-6815-4

Ⅰ. ①城… Ⅱ. ①耿… Ⅲ. ①风-影响-城市道路-环境生态评价-研究 Ⅳ. ①TU984.11

中国版本图书馆 CIP 数据核字(2020)第 264382 号

城市街区风环境评价与形态生成方法研究 耿雪川 著

Chengshi Jiequ Fenghuanjing Pingjia yu Xingtai Shengcheng Fangfa Yanjiu

策划编辑:易彩萍
责任编辑:曹 霞
封面设计:王 娜
责任校对:张会军
责任监印:朱 玢
出版发行:华中科技大学出版社(中国·武汉) 电话:(027)81321913
武汉市东湖新技术开发区华工科技园 邮编:430223
录 排:华中科技大学惠友文印中心
印 刷:武汉市金港彩印有限公司
开 本:710mm×1000mm 1/16
印 张:19.25
字 数:294 千字
版 次:2020 年 12 月第 1 版第 1 次印刷
定 价:258.00 元

作者简介 | About the Author

耿雪川

同济大学建筑学博士，青岛理工大学建筑与城乡规划学院建筑系副主任。主要研究方向为绿色建筑、城市微气候，教授课程为绿色建筑概论、建筑设计。

特别致谢 | Acknowledgement

博士生导师同济大学建筑与城市规划学院宋德萱教授，华中科技大学建筑与城市规划学院刘小虎教授，学生梁马予祺、张文豪、孙欣阳、许嘉琪、俞沐含、慕璟云、张茜如、葛力铭、史鸿雁、台文彬、李博文。

前　　言

空气质量是《全国健康城市评价指标体系(2018 版)》的重要指标之一，而街区作为城市结构与城市生活的基本组织单元，是城市设计的基本载体，因此营造舒适、健康的街区风环境自然成为良性城市设计的本源性诉求与重要目标之一。

对于风环境来说，虽然目前性能模拟技术和多目标控制模式都已日臻完善，但是传统的性能模拟平台杂而多，要求设计者有较高的专业技术水平才能操作，而多目标优化工具多数情况下是通过脚本来实现的，不易与模型和性能模拟平台进行对接，这就造成了在一般情况下，设计师难以充分地利用这些工具实现在方案阶段对城市空间的风环境进行优化设计的目标。基于算法利用计算机进行性能化设计方法的出现，为实现模拟与设计之间的反馈、联动，自动寻优，提高设计效率提供了很好的方法。因此，本书以城市街区室外风环境优化为出发点，基于参数化设计软件和多目标进化算法(multi-objective evolutionary algorithm，MOEA)，开展城市街区形态优化设计研究。

第一章，通过对微气候、城市风环境、街区、参数化设计、算法与进化算法等方面的梳理，对相关研究成果进行了分类综述，明确了基于多目标进化算法，以城市街区形态风环境性能优化设计为研究对象开展研究。

第二章，在多目标性能化设计层面，确定了人机结合的“生成—评价—寻优”所构成的多目标优化设计过程框架。在街区形态与风环境评价方面，通过对各指标的研究，提出街区形态的分类方法与风环境评价方法，为形态生成、风环境评价及优化目标的研究奠定了基础。在优化设计方法方面，提出针对街区形态的参数化生成渠道与方法，利用 IGD(inverted generational distance，反世代距离)指标针对 SPEA2(strength pareto evolutionary algorithm 2，改进强度的 Pareto 进化算法)和 NSGA-Ⅱ(non-dominated sorting genetic algorithm Ⅱ,第二代非支配排序遗传算法)两种多目标进化算法进行了性能检验,确定了 NSGA-Ⅱ算法的优势。

第三章,通过对我国城市地理特征以及街区形态特征的阐述,确定了青岛的代表性。以青岛东岸城区为例,多源获取城市数据,依照数据对城市街区进行了分类以及分布情况分析。基于分析结果在青岛东岸城区中选取了三个形态的街区代表城市片区,为风环境模拟评价研究提供研究基础。

第四章,从气象数据获取到模拟评价,确定了基于人主要活动时间的模拟边界条件,以及城市片区的风环境模拟与指标计算方法,并提出了基于城市片区的模拟结果提取各个街区的评价指标数据及边界条件数据的方法。经过模拟,对城市片区内的各个街区进行了评价,总结了不同街区类型的风环境特征。

第五章,基于对多目标性能优化设计方法及风环境评价方法的研究,搭建了城市街区风环境优化设计插件程序,提出插件程序的基本结构由形态生成模块、风环境评价模块、性能优化模块构成,并对每个模块进行了详细阐述。然后,针对每个代表城市片区,选取了代表街区进行了优化平台的验证,初步证明了平台对街区风环境优化的有效性。

第六章,总结了本书的研究结论与研究不足,并对后续研究方向提出展望。

目　录

第一章 绪　　论

第一节　研究背景与研究意义

一、研究背景

1. 城市环境和资源

在人与自然之间不断进行能量交换、创造物质资源的过程中，城市及建筑发挥了不可替代的重要作用。然而，近年来伴随着城市化进程加速，城市生态系统的平稳运行受到了极大威胁，大肆破坏环境、浪费资源等行为给自然环境和人类生活都带来负面影响。如自然环境污染、水土流失加剧、耕地"三化"；再如城市郊区化扩张、房地产圈地行为等，城市土地资源正在侵蚀耕地面积。据统计，我国人均耕地面积已从1995年的2.82亩（1880 m^2）急剧下降至2017年的1.46亩（约973.33 m^2）；而我国私家车已从1985年的28万辆发展到2019年末的1.98亿辆，近五年来基本保持每年1400万辆的增长量，社会能源的总消耗量中有超过20%来自交通运输消耗，尤其在个别特大城市及大城市，由交通污染造成庞大的社会成本支出，约占该城市全年GDP总额的3%。虽然近年来我国采取了一系列的补救措施，截至2015年，基本建成了266.96万公顷的城市绿地，且达到40.12%的城市绿化覆盖率，但是相较于有关生态与环境保护组织提出"60 m^2 以上人均绿地面积"的最佳居住环境标准还是有较大差距。总体来看，过度的人为开发是污染水环境、破坏城市大气环境、浪费水资源、导致耕地面积大幅缩减的根本原因，由此带来的后果就是城市资源锐减、人居环境恶化，对城市长远发展非常不利。

现如今，我国城市化进程加快，鉴于中国城市发展的实际情况，高密度、高强度的发展之路是必然的。世界自然基金会(WWF)针对建设低碳城市提出的“CIRCLE 原则”指出，低碳城市最突出特征即“3H(高)”，分别为高层(high rise)、高密度(high density)、高容积率(high plot ratio)。紧凑型的“三高”布局决定了未来的低碳城市必然具备紧凑的建筑布局、高密度的人口分布以及复合的建筑功能，形成多中心的城市布局以及高效率的资源配置。当然，这样的区域分配必然伴随着用能的集中需求、超高城市密度以及多元负荷。

我国地域特征及人口结构的特殊性，再加上经济的现实状况，决定了西方发达国家成功的“郊区化”“反城市化”等做法并不适合我国发展实情，不能盲目跟随他国的发展策略。除此以外，传统的城市与建筑设计方法，过于倾向功能，却忽略了城市所处的地域空间特征以及社会经济发展实情，有悖于我国当下推崇的“可持续发展”理念。因此立足我国城市高速发展的现实背景，我国城乡规划师及建筑师亟须以如何合理配置城市资源、如何合理改善人居环境等角度为出发点，重新思考、规划城市与建筑发展的实践问题。妥善解决城市高层、高密度发展所带来的资源耗费及环境破坏问题，这是当代城乡规划师与建筑师面临的重大挑战，更是不可推卸的社会责任。

2. 城市风环境与街区微气候

21 世纪初，相继爆发的非典、雾霾天气乃至 2019 年发现的新型冠状病毒肺炎，无不提醒着人们再次重点关注城市发展的环境污染问题及通风问题。实际上，一座城市的空气质量水平及环境舒适度等指标与人们的身心健康息息相关。尤其在相对复杂的空间区域内，城市风环境的影响不可小觑。伴随城市建设速度的加快与建设力度的加强，城市近地层风环境愈加复杂，年静风天数逐年增多，城市内部形成了密不透风的封闭空间。与此同时，城市交通要道污染问题也需要引起人们的关注，近地层淤积了大量的污染物而不能及时排除或稀释，严重威胁城市环境，因此尽快缓解城市建设产生的负面影响，解决近地层环境污染问题已迫在眉睫。

各地区的方位特征、地形差异、土壤特性以及地面覆盖等城市下垫面要素的不同，导致即使近地面大气层的同一个地区，也可能存在个别地方气候差异的现象。因此，气象学家提出了“微气候”的概念，认为人类活动对微气

候的变化影响最大。对于城市居民来说,他们日常活动中接触最频繁的就是街区空间。实践表明,各街区的空间形态、界面属性等实际情况,都会影响温度、湿度、风速等微气候要素,直接决定了人们生活的舒适性。在城市微气候环境中,作为城市的基本构成单元,街区尺度的微气候是非常重要的组成部分。

3. 参数化设计

参数化设计是多年来设计领域的热门研究方法,该方法以计算机辅助设计技术为载体,支持开放性、创造性的设计过程,具有理想的设计效率。参数化设计最初在工业设计领域应用较为广泛,随着数字技术的进一步发展和成熟,参数化设计延伸到了建筑领域。与此同时,随着人们对自然科学、哲学等学科领域的研究日益深入,全球范围内掀起了研究复杂性科学的浪潮,参数化设计全面覆盖至社会科学和自然科学领域,这给设计工作的发展带来了深远影响。开始有设计师洞察到科学革命的影响力,努力探寻复杂性科学与建筑科学的契合点,并且创新性地引入分形理论、混沌理论以及自组织理论等各学科领域的基本理论观点,以此丰富建筑领域的设计思想。从最初的哥伦比亚大学、建筑联盟学院、贝尔拉格学院以及麻省理工学院等,再到后来建筑事务所的建成作品,越来越多年轻的建筑师投入到参数化设计研究领域,再加上计算机技术的日益成熟,加强了建筑设计与复杂性科学的关联性。

4. 性能模拟与多目标优化

近年来,国内已经开始尝试通过运用 Phoenics、Fluent 等商业 CFD (computational fluid dynamics,计算流体力学)软件评估城市空间的风环境影响因子,并提出优化设计方案。设计师基于评价体系综合对比、分析不同预选方案的适用性与可行性。该评价体系运用的实质就是反馈软件的运算结果和模拟结果,设计师结合系统反馈信息进一步优化与完善方案。通过方案形态不断被评价、反馈、选择并最终得到优化,从而实现对城市空间进行性能化设计的目的。如通过对上海崇明陈家镇现有的城市空间进行 CFD 环境模拟,从而提出改进方案;基于南京新街口中心区的实际风环境状况,归纳总结出不同城市空间形态下适合的改进措施等。然而,这些研究都是基于已有的城市空间形态来提出改进意见，具有一定的局限性。虽然也有在方案初期对城市风环境的空间布局进行优化的研究，但是在操作过程中并没有能够将优化的过程和建筑性能模拟两者结合，无法实时联动，缺乏可预见性，也不具备主动寻优功能，这就需要耗费更多时间去获得最佳结果，整体效率并不高。在快速发展的城市环境中，如何满足越来越多的设计需求，如何减少低效率的重复性工作，这对城市设计者来说是值得探究的重大课题。

同时，在进行性能优化设计的时候，经常出现不同的评价指标相互矛盾的情况，传统的单一目标优化的设计模式已经远远不能满足多指标评价体系下的设计需求。因此，在国外一些性能优化设计的研究当中，已经开始尝试使用多目标优化（multi-objective optimization，MOO）的设计模式以应对更为复杂的设计需求。

虽然目前性能模拟技术和多目标优化设计模式都已日臻完善，但是传统的性能模拟平台杂而多，要求设计者有较高的专业技术水平才能操作；而多目标优化设计工具多数情况下是通过脚本来实现的，不易与模型和性能模拟平台进行对接，这就造成了一般情况下设计师难以充分地利用这些工具实现在方案初期对城市空间的风环境进行优化设计的目标。不过随着参数化设计对模拟和优化两方面工具的不断整合，一些易于设计者操作的综合平台已经出现，能够满足不同设计工具之间的数据交换，为设计、模拟和优化搭建桥梁，促进功能平台间的互动与反馈，以达到自动寻优的效果，保障设计的有效性，弥补了传统性能优化设计模式在这一方面的缺陷。

二、研究意义

空气质量是《全国健康城市评价指标体系（2018 版）》的重要指标之一，同时城市街区是构成城市结构与生活的基本单元。因此，从人行为活动的尺度出发，现代城市设计与规划在关注风环境问题时，需要从街区尺度风环境的健康及舒适度着手进行研究。但是从现有城市形态来看，建筑密度高、开放空间狭窄所形成的高密度城市下垫面带来的“屏风效应”，导致城市空间的空气流通不畅，人们长期处于弱风甚至无风的环境下，废热和污

染大量聚集，城市气候环境每况愈下。因此，设计师必须要考虑地域特征和气候条件变化，树立“健康城市”的发展理念，结合新技术发展重新思考城市规划与建筑设计的新出路。在人们关注城市环境问题的同时，街区风环境必然是不可或缺的一部分，良好的街区风环境是推动城市可持续发展的必要条件。

一个完整的设计过程涵盖了反馈信息及优化循环两大环节。在传统的设计模式下，设计师一般会提供若干预选方案，并以手动对比、优化的方式确定最优方案（图 1-1）。虽然这种方法也给出了多元方案，但是设计师之间缺少联动效应，可预见性欠佳，不能满足主动寻优需求，需要耗费大量的时间与精力去筛选和评估方案，才能获得最满意的结果。算法设计(algorithmic design，AD)可以有效促进设计和模拟之间的联动效应，达到自动寻优效果，显著提升设计效率。

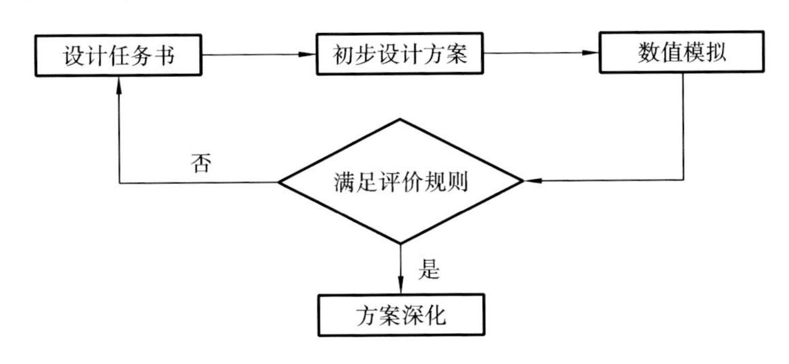

图 1-1　传统设计过程框架

（图片来源：笔者自绘）

本书研究的意义主要体现在理论与实践两个层面。

1. 理论意义

本书采取多目标进化算法，将理论研究与实证分析相结合，基于数字化平台，从数据采集到最优解集输出的设计全过程，针对城市街区的形态特征，提出适用于多目标协同的风环境优化设计方法，为城市设计方法提供了一种新的视角，促进人工智能在建筑学专业的发展。

2. 实践意义

通过科学评价风环境性能，综合优化多目标问题，有利于提高设计效率，确保技术方案的可行性。在评价影响风环境的主要因素时，充分考虑了地理特征的影响，进一步提升城市设计方案在室外环境方面的性能和质量的准确度。同时采用算法设计，以风环境评价作为判断城市空间室外环境性能的参考标准，建立一套适用于街区尺度的风环境优化方法来指导设计，从而提高设计效率。本书研究成果以插件程序的形式呈现，操作界面友好，能够为城市设计相关从业人员提供便捷的优化工具。

第二节　研究界定及相关概念

一、微气候

气候是长期作用于一个区域范围内的太阳辐射、大气环流和地理环境的结果，是大气物理性能在长时间内显示出的环境特征。研究城市气候及相关影响要素，无论对于气候学研究者、建筑学者还是景观设计师来说，都会以影响城市气候的水平与垂直两个空间尺度为着眼点。扬·盖尔在划分城市区域时，着重分析了水平方向的气候尺度：①街区、道路、建筑物、树木等元素对气候产生的影响；②地形对气候产生的影响；③评估城市地区气候的宏观尺度。Oke 考虑城市空间、温度及湿度等要素的影响，将城市大气环境在垂直方向上划分为城市冠层与城市边界层两大部分。其中，城市冠层指从地面到建筑物的屋顶之间的大气环境，不同的建筑高度变化决定了城市冠层的边界范围。根据大气统计平均状态以及空间尺度等影响因素，Barry 分别以时间与空间两大尺度为切入点，将气候分为全球性风带（global wind belt）、地区性气候（regional macroclimate）、局地气候[local（topo）climate]、微气候（microclimate）（图 1-2）。全球性风带主要受风带、日照辐射影响；地区性气候受风带和地标状况影响；局地气候多指水平 1～10 km、高度 0.01～1 km 的气候状况，受人类活动影响较大；微气候指水平 0～1 km、高度 0～0.01 km 的气候状况，受人类活动影响较大（表 1-1）。

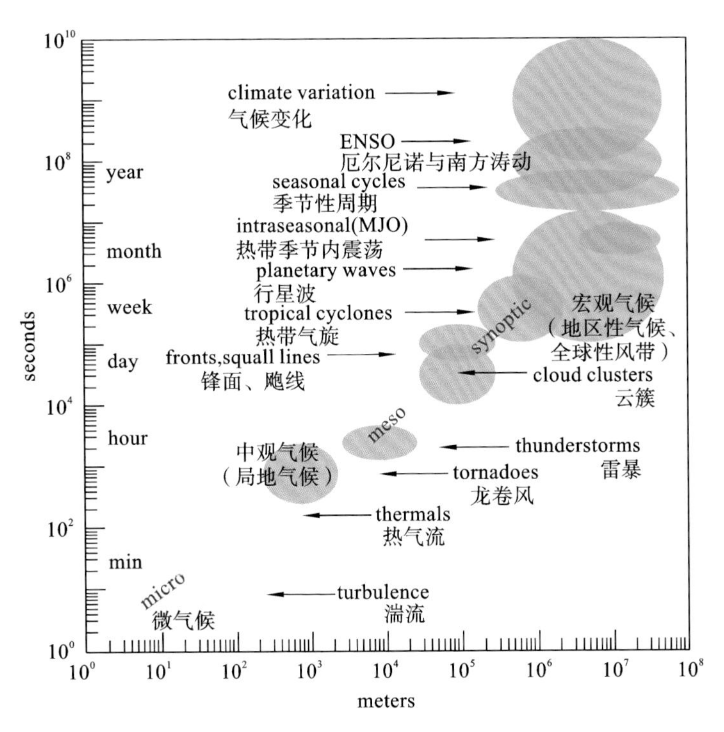

图 1-2　Barry 气候分类时空分布图

（图片来源：根据 Barry 文献整理）

表 1-1　Barry 气候分类时空范围及影响因素

气候类型	气候的空间尺度		气候的时间尺度	主要影响因素
	水平距离/km	垂直距离/km		
全球性风带	＞2000	3～10	1～6 个月	太阳的活动、大气环流、大范围人工干预等
地区性气候	500～1000	1～10	1～6 个月	各地太阳辐射不均匀、地形地貌等
局地气候	1～10	0.01～1	1～6 个月	地表状况、人类活动
微气候	0～1	0～0.01	＜24 小时	下垫面、人类活动

（资料来源：根据 Barry 文献整理）

微气候即小范围内的气候特征，主要指因下垫面结构特征而产生的近地面大气以及上层土壤的气候。简言之，植物生长以及人们生活的空间范

围即微气候存在的空间范围。近年来，我国城市化发展进程加快，人们追求更高品质生活的同时，也极大地改变了原始的自然地貌条件，导致了原始自然气候被改变为城市微气候。城市微气候与自然气候涵盖的要素相近，包括温度、湿度、光、热、大气及水等丰富的基本要素。如果说人类生产生活行为决定了微气候的变化，那么实质上微气候也正给人们的生产生活乃至身心健康带来微妙的影响(图 1-3)。

图 1-3　微气候影响要素示意图

(图片来源：项目组搜集整理)

本书主要以城市街区为研究尺度，涉及不同城市街区空间布局下的微气候差异性特征。

二、城市风环境

城市风环境即城市区域风向、风速的分布特征，其中通风的动力源主要产生自城市环境中存在的热压差与风压差。在研究城市微气候过程中，风环境是不可忽视的影响要素之一，微气候下的气候环境无论是风向分布还是风速特征，与宏观的大气系统有非常明显的区别。

实际上，不同城市的风环境特征有很大的差异性，它受到多方面条件相互作用的影响。

通过分析形成城市风环境的相关要素可知：①城市风环境的形成主要与大气系统中分布的风场规律有直接关联，受到地区性的风速、风向等因素影响；②受到城市地理环境的影响，可能产生海陆风、山谷风、下坡风或者过

山风等各种局地环流；③不同城市空间的形态特征、下垫面类型都有一定的差异，相应接收的太阳辐射量也有显著差异，如果风速较小，加上局地差异，很有可能引发局部热力环流现象，这对整个城市的风场都有影响；④不同的地形区域或者高低错落建筑群处产生的气流，极易受到摩擦效应的影响，进而形成不规则的机械湍流运动，在局部地区发生风的波动。从城市风环境的研究区域来看，一方面包括以近郊、城市区域为代表的水平范围的风场，另一方面包括城市大气中存在的对流层等垂直范围的风场，可将其分为三个层次，即高空风场、城市近地层风场、城市冠层风场，本书主要研究城市近地层风场的风环境。

三、街区

街区作为城市结构与城市生活的基本组织单元，是城市设计的基本载体，因此，营造舒适、健康的街区风环境自然成为良性城市设计的本源性诉求与重要目标之一。同时，街区又是代表城市空间运行效率的基本要素，因此，开展城市设计必然要考虑街区形态的适宜性，满足城市可持续发展的基本条件。

本书所阐述的城市街区具有以下几方面特征。

(1) 从概念上讲，城市街区处在城市空间基础结构和单元实体的中间层面，这决定了其表现出的结构组织和实体营造的双重属性，具有承上启下的作用。其中，“承上”是在具体的空间网络框架中落实城市格局结构，“启下”是为创设城市空间实体提供必要的环境支持。

(2) 从形态和构成特征层面来看，城市街区处于网格化的城市布局中，网格包括城市级街道、道路以及自然边界等多种要素，网格所界定的街区单元是城市建设用地以及构建公共空间网络的必要元素。

(3) 作为城市空间布局中的基本结构单元，同时也是承载人类行为活动的基本组织单元，不同的城市街区模式反映了人们不同的公共活动情况。另外，由于城市街区丰富的社会内涵，它的物质形态与产生的综合效应在一定程度上代表了公众利益，体现了公共价值。

基于以上论述，本书将城市街区的概念定义为：由网络化的城市级道路或街道及其围合的城市建设用地，以及用地内的各类要素所组成的城市空间基本组织单元。

四、参数化设计

参数化设计是在预定义的基础上，针对图形构建几何约束集，以特定尺寸为参数，关联相对应的几何约束集，并且在应用程序中融入所有关联式，通过人机交互技术调整参数，由程序根据这些参数按顺序地执行表达式来实现。运用参数化设计，无论是在概念设计、优化设计，还是实体造型、机械仿真等方面都从根本上提升了设计效率。

具体设计过程中，基于参数化设计平台，运用算法工具，通过把握逻辑，建立互为嵌套的、立体的函数关系，将包括建筑的布局方案、朝向以及形状、特征等信息通过程序的形式建立模型。利用计算机语言，将原本有制约的参数转化为变量，通过逻辑运算满足不同条件、不同环境的实际需求，这一从形体到数字逻辑的转化过程，为优化设计提供了契机，在优化时，设自变量为建筑形态与规划要素，设因变量为设计的目标，依照逻辑构建形态与目标的函数关系。

五、算法与进化算法

算法(algorithm)即完整并且精准的解题方案的描述，是解决问题时的一系列专业指令。运用算法的过程即从完成数据输入到方案输出整个流程中系统运用解决问题策略的过程。假设选用的算法与问题需求不相符，那么应用该算法也不能解决问题。而在面对同一项任务时，采取的算法各有不同，可能耗费的时间、占用的空间以及运作的效率都有一定差异性。一般情况下，可以通过时间或者空间的复杂度情况来判断算法是否合理。

算法应用的根本问题是如何优化配置有限资源，即结合根本目标要求筛选多个备用方案，最终从全局考虑确定最具通用性和可行性的方案。面对不同的问题需求，常用的算法有很多，如：模拟退火算法，即采取随机模拟方式再现退火过程，获得问题解的方法；进化算法的本质特征是全局搜索算法，是对生物界进化规律的模拟和演化；粒子群算法的基本思路类似遗传算法，也是基于随机解的理念，采取迭代寻优方法，判断最终的解的合理性；蚁

群算法的基本思路也是模拟进化算法，最终确定最优路径。

本书所使用的进化算法(evolutionary algorithm，EA)的基本思路就是通过模拟自然选择、遗传重组、繁殖以及突变等生物演化机制，对比计算最优问题的一种算法。进化算法以达尔文进化论以及孟德尔遗传学说等理论观点为基础，是对大自然中的生物进化及演变进程进行模拟的过程，同时实现全局搜索，找到最优解(集)的方法。通过全局搜索方法，能够更自动、更高效、更全面地搜索获取空间知识，通过自适应并调整搜索方式最终获得最优解(集)。也就是说，经过计算机模拟自然界优胜劣汰的进化过程，若不适应环境则遭遇淘汰，若适应环境则继续繁衍，从而在进化过程中逐步找到最优解(集)。

通过采用进化算法，即使在空间有限的情况下，也能获得接近最优的空间取值范围。与此同时，使用进化算法时只需要对初代基因进行判定，再参照一定的判断标准，就能对基因进行自动组合、赋值等操作，直至得到最优组合。在此过程中，进化算法可以通过自动判断，逐步缩小取值空间，减少人为因素对最终取值的干扰。利用计算机平台应用进化算法，能迅速地得到理想的寻优结果。因此，进化算法以其突出的优点，广泛运用于各个领域，其基本流程如图 1-4。

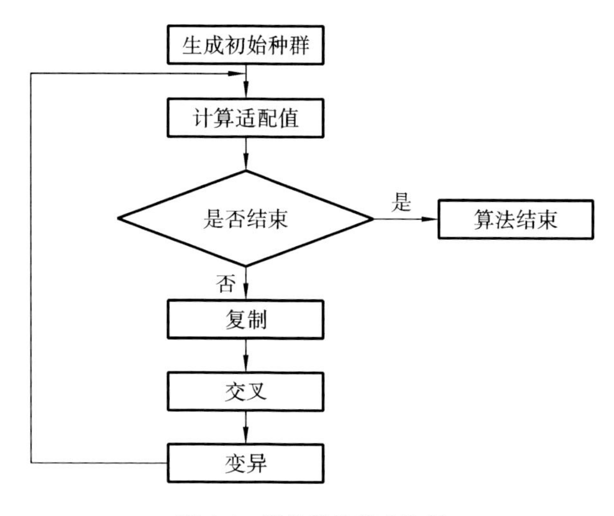

图 1-4 进化算法基本流程

(图片来源：笔者自绘)

第三节 相关研究现状

一、城市街区形态

自20世纪后半叶以来，城市形态学理论研究日趋成熟，越来越多专家学者开始关注城市街区形态问题，以期为城市设计提供空间形态评价与描述标准。从我国城市形态学研究工作发展现状来看，学者多侧重于研究城市、区域以及街区三大层面。

现有关于城市街区形态的研究成果，一种是宏观视角切入，从城市整体的街道网络体系为着力点，探讨城市空间布局中不同街区形态可能发挥的功能价值；另一种是微观视角切入，主要从宜人性、舒适性角度出发，研究空间变化、尺度等街区形态要素，侧重于关注人们的身心感受。总体而言，对于城市街区形态的研究基本实现了从二维向三维形态的过渡，当下研究城市街区形态的焦点课题集中于采取定量方法描述和评价不同的城市街区形态，同时也是研究城市微气候问题的前期铺垫。部分相关的文献研究如表1-2所示。

表1-2 城市街区形态相关研究

时间	作者	主要研究内容
2004年	苏伟忠，王发曾，杨英宝	提出了不同的开放空间模式，具体包括不同等级的空间、分散的空间、单一的中心空间、城市内的步行空间、绿地绿带空间以及互为连通的公园空间
2006年	肖亮	概括了五种不同形式的街区建筑组合，即点群式、周边式、行列式、密排式以及混合式
2008年	王振	提出了四种不同形式的街区建筑组合，即点群式、围合式、行列式以及混合式
2011年	邵大伟	划分了四种不同的开放空间模式，具体包括点状、带状、块状以及网络状开放空间

续表

时间	作者	主要研究内容
2012 年	王红卫	将城市开放空间分为三种典型空间结构类型，分别是带状连接式布局、中心放射式布局、网格状街区式布局
2016 年	Nagamune, Kinoshita	根据形态特征对香港的人行道进行了分类，并根据人行道的模式对城市街区进行分类，通过封闭式建筑的入口和土地利用类型对分类的城市街区进行了比较
2017 年	Novack, Stilla	利用高清 InSAR 图像，根据城市街区的结构对城市街区进行了分类，论文将 1659 个城市街区划分成五种类型
2018 年	宋亚程，冬青，张烨	针对中国城市街区形态的复杂性，验证、修正、发展了西方城市形态学中的街区形态表述方法

（资料来源：笔者自绘）

二、城市风环境

古罗马时期人们就开始研究风环境（wind environment）问题，著名建筑先哲维特鲁威（Vitruvius）在其著作《建筑十书》中系统分析了建筑的风环境问题以及相应的处理措施。书中提到，在城市街道中规划建筑布局时，必须考虑当地冬季主导风的风向问题，最大限度确保行人处于风延蔽空间。近年来，城市化进程加速，越来越多高层建筑投入使用，城市密度大幅上涨，城市风环境问题一时间成为热议的课题。

随着有关风环境的相关研究日益深入，开始有学者尝试从城市层面着手分析风环境问题，并从设计领域关注风环境影响。通过将城市风环境与城市规划、建筑设计有机结合，以达到更理想的风环境效果。对此，本节将从城市风环境与城市形态、城市风环境模拟技术、室外风环境评价方法三个方面对当前已有研究进行综述。

1. 城市风环境与城市形态

近年来大体量建筑、高层建筑的数量与日俱增，导致城市室外风环境发生了根本性的变化。例如，有些建筑位于下风向，形成了风影区。高层建筑底部的特殊性也催生了更为复杂的风环境，极易产生狭管效应，增大局部风速。针对这一现象,有关风环境的研究开始延伸到街区层峡范围。在街区层峡区域形成的风环境,其最大特征就是以屋顶气流为主导效应,产生次级环流,而次级环流的形成与城市街道形状、布局走向等要素有直接关联,因此该方向研究重点侧重于城市街道在开发强度不同、高宽比不同情况下的风环境水平。

随着有关风环境影响研究的持续深入,在城市设计中关注风环境问题,不再局限于单一的街区层峡范围,而是逐渐拓展到街区形态、建筑群等更广泛的层面。以公共开敞空间为设计对象,研究如何通过影响局部环流达到理想的风环境效果,以更好地体现城市结构中公共开敞空间的积极作用。基于城市设计的基本理念,重新优化整合城区空间的建筑组合形态、空间结构以及空间尺度等要素,以改善城市风环境,创设宜居空间。有关城市风环境与城市形态二者的相关性研究详见表 1-3。

表 1-3　城市风环境与城市形态相关研究

研究方面	时间	作者	主要研究内容
城市规划与风环境、城市通风廊道	1980 年	朱瑞兆	结合我国各地区气候分布的差异性,探讨了城市规划中应如何解决通风问题
	1998 年	Givoni	结合各城市的不同气候特征、不同风环境,提出城市设计优化应对策略,分别从城镇选址、建筑密度与高度、街道宽度及风向等细节部分着手,分析建筑设计对城市气候的考量
	2005 年	Emmanuel	基于理论与实践相结合的基本思路,以热带风环境为研究对象,提出城市设计的方法与策略
	2005 年	柏春	探讨城市空间形态和气候环境之间的相互影响关系,提出如何通过合理的规划设计保持气候的适宜性
	2006 年	李鹍,余庄	提出基于城市尺度视角实现节能设计目标。建议根据城市布局实情规划不同形式的通风道,以确保城市具有良好的通风能力与排热能力,合理利用自然资源,规避城市的“热岛效应”

续表

研究方面	时间	作者	主要研究内容
城市规划与风环境、城市通风廊道	2008年	朱亚斓,余莉莉,丁绍刚	立足城市整体尺度,分别从城市总体规模、外部空间形态以及空间结构等多个层面提出如何规划设计通风道
	2010年	刘姝宇,沈济黄	采用地理信息系统与数值模拟技术,分析城市内部以及周边环境在静风情况下的局部环流波动水平,精准定位并科学规划城市通风道
	2011年	洪亮平,余庄,李鹍	通过计算机模拟城市风场实验,提出设计复合型、大尺度的城市通风道,通过充分利用水体绿化以及自然风的传输作用达到蒸散效果,以消除城市夏季的"热岛效应",创设良好的微气候
	2014年	任超,袁超,何正军,等	参考《都市气候图及风环境评估标准-可行性研究》,以20个典型的基准区域为研究对象,通过现场测量并开展风洞实验,获取较为精准的风环境评估结果
	2014年	赵红斌,刘晖	通过总结国外盆地区域建设通风廊道的成功经验,借鉴营建思路与方法,阐述布置城市通风廊道的基本原理,并提出具体计算宽度的方法
	2016年	张桂玲	以山地风场为研究对象,通过分析其较为典型的局部环流特征,全面剖析其数据信息,并评估现有风环境水平,指导更多城市规划者从宏观层面了解城市的风环境情况,以采取相应的风速分区应对策略
城市街谷风环境	1988年	Oke	以研究城市街谷的风环境为切入点,结合风洞实验的模拟结果,提出街道走向和风向垂直情况下的三种不同街道空间的气流运动模式,即飞掠干扰气流、尾流干扰气流以及孤立粗糙流

续表

研究方面	时间	作者	主要研究内容
城市街谷风环境	1991 年	Dabberdt, Hoydysh	通过设计风洞实验方案,分析不同的来流方向情况,对比分析了城市街谷在各种尺度下内部风场的分布规律
	1992 年	Hunter, Johnson	结合 Oke 的研究成果开展风洞实验,利用计算机技术进行数值模拟,探讨了各种情况下街道高宽比 H/W 的数值范围
	2000 年	Littlefair	通过分析建筑布局可能对建筑的风的影响情况,提出通过合理规划建筑布局来提高风环境质量
	2003 年	Chang, Meroney	利用计算机数值模拟分析了城市街谷在不同街道高宽比情况下的气流水平区别
	2005 年	Ahmad, Khare, Chaudhry	提供了关于城市街道峡谷、交叉口风洞模拟研究的文献综述,包括建筑结构、峡谷几何形状、交通引起的湍流以及可变的接近风向对流场和排气扩散的影响
	2017 年	许川	以成都地区为研究对象,分别对比分析传统与现代的城市街谷差异,包括街谷的朝向、天空可视因子、高宽比等因素可能对风速产生的影响
	2020 年	Kuo, Wang, Lin, et al.	基于风洞测试结果,分析了高层建筑对下游街谷行人风的影响,并检验了城市设计规范的适用性
	2020 年	Dongjin, et al.	分别从横向、纵向对比三种不同的街谷包裹面,采取定量评估方法,分析包裹特征的差异可能给街谷污染情况、居民风舒适水平以及行人健康风险等带来的影响

续表

研究方面	时间	作者	主要研究内容
建筑群、街区形态与风环境	1995 年	To,Lam	结合不同风向的实际情况,客观、全面地评估高层建筑周边与行人高度相当位置的风环境水平,同时剖析高层建筑周边的风影区情况,以及由于成排建筑群增大风速而产生的狭管效应
	2001 年	周莉,席光	对高层建筑间距与风环境的关系进行了研究,并得出了改善建筑群风环境的优化设计策略
	2007 年	李云平	研究高层建筑的平面组合特性,模拟相邻建筑之间的不同尺度可能给风环境带来的影响,结合高层建筑在寒地区域设计的特殊性,提出可行建议
	2009 年	许伟,杨仕超,李庆祥	模拟分析某高层建筑密集区的 CFD 值,得出相应的流场特征,分析其建设前后的风速比分布特征,比较周围区域风环境水平
	2012 年	Tsang,Kwok,Hitchcock	模拟分析不同的建筑组合方式,如单栋建筑、双栋建筑、多栋建筑等,模拟平面组合方式及布局规划,调整相应的建筑高度、密度以及间距等参数,分析与行人高度持平处,不同参数影响风环境的情况
	2015 年	蔡志磊	研究街区的空间形态和通风水平的关系,通过调整建筑高度、疏密度等参数,分析对街区空气流通水平的影响情况
	2015 年	张涛	模拟分析城市中心地区的风环境水平,进一步探讨城市空间形态与风环境二者的相关性
	2018 年	侯拓宇,陆明	通过问卷调查方法,估算风速感知的合理区间值,利用计算机技术模拟各类型的空间节点情况,为进一步规划设计商业街区布局提供科学参考

续表

研究方面	时间	作者	主要研究内容
建筑群、街区形态与风环境	2018年	甘月朗，陈宏	以板式街区形态与风环境的变化关系为研究切入点，选取了7套空间形态指标，进行空间形态指标数值改变量与平均风速数值改变量的相关性分析，提出可以利用“孔隙率”与“有效皱褶率”作为板式街区空间形态设计中风环境控制的引导性指标
	2019年	曾穗平，田健，曾坚	选取了4类典型居住组团的20种住区模块，运用CFD风环境模拟与数理分析，分析不同组合模块的通风效率与建筑布局形态的耦合规律，得到建筑体积密度指数与城市通风环境的“风阻指数公式”，并提出适宜天津气候环境的居住建筑布局模式

（资料来源：笔者自绘）

2. 城市风环境模拟技术

最早有关城市风环境的研究，主要基于研究城市气候的基本思路和技术方法。自从英国化学家卢克·霍华德(Luke Howard)针对伦敦城市研究“热岛效应”之后，城市气候问题得到了诸多国家与地区的普遍关注。现如今，无论是城市规划还是建筑设计相关研究，城市微气候问题都是热点问题，甚至具体到关注微气候的每个影响要素。从技术手段上来看，目前可采取数学建模、计算机模拟分析等多重手段与设计结合。从技术演进历程来看，有关城市风环境的研究进程主要经历了三个阶段的技术升级（表1-4）。从时间维度来看，不同阶段的技术演进没有产生明显的“断代”现象，这与三种不同研究方法的优势性和实用性各有差异有关，所以直到如今，三种方法均在不同研究中有所应用。

表 1-4 城市风环境研究方法

研究方法	研究阶段	优势	劣势	研究尺度
实地测试	20 世纪 20 年代起	操作简单，便于获取完整的数据资料	难以把控测试环境的稳定性，不能满足长期收集数据的需求	街区尺度
物理模拟	20 世纪 60 年代起	与实地测试相比，操作更加便捷，结果精准	实验设备的成本高、耗费时间长	街区尺度
计算机数值模拟	20 世纪 90 年代至今	可操作性较强，运行成本合理，结果易处理	大尺度模拟的复杂性较高，不能对接 ArcGIS 软件	区域尺度、城市尺度、街区尺度

（资料来源：张涛.城市中心区风环境与空间形态耦合研究——以南京新街口中心区为例[D].南京：东南大学，2015.）

（1）实地测试。

1920 年，欧洲气象专家实地监测了郊区夜间向城市区域流动的风热环流情况，结果表明：夜间从市郊到市中心存在流动的风场，即热岛环流。随后很长一段时间，欧美国家在研究城市的风环境及温度情况时，均采取移动观测技术，从中发现城市热岛效应的分布规律。直到 1970 年，有学者开始单独研究城市风环境的特征，在测量单体建筑或者整个建筑群的风环境时采用了实地测试法。有关风环境实地测试的研究见表 1-5。

由于受到各地区所处的地理环境以及气象特征等多重因素的影响，监测城市风环境的技术手段非常有限，尤其不利于长期监测，所以不适用研究规模较大的城市风环境。这一时期，学者在研究城市风环境时更倾向采取物理模拟法，直到如今，通过实地测试获取的第一手资料，也往往只作为研究风环境的参考数据，而非将实地测试作为主要方法。

表 1-5 风环境实地测试相关研究

时间	作者	主要研究内容
1971 年	Melbourne	阐述了大型建筑对地面风环境的影响
1986 年	Murakami，Iwasa，Morikawa	作者在东京市区一栋高层公寓楼周围对风环境进行了长期观测，基于监测结果对风环境进行分析，总结了一种人行高度风环境评价方法
1988 年	Ohba，Kobayashi，Murakami	对某工程项目从建设至竣工，使用三杯风速计观察了东京重建区周围地面的实际风环境情况。评估了该地区的 17 个点，分析了户外行人活动的风环境是否可接受

（资料来源：笔者自绘）

（2）物理模拟。

物理模拟主要采取了边界层风洞实验技术，综合日常气象资料的信息，再现城市风环境情况。物理模拟的主要方法有两种：第一种，测量"点"的方法，应用压力探针技术以及全向风速计工具，采取逐点测量方法，模拟实验对象的流场特性；第二种，测量"面"的方法，应用刷蚀技术，模拟风速大小，从整体分析流场的分布状况。

从近代室外风环境的需求来看，研究大多从墙体蓄热性能、室内温度与湿度环境、人体舒适度等视角为切入点。随着 20 世纪 60—70 年代陆续开展的大气边界层研究以及风洞实验，空气动力学相关研究普及到建筑领域，发挥了积极的作用，专家学者在研究城市风环境时，也开始关注风洞实验，从而更精准、更全面地模拟建筑周边的风环境水平。相关代表研究如表 1-6 所示。

表 1-6 风环境物理模拟相关研究

时间	作者	主要研究内容
1971 年	Wise	描述了城镇中心发展状况与风环境问题，并进行了风洞实验，提出了一种针对风环境的建筑群布局方式

续表

时间	作者	主要研究内容
1973 年	Penwarden	通过风洞实验得出室外行人对超过 5 m/s 的平均风速表示不适，大于 10 m/s 的风速令人极度不适，而大于 20 m/s 的风速为危险风速
1975 年	Wiren	利用风洞实验测试了两栋建筑间以及两栋建筑内的平均风速情况
1976 年	Hunt，Poulton，Mumford	阐述了风对人体感受的影响的实验，让人进入风洞，分别对其进行不同风速的测试，并对风况进行主观评价，提出了新的风环境评价标准
1986 年	Stathopoulos，Storms	在边界层风洞中进行了实验测量，确定两个矩形建筑物之间通道中的风速和湍流条件
1992 年	White	应对旧金山市于 1985 年颁布的行人风环境法规，针对该地区人行高度的风环境水平开展风洞实验
2000 年	Uehara，Murakami，Oikawa，et al.	使用分层风洞研究了大气稳定性对城市街道峡谷中风环境的影响，街道峡谷中产生的空腔涡流在大气稳定时趋于弱，在大气不稳定时趋于强
2005 年	刘辉志，姜瑜君，梁彬，等	以北京地区某个高大建筑项目为研究对象，结合北京当地的盛行风特征，综合运用计算流体力学数值模拟、风洞刷蚀技术以及风洞热线测量方法等，将物理模拟与数值模拟相结合，对比分析实验结果
2008 年	Kubota Miura，Tominaga，et al.	介绍了从日本城市中选择的 22 个居民区的风洞测试结果，最终认为住宅区域的建筑密度水平直接影响了人行道的平均风速水平
2016 年	王成刚，罗峰，王咏薇，等	利用风洞实验方法，以上海陆家嘴金融贸易区建筑群及上海中心大厦为研究对象，讨论了不同粗糙度、不同风向条件下，高密度建筑群和超高建筑物对风环境的影响

续表

时间	作者	主要研究内容
2016 年	李彪	通过开展风洞实验，综合分析城市建筑群的形态参数影响风的流动情况
2019 年	徐晓达	通过开展风洞实验，获得与建筑尺寸、形状以及朝向等有关的重要参数，分析其可能对建筑周边行人风环境产生的影响，在此基础上提出一种适用于北京地区的行人风环境评估模型

（资料来源：笔者整理自绘）

开展风洞实验的操作流程复杂、成本支出较高，再加上受到诸多条件的束缚，因此目前更多用于高层建筑风载荷、大跨建筑风振效能模拟等涉及建筑安全的领域。2000 年之后，由于计算机数值模拟的普及，学者更多开始使用 CFD 模拟方法，但风洞实验的准确性很高，近年依然有相关城市风环境的文献出现。

（3）计算机数值模拟。

早在 20 世纪 60 年代中期，随着计算机技术的成熟与发展，人们开始着手构建动态模拟程序来分析建筑环境问题。早期研究工作主要集中于基础的传热理论以及计算负荷的方法。1974 年，丹麦学者 Nielsen 首次提出计算流体力学的概念，并将其成功应用到空调工程研究领域，针对室内空气的流动情况进行动态模拟。现如今，计算流体力学广泛应用于分析及预测不同的流场情况，包括速度场、温度场、湿度场以及浓度场等。

目前，CFD 已经在有关流体的设备应用或者工程项目中广泛应用，尤其从 20 世纪 90 年代开始，专家学者在研究城市风环境时更侧重于采用计算机数值模拟方法，将该方法普遍应用到城市规划与建筑设计领域，专门用于模拟分析风环境。相较于传统的风洞实验方法，采用计算机数值模拟方法更便于操作，且耗费时间短、成本低，实用性更佳。与此同时，越来越多成熟化、可行性强的 CFD 模拟软件投入使用，如 Fluent 软件、CFX 软件、PHOENICS 软件、OpenFOAM 软件等，都是常见的 CFD 模拟软件（表 1-7），同时模拟软件现在正逐渐与设计软件相融合，设计软件可以通过调用模拟

软件内核的方式,使模型在设计软件中直接进行模拟,相关CFD数值模拟代表研究如表1-8所示。

表1-7　常见的CFD模拟软件

软件	开发者	适用范围
Fluent	英国 Fluen Europe Ltd.	牛顿流体流动、传热、高温化学反应中的复杂物理现象
PHOENICS	英国 CHAM Ltd.	牛顿流体流动、传热模拟
STAR-CD	英国 CD Ltd.	牛顿流体流动、传热模拟
CFX	英国 AEA Ltd.	流体传热传质、流体相变过程、燃烧过程模拟
ENVI-met	德国 Main Bruse	简化模型的流动、传热、辐射过程模拟
WinMISKAM	德国 Lohmeyer	流场和浓度场模拟
OpenFOAM	英国 OpenFOAM Foundation	开源的流体分析软件,包含大多数常见求解器

(资料来源:根据资料收集整理)

表1-8　CFD数值模拟相关研究

时间	作者	主要研究内容
1993年	Bottema	采用CFD数值模拟方法研究了单体建筑和建筑群周边人员活动区室外风环境,并与风洞实验的结果进行对比
1993年	Gadilhe,Janvier,Barnaud	使用标准的k-ε湍流模型计算了街道内和穿过广场的风量,将数值模拟的结果与风洞实验进行了比较,数据结果一致
1993年	Takakura,Suyama,Aoyama	通过CFD数值模拟方法预测了城市里高层建筑周围行人高度风速,对行人高度风环境的改善提供帮助

续表

时间	作者	主要研究内容
1996年	Stathopoulos, Baskaran	评估了行人舒适度、污染物扩散以及雪尘运输所需的建筑物周围的平均风环境条件，讨论了计算机仿真的优缺点
1997年	武文斐，符永正，李义科	针对建筑的尺寸、体型等不同参数，考虑风速及风向角的实际情况，模拟建筑表面的风压及相关系数变化规律
1999年	Murakami, Ooka, Mochida, et al.	基于CFD数值模拟技术，预测风环境的人可感尺度、城市尺度等参数，分析城市内部风场的复杂程度
2001年	周莉，席光	以3个呈平行关系的高层建筑群为研究对象，基于Fluent软件模拟室外风环境的相关数值
2003年	杨伟，顾明	在应用Fluent软件的基础上构建标准k-ε模型及Realizable k-ε模型，以单栋高层建筑为研究对象，模拟风环境
2003年	Chang, Meroney	以街道峡谷为研究对象，采用Fluent软件分别构建4种k-ε模型，模拟涡流情况
2004年	Wang, Lin, Chen, et al.	以北京某处拟建的高层建筑为研究对象，构建可压缩流方程的数学模型，评估建筑周边与行人高度持平处的风场水平
2005年	Skote, Sandberg, Westerberg, et al.	利用理想化的城市模型，研究了2种空间形式的风环境数值，同时与风洞实验进行了比较
2005年	Gomes, Rodrigues, Mendes	分析8种不同情况的来流风向，分别在L形、U形以及立方体三种不同形式的建筑表面进行风压模拟实验
2005年	Zhang, Gao, Zhang	结合布局不同、风向角不同的实际情况，模拟分析18栋楼构成的建筑群的风环境水平，得出最优布局方案

续表

时间	作者	主要研究内容
2006 年	王辉，陈水福，唐锦春	通过数值模拟方法对比、研究不同建筑群的风环境情况，筛选若干可行的布局方案
2007 年	王珍吾，高云飞，孟庆林，等	根据 6 栋建筑物的周边式、错列式、斜列式以及并列式 4 种不同布局情况，分别模拟风速区域面积比率和最大速度两大关键数值
2007 年	马剑，陈水福	模拟分析高层建筑采用平面布局给风环境带来的影响
2007 年	李云平	以寒冷地区的高层建筑为研究对象，模拟风环境情况，提出合理、可行的规划设计方案
2008 年	史彦丽	采用 Fluent 软件模拟分析单体建筑或者建筑不同布局情况下可能给风环境带来的影响
2009 年	陈飞	采用 Airpak 软件，以我国冬冷夏热区域为研究对象，分析住宅区的建筑空间对风环境的影响关系
2012 年	乐地	以长沙市中心区域的风环境水平为研究案例，基于 CFD 模拟软件构建三维数值模型，模拟风环境情况
2012 年	史源，任超，吴恩融	通过数值模拟手段，对北京西单商业街冬夏两季室外开放空间行人层风环境与热舒适度进行综合评价，总结提升城市户外风热环境品质的普适性城市设计策略
2013 年	Montazeri，Blocken	使用 RANS 模型对带有或不带有阳台的中层建筑的迎风面和背风面的平均风压分布进行了模拟和评价
2014 年	Blocken	对 50 年来 CFD 工程的发展进行了系统综述，对有关建筑物周围行人高度风的 CFD 模拟进行了示例说明，对未来发展进行了详细介绍

续表

时间	作者	主要研究内容
2015年	Ramponi, Blocken, Laura, et al.	针对不同的风向,分析了一条处于城市中央且较宽的主要街道对风速以及对周围区域空气龄的影响。对于倾斜或垂直于主要街道的风向,该主要街道的存在通常会提高通风效率,对于平行于主要街道的风向,不利于提高通风效率
2016年	曾穗平	采取CFD数值模拟技术,提出天津高密度区在协调风环境系统功能与结构时可能遇到的问题,并提出适用的设计技术与规划方法
2018年	刘滨谊,司润泽	采取CFD数值模拟技术,分析住宅区附近的无植栽模式的风环境,对比实地测试数据,得出住宅区近地风环境与景观布局的关系

(资料来源:笔者自绘)

3. 室外风环境评价方法

在研究城市环境过程中关注风环境问题,应遵循一定的方法与标准,建立科学、合理的评价机制,以保障研究城市风环境的效果,也能为更准确地改善风环境创造条件。总体来看,当前我国评估城市风环境的理论研究还处于初级阶段,实践经验明显不足,各种评价方法与评价标准良莠不齐,导致研究结果可信度不高。

最早研究风环境主要着眼于风安全问题,这是因为城市发展过程中修建了较多的中高层建筑,建筑群周边的街道峡谷区域存在明显的风速增大现象。同时受到高大建筑物的遮挡而产生旋涡或者升降气流,这些复杂的、强烈的空气流动必然会导致强风现象,给人们的行为活动安全带来威胁。风环境评价的主要着眼点就是分析风给人类生活或行为带来哪些影响。随着城市化进程加快,大型城市风速逐渐弱化,各种空气污染问题、热环境问题频发,这一阶段风环境测评的侧重点集中于分析如何缓解热岛效应、如何提高城市通风率、如何保持风给人体带来的舒适性、如何利用风消解雾霾天气等。这也决定了城市评估风环境要以多个角度、多个要素为切入点,其评

价方法与评价标准也应具有多元化特征。

4. 室外风环境评价的相关政策标准

近几年，已经有越来越多城市明文规定建筑设计与规划过程要客观评估城市风环境情况，并且结合各地实情限制风速。例如，澳大利亚悉尼就明文规定，规划建筑物必须符合地面附近的风舒适性及安全性要求，将区域风速控制在 16 m/s 之内，而主要人行道、相关公共区域及公园等地的风速则控制在 13 m/s 之内，小路的风速更是不能超出 10 m/s。在高层建筑群中，要合理控制间距以规避“风墙效应”。再如，在波士顿发布的建筑指南中提到，新修建的建筑每年达到 13.35 m/s 以上有效阵风速度的频率要控制在 1%之内；如果城区新修建筑高度达到 47 m 以上，须通过风洞实验评估风环境。

有关室外风环境的相关规定，我国现有法律法规少有详尽提及，2006 年起至今出台的各版《绿色建筑评价标准》(GB/T 50378)规定了室外风环境的基本要求，即住宅区的风环境水平应充分考虑行人冬季在室外活动的舒适度，尤其在过渡季或者夏季等特殊时期也要确保舒适的自然通风。在公共建筑周边，行人区域风速要控制在 5 m/s 之内。

从以上不同国家、不同城市规定的室外风环境标准来看，受到地域差异的影响，各地限制风速的标准有所区别。但是总体来看，这些标准只是单纯从安全角度出发，避免建筑产生风害问题，而非以整体为出发点评估风环境水平，这也导致这些标准的实用性有限。

5. 常用的室外风环境评价方法

(1) 蒲福风级。

早在 19 世纪初期，英国人弗朗西斯·蒲福(Francis Beaufort)就开始研究风力问题。他结合风在海面及地面的不同影响程度而提出不同的风力等级，根据风力强弱将其划分出从 0～12 共 13 个等级，称作蒲福风级(Beaufort scale)。蒲福风级最早应用于航海领域，1923 年采用了标准化的风速计设备后，蒲福风级被略微调整之后应用到气象学领域，直到如今，世界气象组织仍然建议参照这一风级评价标准。蒲福风级评估的风速水平基本保持地面以上 10 m 左右的高度，具体风级的分级方法与地面情形详见表 1-9。根据风级对应分类显示，在 6 级强风的情况下，就会出现大树的枝叶剧烈摇摆现象，人们在室外难以撑伞，户外行动受限；而在8级大风的情况下，小树枝被折断，人们难以在户外行走，不仅人的活动受限，生命财产安全还有可能受到威胁。蒲福风级的划分结果能够一定程度反映风安全水平以及对人们户外活动的影响情况，但需要换算成行人高度1.5 m位置的风速值。

表 1-9　蒲福风级

风级	名称	10 m高度处风速/(m/s)	地面情形
0	无风	0～0.2	安静，没有任何风感，烟垂直向上
1	软风	0.3～1.5	由烟的变动判断风向，但是风向标没有变化
2	轻风	1.6～3.3	风向标轻微转动，树叶晃动，人能感觉到风
3	微风	3.4～5.4	旗帜打开，树叶和小树枝不停地摇动
4	和风	5.5～7.9	小树枝不停地摇动，地面纸屑和灰尘被风吹起
5	清风	8.0～10.7	整棵小树摇动，内陆水面产生明显的水波纹
6	强风	10.8～13.8	大树有摇摆，人们在户外很难撑伞
7	疾风	13.9～17.1	大树有明显摇动，人们在迎风面难以前进
8	大风	17.2～20.7	小树枝被风吹断，人们前行遭遇极大阻力
9	烈风	20.8～24.4	小屋有明显的受损，烟囱顶部发生移动
10	暴风	24.5～28.4	建筑物严重损毁，大树被连根拔起
11	狂风	28.5～32.6	陆地很少发生，一旦发生普遍损毁建筑物
12	飓风	32.7～36.9	陆地很少发生，一旦发生严重损毁建筑物

（资料来源：根据资料自绘）

(2) 相对舒适度评估法。

1972年，达文波特(Davenport)从行人高度位置出发，参照蒲福风级研究了风感舒适度问题，分析在不同行为活动下，人们对风速等级的舒适度感知情况，并根据风速频率描述了人们能承受的不舒适风速的发生次数。根据表1-10可知，人们在不同行为活动中能够承受的风速舒适度有很大不同，

即使偶尔出现大风速，但是在控制合理次数的情况下，人们也能接受，影响有限。但是如果刮风次数频繁，无论风速大小，都会给人们带来不舒适的感觉。相对舒适度评估法结合具体情况确定相应的评估标准，这对更具体、更完善地评估城市空间风舒适度水平提供了有力指导。

表 1-10　相对舒适度评估法

活动类型	活动区域	相对舒适度蒲福风级			
		舒适	可以忍受	不舒适	危险
快步行走	人行道	5	6	7	8
慢步行走	公园	4	5	6	8
短时间站或坐	公园、广场	3	4	5	8
长时间站或坐	室外餐厅	2	3	4	8
可以接受的代表性准则	—	—	<1 次/周	<1 次/月	<1 次/年

（资料来源：根据资料自绘）

（3）风速概率数值评估法。

1978 年，Simiu 与 Scanlan 开展了一系列的调查访问、实地测量和风洞实验，较为全面地阐述了人体对风舒适度的感知与基地的风速频率、平均风速等要素之间的关系，详见表 1-11。该评估法认为，如果在行人高度 1.5 m 位置能保持 5 m/s 之内的风速，则对人们的影响不大，属于舒适风范围；但是达到 5 m/s 以上的风速时，人们就会产生不舒适的感觉。与此同时，人的舒适度不仅仅受到风速的影响，出现不舒适风的频率大小也很关键。如果出现不舒适风的频率在 10%以内，人们基本能够接受；如果出现不舒适风的频率达到 10%～20%，则会引起人们的不满情绪；而出现不舒适风的频率达到 20%以上，人们不舒适的感觉异常强烈，必须采取一定的干预措施以调节风环境。

表 1-11　行人高度处风速与风舒适度的评估法

风速/(m/s)	人的感觉
$V \leqslant 5$	舒适
$5 < V \leqslant 10$	不舒适，行动受影响

续表

风速/(m/s)	人的感觉
10<V≤15	很不舒适,行动受到严重影响
15<V≤20	不能忍受
V>20	危险

(资料来源:SIMIU E,SCANLAN R H. Wind effects on structures:fundamentals and applications to design[M]. New York:John Wiley & Sons,Inc. ,1996.)

另外,由于城市空间较为复杂,不同区域分配的风速不均匀,如果风速在小范围内的变化幅度在70%以上,那么就会严重影响人的舒适度。因此可以说,人们所处活动区域的流场分布情况,也会影响人们对风舒适度的感知情况。《绿色建筑评价标准》(GB/T 50378)中提出建筑物周围的人行区要将风速控制在5 m/s范围内,实际上就是参考了Simiu和Scanlan在研究中运用的风速概率数值评估法。

1981年,Shuzo Murakami和Kiyotaka Deguchi在研究中阐述了“临界风速”的概念并提出满足人体舒适性的基本条件。随后,加拿大学者针对这一研究成果又提出了补充观点,引入统计和概率的理念,这一评价思路针对不同的时间跨度,分析风速超出标准以外的发生概率,也就是评价超越风速概率数值的标准。1998年,Soligo等在总结诸多研究结论的基础上,综合自己研究风环境的基本观点,重新制定了一套适用于不同行为的临界风速以及相关频率的评估标准。这一研究从动态风角度出发,参照一定的频率标准来判断行人高度位置的风舒适度情况,为评估室外风环境补充了评价标准与基本方法。其最终确定的评价标准如表1-12所示。

表1-12 行人高度处临界风速与频率评估法

人的行为	平均风速/(m/s)	频率/(%)
坐	0~2.5	≥80
站	0~3.9	≥80
行走	0~5.0	≥80

续表

人的行为	平均风速/(m/s)	频率/(%)
风环境不舒适	>5.0	>20
风环境严峻	≥14.0	≥0.1

(资料来源:SOLIGO M J,IRWIN P A,WILLIAMS C J,et al. A comprehensive assessment of pedestrian comfort including thermal effects[J]. Journal of Wind Engineering and Industrial Aerodynamics,1998,s77-78(98):753-766.)

(4) 空气质量舒适度。

评价空气质量舒适度的基本思路为:避免静风区,确保室外通风顺畅,避免滞留污染空气。由于空气质量的舒适度受到风速的影响,所以评估空气质量也要考虑风环境问题。近年来,城市空气污染问题前所未有地被研究者重视,研究者发现污染源在保持相对平稳的排污速率情况下,空气质量水平直接受到阳光、风、雨等气象条件的影响,合理的室外通风对控制空气污染物的浓度有一定作用。另外通过整合研究结果还可知,当风速处于1 m/s之内的静风状态时,空气污染程度将达到最高峰;当风速处于1~7 m/s时,风速越大,空气污染程度越低;当风速大于7 m/s时,风速越大,空气中悬浮颗粒的浓度越高,这是因为大风天气导致了扬沙污染,空气中含有的颗粒状物体增加。因此1~7 m/s的风速值能够使空气质量舒适度达到最佳。

三、参数化设计与算法寻优

1964年,著名建筑师克里斯托弗·亚历山大(Christopher Alexander)在研究建筑设计中存在的问题时,创新性地采用了计算机技术,这给建筑界带来深远影响。随后,包括美国SOM建筑设计事务所在内的大型建筑设计机构开始陆续采用计算机辅助设计(computer aided design,CAD)模式。第四代计算机于1970年投入使用之后,全球首款支持建筑平面设计的商业化软件CAAD(computer aided architectural design)——ARK-2系统应运而生。1977年,美国学者威廉·米歇尔(William J. Mitchell)通过梳理CAAD的应用成果,系统地阐述了有关CAAD的理论观点及主要研究等内容。到了20世纪80年代后期，CAAD建筑数字技术在建筑设计领域的应用趋向成熟和完善，可以支持智能系统设计、虚拟现实设计、建筑环境分析以及建筑图纸绘制等多种技术门类的协同发展。

随着时间的推移，建筑学科自采用数字化设计理念以来，在不到60年的时间里，设计思路与设计方法不断调整与更新，设计模式发生了翻天覆地的变化。其中，参数化设计成为建筑设计最基本的数字技术之一，它以计算机图学为理论基础，不仅在计算机环境中应用计算技术设计复杂的曲线、曲面等形态，还可以结合建筑造型进行前期分析，确保建筑设计的科学性、合理性。

当前，较为常用的参数化设计软件集中于两大类别：一类是原生性软件，如Revit、Digital Project等，这些软件的功能齐全，既满足基本的参数化设计要求，也合理渗透建筑信息模型（BIM）技术，例如Digital Project软件就是改编自设计飞行器专用的CATIA软件；另一类是插件性软件，如Rhino的Grasshopper插件及Rhino Script monkey脚本，Maya的Maya script以及Revit的Dynamo等。这些软件都是利用参数化设计平台所提供的接口，通过插件的方式开发新的参数化功能。插件性软件的样式简单、功能丰富、便于操作，深受建筑师的欢迎。

通过区分构建参数化模型，也能将参数化设计软件划分两大类别：一类是以单纯执行命令为主的编程平台，如Processing软件以及各平台的Script插件等，这些软件具有较强的操作性能；第二类是以图形操作为主的平台，如Grasshopper软件，容易上手、使用简单，能够满足大多数的设计功能，图形界面也非常友好，便于建筑师操作。实际上，基于参数化的设计思路如今不仅广泛应用到建筑设计领域，还有更多潜在的创新应用有待挖掘。如生态分析研究、ABB工业机器人研究、结构分析研究、建筑信息模型研究、空间句法研究、动力学形式模拟研究以及远程数据链接与共享、远程操控等，这些都是现今的研究热点。

1. 针对环境的参数化设计

参数化设计模式的产生推动着建筑师转化传统的设计思维，从过去单纯的创造形态转向系统化的逻辑推导，建筑师不再限定于主观层面创造建

筑形态,而是更要满足一定的条件、遵守一定的规则。清华大学徐卫国教授在其研究中强调,如果建筑设计能从性能和表现等层面出发,就能充分尊重人的活动行为,关联整个城市环境以及室内外情况,综合设计建筑的整体结构、材料应用等,开启建筑设计变革的新思路和新方法。而在建筑设计改革与创新过程中,环境表现的评估是不可或缺的一个环节。张帆等研究者认为,随着数字化设计的日益发展与完善,参数化设计理念应运而生,它更符合多样化的设计环境需求,尤其对于如何实现建筑的绿色节能设计方面,必然成为未来建筑设计的主流方向。所以将参数化建筑设计方法与绿色建筑设计思维相结合,充分提取并最大化地利用环境因素为设计参量,能够凸显现代化的绿色设计理念,有效降低能源损耗,对建筑设计以及环境保护都有积极意义。天津大学苏毅博士概述了参数化设计模式在衡量城市尺度及分区尺度中的应用,详细分析了建筑设计的实例。天津大学游猎认为参数化设计对推动绿色建筑发展有深远的影响力。他认为参数化设计绝非是一种单纯的技术手段,它更是一种设计思路和设计理念。华南理工大学申杰客观分析了绿色建筑设计过程中运用参数化设计的重要价值,并提出了形体的参数化生成、形体的评价以及自动优化三大步骤,列举详细案例分析如何评估街区尺度、建筑单位尺度以及构件尺度,体现了参数化设计对于建筑设计的"过程化"关注。

在环境设计中融合参数化设计与优化设计等不同手段,并不是简单地叠加多种设计风格,其根本思想在于融合设计逻辑。本书选取街区室外风环境为调查对象,采取一系列的模拟、评价、分析及推导策略,基于参数化软件实现设计生成,建立针对具体问题的集成技术平台。

2. 针对环境的算法寻优

本书研究的核心目的是使用算法设计工具和分析工具,搭建风环境优化工具平台,探索面向性能的参数化设计方法(performance-based design,PBD),这种设计方法近年来在文献中又被称为算法设计与分析方法(algorithmic design and analysis,ADA)。

关于近年来应用性能化算法进行设计的代表性研究成果,详见表 1-13 所示。

表 1-13 近年利用性能化算法进行设计的相关研究

时间	作者	目标	变量对象	单/多目标及算法	主要研究内容
2002 年	Caldas，Norford	照明、热环境	办公建筑窗的数量和大小	多目标、遗传算法	使用 DOE2.1E 对建筑的照明和热环境进行评价，将模拟结果用于指导遗传算法，寻找低能耗解决方案，使用 AutoLISP 二次开发，使方案可视化
2005 年	Chen，Ooka，Kato	室外风环境	建筑布局	单/多目标、遗传算法	使用遗传算法和 CFD 模拟来开发设计，并使用多目标遗传算法检验了同时保证夏季通风和控制冬季冷风的可能性
2009 年	周潇儒	太阳辐射矩阵、建筑面积等 21 项	楼层数、建筑朝向等 19 项	多目标、遗传算法	从设计建筑方案阶段开始采取节能设计思路，提出如何在设计过程中落实节能设计方案
2010 年	陈佳明	住区室外热环境、热岛强度	建筑形体与排布	单目标	二次开发 CAD 软件功能，通过统计计算信息，整合规划设计参数以及编制运算代码等，为评估热环境提供参考依据
2010 年	Durillo，Nebro，Alba	—	—	多目标	针对 jMetal 体系结构描述了设计适用性，介绍组件与功能

续表

时间	作者	目标	变量对象	单/多目标及算法	主要研究内容
2011 年	Brownlee, Wright, Mourshed	能耗、建设成本	窗、遮阳	多目标、NSGA-Ⅱ、SPEA 2 等	利用 jMetal 测试 NSGA-Ⅱ、SPEA2 等算法对遮阳和窗的优化率，NSGA-Ⅱ表现最好
2011 年	余琼	空调、采暖、照明整体能耗	建筑形体、室内空间平面、表皮设计	多目标、遗传算法	优化调整建筑能耗模型，综合运用 OpenGL 接口以及 Qt 语言，针对不同建筑类型、不同气候特征以及不同设计阶段，确定采用相应的软件工具
2012 年	Flager, Basbagill, Lepech, et al.	建筑全生命周期成本、碳排放	建筑朝向、围护结构、玻璃比例、玻璃类型	多目标、遗传算法	采用多目标遗传算法对建筑全生命周期的成本与碳排放做出了优化
2014 年	高菲	日照	建筑形体与排布	单目标、遗传算法、退火算法	选用典型的住宅类型进行实验研究，基于 Rhino & Grasshopper 参数化设计平台，运用 Ecotect 进行日照分析，采取退火算法、遗传算法等模式生成实验框架
2015 年	Asl, Stoupine, Zarrinmehr, et al.	—	—	多目标、NSGA-Ⅱ	详细介绍了基于 Dynamo 平台的 Optimo 开发过程，并使用优化测试功能对其结果进行了初步验证

续表

时间	作者	目标	变量对象	单/多目标及算法	主要研究内容
2015 年	Echenagucia，Capozzoli，Cascone，et al.	热负荷、冷负荷、照明负荷	窗户的数量、位置、形状和类型	多目标、NSGA-Ⅱ	通过改变窗户的数量、位置、形状和类型以及砌体墙的厚度，采用NSGA-Ⅱ算法与 EnergyPlus 模拟软件对一个办公项目进行了优化
2015 年	Makki，Navarro，Farzaneh	人口容量、街区连接性、院落面积	街区内建筑单元数量、建筑占地面积、院落面积、内院面积、建筑层数、街区边数	多目标、SPEA2	使用 Octopus 插件为巴塞罗那找到街区设计最佳形态方案
2017 年	冯锦滔	风速放大比	建筑数量、建筑平面形状、建筑位置	单目标、遗传算法、退火算法	以城市风热环境改善为具体目标，利用计算机技术等多领域技术手段，建立一套城市设计自动生成与优化的科学方法
2017 年	吴杰	平均热岛强度、日照、土地利用率	单体形式、群体组织	多目标、HypE 寻优算法与 HypE 变异算法	以优化设计城市住区室外热环境为目标，采取参数化设计手段与多目标进化算法相结合，落实绿色设计理念

续表

时间	作者	目标	变量对象	单/多目标及算法	主要研究内容
2019 年	Lorenz,De Souza	日光指标	中庭大小,中庭顶部与底部的位置	人工神经网络(ANN)	利用人工神经网络原理提高了模拟日光的效率,通过验证中庭采光寻优证明了人工神经网络作为预测系统在设计探索中的应用
2020 年	Zhang,Cui,Song	微气候	城市形态	多目标、SPEA2	建立哈尔滨城市形态参数与室外气温的多元线性回归模型,并基于多目标进化算法确定微气候最佳的城市形态布局

(资料来源:笔者自绘)

首先,从优化目标角度展开分析。软件的演化过程主要是从单目标过渡到多目标、从传统的人工筛选过渡到智能优选。总体来看,以 2010 年为节点,在此之前以单目标优化模式为主,而在此之后陆续产生了双目标优化模式及多目标优化模式,基于进化算法采取机器智能筛选手段,同时更新了软件平台系统。最初采用人工筛选方法,运用传统的计算机系统及 AutoCAD 等绘画软件,随后又引进了 Grasshopper、Rhinoceros 以及建筑信息模型软件等参数化设计工具。其次,从评价性能角度展开分析,具体从土地经济性、室外环境质量、室内环境质量以及建筑能耗四个层面设定优化目标。例如,评估建筑能耗目标,主要参照建筑的照明、空调、采暖以及碳排放等要素;评估建筑的室内环境目标,主要参考室内热舒适度、日照时长、采光系数等要素;评估项目的建造成本,主要参考建设造价以及日常运营维护等要素。最后,从评价性能的方法角度展开分析。一般的常用方法一种是简化模型计算法,该算法的初始设置简单,计算速度快但是计算精准度有待提升;另一种是模拟软件计算法,这种算法的初始设置内容较为复杂,计算速度缓慢,但是计算精准度较高。

四、小结

无论是城市规划还是建筑设计,都要考虑“空气”问题。对于城市发展来说,空气承载了巨大的能量,在设计中不可小觑。从研究尺度层面出发,有关单体建筑或者房间范围内的节能研究、气候适应性研究已经相对完善,近年来的研究热点开始聚焦于城市街区领域,这也决定了相关研究内容必将趋向复杂化;从研究区域层面出发,在研究建筑的节能问题以及气候适应性时,多侧重于研究严寒、干热、湿热等具有典型特征的单一化气候条件,但是很少涉及同时存在两种或两种以上极端气候的现象;从研究国家政策层面出发,目前我国关于街区风环境问题的法律规定尚属空白。实际上,风环境同日照一样对城市街区的舒适度有直接影响,很多城市或地区专门针对日照提出规定,但是缺少专业详细的规范标准用以衡量城市街区的风环境。随着人们越来越关注生活品质与环境舒适度,未来城市规划与建筑设计必然要关注城市街区风环境问题,加强对城市街区风环境的模拟研究并提出针对性的优化方法,具有较强的现实意义。

从现有设计过程来看,目前甚至还有一些建筑在即将竣工投入使用阶段,为了评选绿色星级,才开始考虑绿色技术问题,这些设计行为具有明显的滞后性。基于绿色设计理念,应在制定设计方案的初期就融合可持续发展意识,基于参数化设计手段建立逻辑关系,整合各要素之间的关联性,通过参数优化来调节彼此的关系。参数化设计思想的根本逻辑就是追求某种特定的形体特征,如合理的结构特性等。本书研究的根本出发点就是以城市街区风环境为研究对象,建立参数化模型,明确逻辑导向,结合具体的问题落实参数化设计方法。

第四节 本书框架

本书框架如图 1-5 所示。

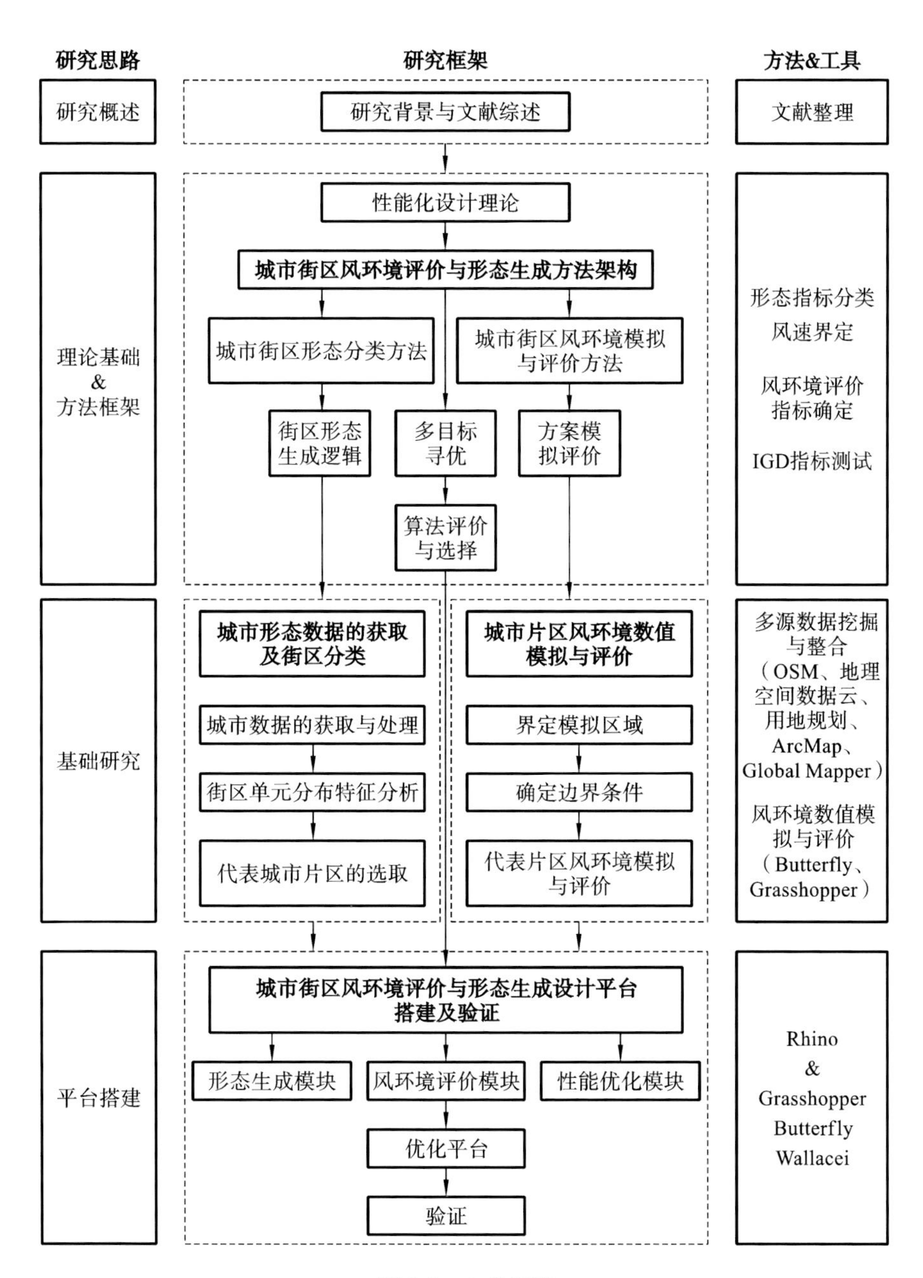

图 1-5　本书框架

（图片来源：笔者自绘）

第二章 城市街区风环境评价与形态生成方法架构

能够生存下来的不是最强大的物种，也不是最聪明的物种，是适应性最强的物种。

——查尔斯·达尔文(Charles Darwin)

在世界经济、文化、艺术、科技等方面全球化高速发展的过程中，地域性文化特征的探索与绿色节能环保技术的创新逐渐成了城市与建筑设计的两大导向，在此过程中，需要重点考虑的因素之一是性能。环境问题和技术要求推动了基于性能的设计方法的发展，即性能化设计的发展。以下将结合地理信息系统、数字模拟工具、参数化设计平台和多目标进化算法等方面，梳理街区分类方法，确定评价指标，简述风环境模拟方法，选择适用的优化算法与插件，提出基于风环境的街区形态优化设计方法。

第一节 性能化设计概述

当下人们越来越重视环境问题和人类活动对地球的影响，城市与建筑作为人类活动的重要载体，其建设不仅要利用更少的资源来完成，更要注重设计阶段对环境问题的思考，目前设计前期阶段缺少对建筑与环境本体性能的利用，致使人们不得不在后期依赖空调等主动式设备作为补偿。因此，建筑设计师与城乡规划师应在设计阶段建立将抽象设计与具象性能问题相互融合的方法体系，从物理环境的角度让设计更高效，基于人体舒适度层面获得更好的解决方案。

一、性能化设计

室外热环境、风环境的影响因素有很多，如建筑朝向、体形等。为了创造更好的解决方案，设计师应在设计前期，即空间、形体探索阶段就介入并

集成仿真研究进行推敲。这可以更好地利用建筑本体性能，减少建筑建成后对主动式技术设备的依赖。然而，当下基于性能模拟的设计研究通常不在设计前期阶段中使用，大多只在最终阶段体现，该阶段形态已经确定，一般无法对设计进行优化调节。而根据实际的经验发现，室外热环境、风环境对室外环境品质会产生明显的影响，同时也与环境舒适性、通风性能存在密切联系。

所以，性能化设计是设计师通过在早期设计阶段就使用分析工具来思考环境问题，从而对设计的性能表现做出更准确对策的设计方法。在性能化设计过程中，设计师需要提出一个初始设计方案，然后通过计算或使用分析软件对其性能进行评估，然后考虑调整方案，以改进其性能，这个过程将重复多次，最终呈现多次调整后的设计结果。当性能评价目标只有一个时，该过程较为容易，但通常评价的性能目标是复杂的，设计师在面对多目标优化问题时通常会显得力不从心。

于是在多目标的要求下，设计师开始借助数字化平台探究新的设计策略，借助数字化平台生成参数控制模型，通过简单地修改几个变量即可轻松地生成多样的形式。而参数化设计软件和计算机模拟分析工具的结合使设计师能够轻松地根据模拟结果评估不同性能参数与模型之间的关系，从而找到性能更好的设计方案。

以上方法虽然可以借助数字化平台通过手工方式完成适应性形式的发掘，但是一种较为耗时的方式。不仅需要设计师理解模拟工具产生的结果，还需要手工进行每一项参数的判断与更改。此外，即使找到了一个比原来更好的解决方案，也很难保证找到的是最优的或趋近最优解的解决方案，在多次修改参数的过程中也较难判断是否结果会较之上次调整更优。所以，如果将参数控制模型与计算机模拟分析工具相结合，在此基础上利用优化算法，让优化算法控制参数更改过程，我们便有机会找到最优或接近最优的解或解集，同时也可以让我们在更短的时间内完成性能优化过程。

二、多目标性能优化过程要素

从多目标进化算法逻辑来看，多目标性能优化过程可以定义为设计方案，依据多个准则，从一系列生成的备选方案中找到符合准则要求的最佳解决方案的过程。对于建筑设计或城市设计来说，该性能优化过程可依据以上描述定义为使建筑设计或城市设计方案具有最完善高效的性能的优化过程。

为了更好地理解优化过程，需要理解与优化过程相关的要素。

(1) 定量：整个优化过程中不能改变的数值项，对于设计方案来说通常是规定限制的经济技术指标。

(2) 变量：优化过程中可变的数值项。

①自变量：由设计师或算法控制的数值项，如建筑布局相关值（塔楼、空地、裙房位置等）。

②因变量：跟随自变量变化的数值项。

(3) 控制项：变量与定量值所对应种群的生成方法，对设计来说通常是指变量与定量所对应的形态生成方法。

(4) 目标项：拟达到的目标评价值，其值通常为最大、最小或区间值。在针对建筑设计与城市设计的情况下，目标项通常从计算机虚拟仿真得出的评价值中筛选出来。

(5) 输出项：优化过程结束时产生的结果。

性能优化是一个复杂的系统问题，在性能优化设计过程中，我们需要构架一个种群生成逻辑，计算机能够根据该逻辑以及定量与输入的变量参数不断生成待优化方案。在该前提下，种群与评价和优化算法相关联时，算法可以自行控制变量输入，相对应的模拟结果评估也会自动进行，这个过程不断地重复，直至达到一个结束标准（评价值、时间或数量）。

三、多目标优化问题

多目标优化问题一般由存在矛盾和制约关系的多个目标组成，在人机交互系统研究领域，这种问题是需要考虑的重点，而在工程设计中还应该对智能寻优算法进行分析。最优化问题有很多种，根据目标函数的数量进行划分，可分为单目标优化问题（SOPs）和多目标优化问题（MOPs）。在实际问题求解领域，多目标优化问题的出现比例更高，这种问题的各子目标之间

存在一定矛盾冲突。在其中一个子目标改善的情况下，其他的一个或几个子目标会受到影响。因而在多目标优化过程中，一般情况下无法使多个子目标同步最优，需要在多个目标中间进行协调，从而实现总体上的最优化。

传统多目标优化问题在求解过程中一般基于权重法转化为单目标问题，然后在线性规划等基础上求解。此种求解思路在实际应用中存在如下局限：①每次优化只可以确定出一种权重下的最优解；②如果求解的目标函数很复杂，如存在间断点，非线性情况下求解难度大，不满足效率要求；③目标次序和设定的权重值会明显地影响到优化结果。因而在此类问题求解中，传统方法效率不高，适用性差，很有必要用到智能寻优算法。

多目标优化问题在工程和科研领域普遍存在，相关影响因素多，且很多为非线性的，因而求解难度大。20 世纪 60 年代开始，关于此类问题的研究受到各领域研究者的关注，解决多目标优化问题的重要性也日益明显地体现出来。同时，根据生物进化论发展起来的进化算法，也得到了人们的关注。这种算法在求解过程中由于具有全局搜索能力，可避免传统算法在寻优时容易陷入局部最优的缺陷，使得个体保持多样性，显著提升了求解效果，因而目前在很多领域开始得到应用。

在处理建筑问题时，我们同样也很少只处理一个问题，通常有多个问题需要同时解决，如采光、温度、湿度、风速、成本、结构等，当我们面临多目标问题时，特别是当性能目标彼此冲突时，优化过程会变得复杂得多，所以使用多目标进化算法的主要目的是找到一种有效的协调所有这些问题的方法。该方法也就是“帕累托优化方法”，其是意大利学者帕累托（Pareto）在 20 世纪初期进行经济学问题研究时提出的。他最初在研究经济效率问题时也使用了该方法，目前这一方法已经被广泛应用于各类专业领域。对比分析可知其和单目标优化问题的差异表现为，它的解是包含多个解的最优解集合，而后者的解只有一个。

在基于风环境的街区形态设计过程中，可通过这种方法进行参数化设计，且同时优化技术经济和性能指标，为街区形态设计在风环境控制层面提供参考。

1. 多目标优化的数学描述

对多目标优化问题进行数学求解时，需要设置多个目标函数，以及与此相关的方程与约束条件，可通过数学语言进行如公式(2.1)所示的描述。

$$\begin{gathered}\min f_1(x_1,x_2,\cdots,x_n)\\ \vdots\\ \min f_r(x_1,x_2,\cdots,x_n)\\ \max f_{r+1}(x_1,x_2,\cdots,x_n)\\ \vdots\\ \max f_m(x_1,x_2,\cdots,x_n)\\ g_i(x)\geqslant 0,i=1,2,\cdots,p\\ h_j(x)\geqslant 0,j=1,2,\cdots,q\end{gathered}\tag{2.1}$$

式中，函数 $f_1(x)$ 称为目标函数；$g_i(x)$ 和 $h_j(x)$ 称为约束函数；$x=\{x_1,x_2,\cdots,x_n\}^{\mathrm{T}}$ 是 n 维的设计变量，$x=\{x\mid x\in R^n,g_i(x)\geqslant 0,h_j(x)=0,i=1,2,\cdots,p,j=1,2,\cdots,q\}$ 为上述公式的可行域。

分析以上的表达式可知，此问题含有 m 个目标函数，对应的极小化和极大化目标函数分别为 r、$(m-r)$个，约束函数数量为 $p+q$。

在进行问题求解时，为简化处理而假设上述数学模型的目标函数都是极小化的，约束全部是不等式约束，这种条件下可确定出如公式(2.2)对应的标准多目标优化模型：

$$\begin{gathered}\min f(x)=[f_1(x),f_2(x),\cdots,f_m(x)]^{\mathrm{T}}\\ g_i(x)\leqslant 0,i=1,2,\cdots,p\end{gathered}\tag{2.2}$$

设计变量 $\boldsymbol{x}=\{x_1,x_2,\cdots,x_n\}^{\mathrm{T}}$ 为一个向量，可看作空间 R^n 中的点，目标函数 $f(x)$和 R^m 空间的一点保持对应。由此分析可推断出 $f(x)$可看作参数空间到目标函数空间的映射，具体描述如公式(2.3)。

$$f:R^n\rightarrow R^m\tag{2.3}$$

在求解多目标优化问题时，需要考虑到的因素主要包括设计变量、目标函数和约束条件。在设计时可根据问题实际情况而确定出设计变量，此要素和设计方案的属性、性能存在相关性。在其取值不同的情况下，相应的设计方案也不同。进行数学分析时，一组设计变量一般表示为 $\boldsymbol{x}=\{x_1,x_2,\cdots,x_n\}^{\mathrm{T}}$，其一般对应于目标函数的一个解。

目标函数可用于对设计系统的性能进行评价。在工程设计过程中，一

般情况下需要使多个性能指标最优。一组目标函数组合起来而形成相应的函数向量 $f(\boldsymbol{x})$。

约束条件主要是基于含等式和不等式的约束函数进行描述，反映出变量应该满足的要求。一个可行解就是符合全部约束的一组设计变量，全部的可行解结合起来形成目标问题的可行域。

2. 多目标优化的目标占优和帕累托占优

这种问题在进行优化求解时，一般用到占优概念，以下具体论述此概念的相关情况和定义。

定义 1：帕累托占优和帕累托最优解。

设两个决策向量 $a,b\in X$，若满足如下关系式，则认为 a 帕累托占优 b，记为 $a>b$：

$$\{\forall i\in\{1,2,\cdots,n\}f_i(a)\leqslant f_i(b)\}\wedge\{\exists j\in\{1,2,\cdots,n\}f_j(a)<f_j(b)\}$$

对某个决策向量而言，如发现参数空间内找不出其他向量帕累托占优，则认定其属于帕累托最优解。全部的此类最优解组成帕累托最优解集。

定义 2：绝对最优解、非劣解、帕累托前沿。

假设 S 为问题的可行域，$f(X)$ 为目标函数。

若 $f(X^*)\leqslant f(X)\ \forall X\in S$，则 $f(X^*)$ 对应于绝对最优解。

若 $f(X)\leqslant f(X^-)\ \forall X\in S$，则称 X^- 是非劣解，此类解也被看作有效解或帕累托解。

对这类问题而言，一般情况下非劣解为多个，全部非劣解组合起来形成非劣解集，而针对特定问题的非劣目标域，对比分析可知其反映出目标问题解的性质（图 2-1）。

3. 多目标优化问题的解

单目标优化问题求解所得结果一般是唯一的，进行求解时基于简单的数学方法就可以高效地求解。但是对多目标问题求解时，不同的目标一般存在一定矛盾制约关系。这种情况下，一个目标性能的改善会导致其他一个或者结果目标的性能降低，无法使得全部的目标性能同步最优。因而对此类问题而言，对应的解可看作帕累托解集。

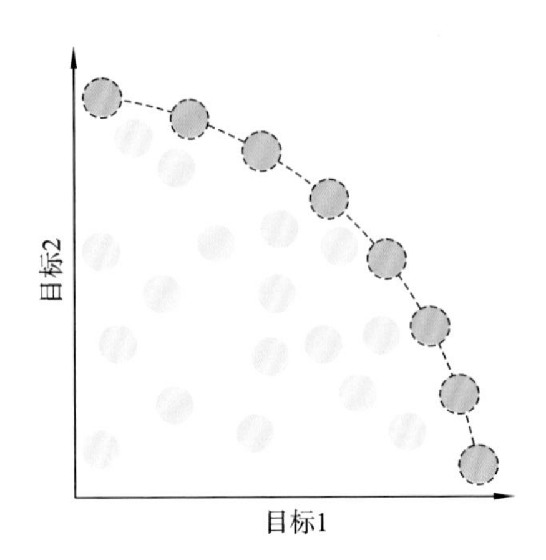

图 2-1　帕累托前沿示意图

（图片来源：笔者自绘）

如果目标物体有多个帕累托最优解，不存在其他的参考消息情况下无法确定出最佳的解，这样全部的此类最优解的重要性保持一致。根据以上论述可知，对此类问题求解时，应该找出目标相关的尽可能多的帕累托最优解，即最接近帕累托最优域的解。

对多目标问题进行求解时，需要考虑到的主要因素为决策变量空间和目标空间，这种情况下，可根据要求分别在二者中定义解的多样性。若计算发现决策变量域中两个解的间距大，则可判断出二者在此空间保持互异；而如果二者在目标空间的间距大，则可认为其在此空间保持互异。大多数问题的解在一个空间中保持多样性的情况下，在另一个空间也同样，但也存在一些例外情况。比如对一个复杂的非线性优化问题，在求解时，还应该找出高多样性的一组解，从而更好地满足应用要求。

四、多目标进化算法

1. 算法概述

当我们处理的多目标优化问题越复杂时，对计算能力的要求也会越高，同时优化过程也会变得更加耗时。这种情况在建筑领域尤其常见，单个方案的模拟已经需要大量的计算，有时甚至需要几周的时间才能完成，所以要

完成大量的方案评价就需要更长的时间。因此，我们并不能将所有生成的方案进行模拟评估，而是需要选择适用的优化算法，试图了解变量的影响，尽可能地缩短确定最佳设计的时间。优化问题在传统处理过程中一般用到微分法和变分法；第二次世界大战时，为有效地进行资源的最合理分配，发展了运筹学；20 世纪 60 年代开始，在计算机技术的发展带动下，计算机软件在优化问题求解中开始应用，且出现了很多智能优化计算方法。多目标优化常用的算法主要包括 SPEA、SPEA2、IBEA、RM-MEDA、MOEA/D、SMS-EMOA、NSGA-Ⅱ等，目前还开发出基于参数化平台针对以上个别算法的优化插件。本书选用目前建筑设计领域运用较多的多目标进化算法，可以帮助设计师缩短时间，找到满足多目标需求的设计解决方案。

自然界生物进化的过程中，具有优良性状的个体更有可能生存下来，并将其基因遗传给下一代。该过程始于选择某一种群中最合适的个体，这些个体传递他们的基因信息，产生新的后代，后代会经历一个变异过程，将其添加到新种群中形成下一代。在不断迭代的过程中找到最合适的个体，或者满足停止条件（时间限制、代数限制等）。

多目标进化算法主要是对生物进化机制进行一定抽象概括而提出的概率优化算法，其中典型的为遗传算法。这种算法的基本概念术语基本上来源于生物遗传学（表 2-1）。

表 2-1　遗传算法中基本术语在生物层面与算法层面概念对照表

名称	生物层面概念	算法层面概念
基因 (gene)	生成体征的根源	自变量
个体 (individual)	独立的对象	某一自变量适当地组合而形成的向量
种群 (population)	全部个体形成的集合	同一基因在一定的范围内组合而形成的全部个案组合，为进化提供支持位

续表

名称	生物层面概念	算法层面概念
适应度(fitness)	用于描述某个体对环境的适应程度	因变量
选择(selection)	根据不同个体的适应度而优胜劣汰,保留适应度最大的个体	在某代种群中进行一定对比而确定出满足要求的个体,设置其为父代个体,而进行遗传,不满足要求的则淘汰
交叉(crossover)	同种群内各个体基因交换的过程,可以据此得到适应度更高的个体	随机搭配成种群内的两个个体,且基于一定的概率交换其一部分自变量,从而确定出新的自变量组
变异(mutation)	个体在基因表达过程中,对应的基因取值不断地改变过程	以某一概率对其中一定量自变量值进行改变,据此获得新的个体

(资料来源:殷晨欢.干热地区基于热舒适需求的街区空间布局与自动寻优初探[D].南京:东南大学,2018.)

多目标进化算法通过维持在代与代之间由潜在解基因组成的种群来实现全局优化搜索,这是多目标优化问题的通用求解方法。20世纪70年代Holland在研究过程中提出一种遗传算法,Schaffer为更好地求解相关问题,而对此算法进行改进,建立了矢量评价遗传算法。在多目标优化问题求解过程中,这种方法被引入后,取得良好的效果,这也为其进一步应用打下良好的基础。Fonseca等在20世纪90年代建立了多目标遗传算法,为遗传算法的迅速发展和广泛应用提供支持。此算法的发展阶段如下:第一阶段,提出了基于和不基于帕累托优化的方法;第二阶段,根据相关问题求解要求进行改进,提出外部集概念,在此集合中存放全部非支配个体,据此来满足解的分布度要求,提升其多样性。此阶段的多目标进化算法在进行问题求解过程中,侧重于效率和有效性。其后发展中,Zitzler等建立了优化的强度

Pareto 进化算法，可更好地满足特定领域多目标优化问题的求解要求。Deb 等进行改进，提出第二代非支配排序遗传算法（NSGA-Ⅱ），并对其应用价值进行论述。

MOEA 一般框架算法对应的流程为：对种群 $X(t)$ 进行选择、交叉等处理而得到子代种群 $X(t+1)$。在进行各代的进化过程中，复制全部种群 $X(t)$ 中非劣解个体到外部集 $A(t)$ 中，接着将其中的劣解和很近似的非劣解通过小生境截断算子剔除，从而得到满足分布均匀性要求的子代外部集 $A(t+1)$，然后在概率基础上筛选确定出其中优秀个体进入下代种群。在满足相关迭代要求进行输出时，输出的结果为外部集中的非劣解。进行概括就是从一组随机生成的种群开始，不断地对种群进行一定选择、交叉处理，在不断的迭代基础上，个体的适应度持续地增加，且最终逼近目标物体的 Pareto 最优解集。目前，MOEA 方法已经很成熟，且在很多领域得到应用，如在风电、水利工程领域都得到了广泛应用，且表现出较高的应用价值。

2. SPEA2 与 NSGA-Ⅱ

(1) SPEA2。

SPEA2 是对 SPEA 优化后形成的，如图 2-2 所示为其工作流程相关情况。在 SPEA2 求解时，相应的个体适应度表示为 $F(i)=R(i)+D(i)$，$R(i)$ 对应于相关个体支配信息，$D(i)$ 为不同个体的拥挤度。通过这种方法进行求解时，需要先确定出新群体，选择合适的环境后，交配选择。进入外部种群的个体应该保证适应度小于 1，在全部满足这种要求的个体数目低于外部种群的大小条件下，筛选出其中小适应度个体；而相反情况下则基于环境选择方法删除其中不满足要求的个体，基于锦标赛机制进行对比而确定出进入交配池的个体。

(2) NSGA-Ⅱ。

NSGA-Ⅱ是对算法 NSGA 的改进，NSGA-Ⅱ在多目标优化研究领域被广泛地应用，实际的应用结果表明，这种算法的效率高，适用性强，所得结果的准确性高。NSGA-Ⅱ具有以下优点：第一，计算效率和实时性明显提高，计算复杂度由 $O(mN^3)$ 降到 $O(mN^2)$，相应的计算量显著降低；第二，在对非支配排序后同级元素的适应度值进行标记基础上，使得当前 Pareto 前沿面

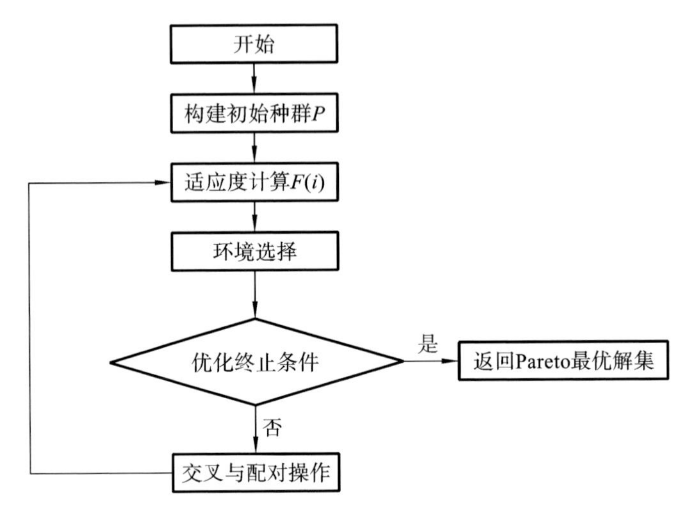

图 2-2　SPEA2 工作流程图

（图片来源：冯超，景小宁，何贵波.基于改进 SPEA2 算法的火力分配问题[J].计算机工程与应用，2016，52(13)：248-253.）

中的个体扩展到整体的前沿面，相应的个体分布均匀性高，保持稀疏性；第三，引入了精英保留机制，在形成下一代种群过程中，对选择的个体后代与其父代个体进行一定竞争筛选，从而确保筛选出优良的个体，更好地满足种群优化要求。NSGA-Ⅱ算法工作流程如图 2-3 所示。

NSGA-Ⅱ算法中引入了特定的适应度评价机制，在搜索过程中为确保相应的群体搜索优势，进行个体的适应度评价时，应用了帕累托排序方法。为确保在求解过程中，算法高效地收敛到问题的帕累托最优解，而在求解过程中引入了精英保留策略、设置外部集策略等。SPEA2 和 NSGA-Ⅱ算法在求解时都用到了精英保留策略，这对筛选出优良个体有重要的意义，可满足整体进化相关要求，在多目标优化问题求解领域被广泛地应用。NSGA-Ⅱ的运行效率高、解集的分布均匀性好，不过多样性差，相应的新算法已经被提出。SPEA2 在求解时可确定出一个分散性高的解集，在高维问题处理过程中表现出较高的应用价值。但保持多样性过程中需要耗费大量的时间，这对其适用性产生不良影响，因而在应用过程中应对此予以重视。

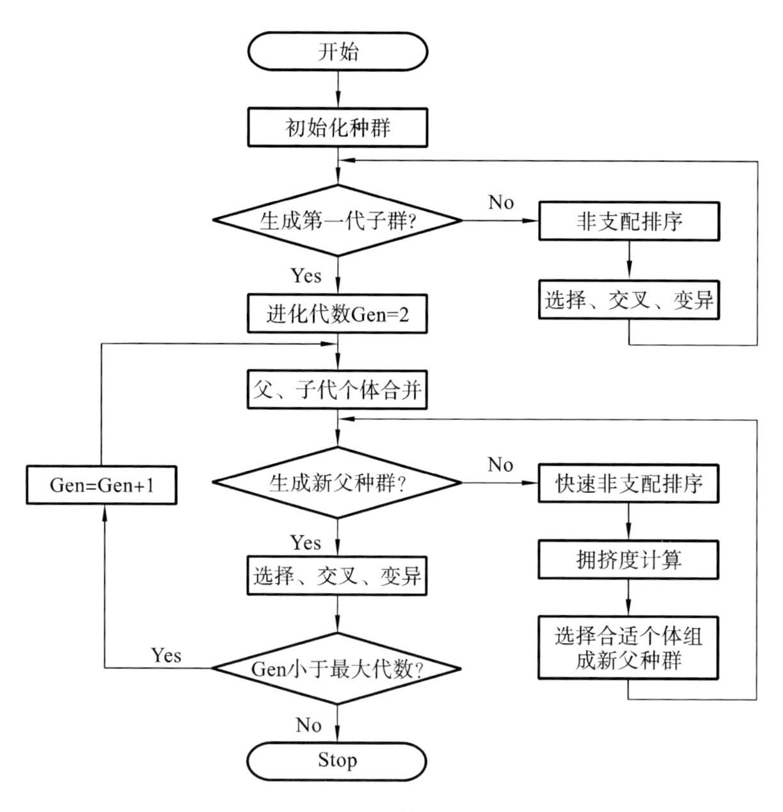

图 2-3　NSGA-Ⅱ算法工作流程图

（图片来源：向佳炜. 基于 NSGA-Ⅱ的多目标配电网重构[D]. 长沙：长沙理工大学，2014.）

五、基于风环境的街区形态优化方法

如图 2-4 所示是基于风环境的街区形态优化方法结构图，该方法在本书中特指利用 Rhino & Grasshopper 平台，应用多目标进化算法进行寻优的过程。本章后续将建立街区形态优化方法，分别从街区形态特征分类方法、风环境模拟及评价方法、街区形态生成、多目标优化算法四个部分进行描述，并在最后阐述基于参数化软件建立由形态生成、风环境评价和算法寻优三个模块构成的集合插件。

其中，根据街区形态特征梳理的形态生成逻辑是确定优化方法的首要

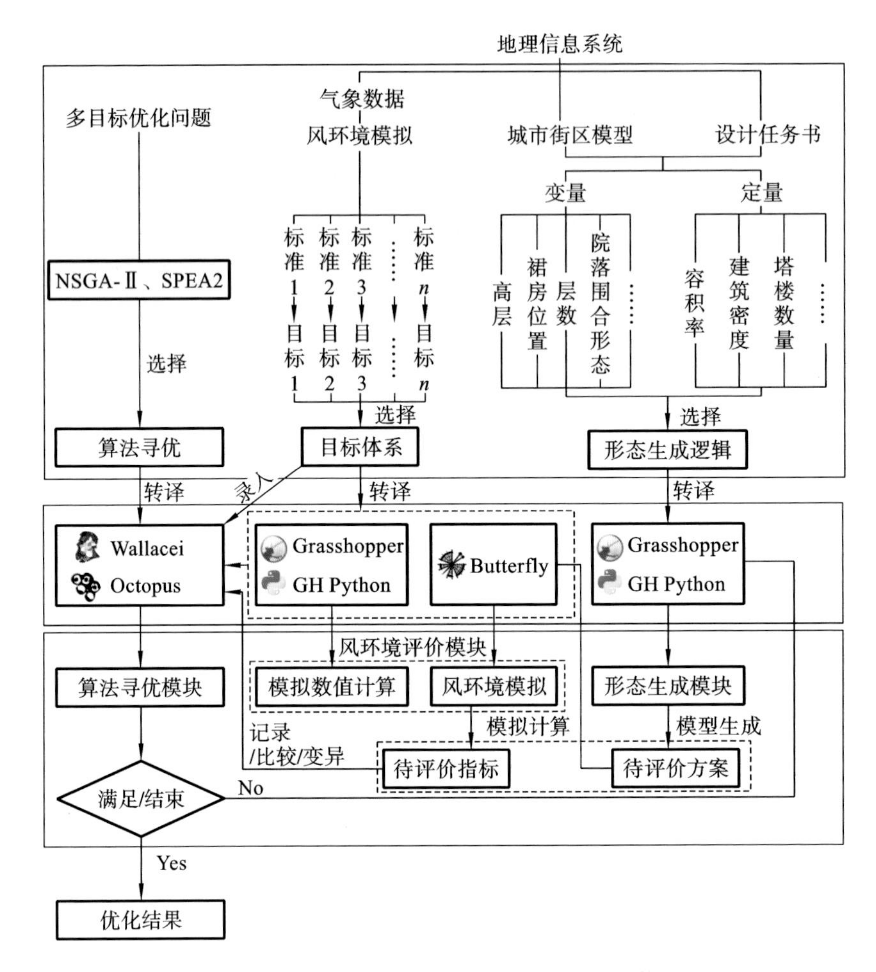

图 2-4　基于风环境的街区形态优化方法结构图

（图片来源：笔者自绘）

关键环节，是方案生成规则的描述文件，其任务是告诉计算机应该用什么并且如何使用它们完成设计，也就是设计意图的数字化表达。生成逻辑定义了计算搜索过程的详细程度和重点，并规定了用于生成设计候选的素材，因此该环节主要是建立起计算模型。设计师在设计时需要建立起一系列规则约束，适当地转换处理原设计原始概念为仿真系统的描述文件，参数化软件对这些文件进行读取后，建立起三维模型，设置相应方案性能指标，对模型

的形态参数适当地调节，实现调整方案形态的目的。

形态生成即按照指导所做出的决策，将生成逻辑中所提供的素材转化为一个或多个设计候选方案。生成过程或简单或复杂，这与素材以何种方式被转化和组合有关。风环境评价即生成候选街区形态的评价数据，它既可以发生在完整设计生成之后，也可以穿插在生成过程中。算法寻优即寻优运算器根据评价结果对生成逻辑的素材进行调整，从而提升设计候选方案的质量。以上三个环节构成了一个完整的循环来对生成设计进行更新，从而获得满足设计意图的方案。

不论是传统设计还是参数化设计，形态生成和算法寻优都是整个设计过程中密不可分的两个步骤，算法寻优决定了设计朝哪个目标方向演化，是处理复杂性问题的主要手段。但在参数化设计中，人-机关系得到了更为密切的发展(图 2-5)。

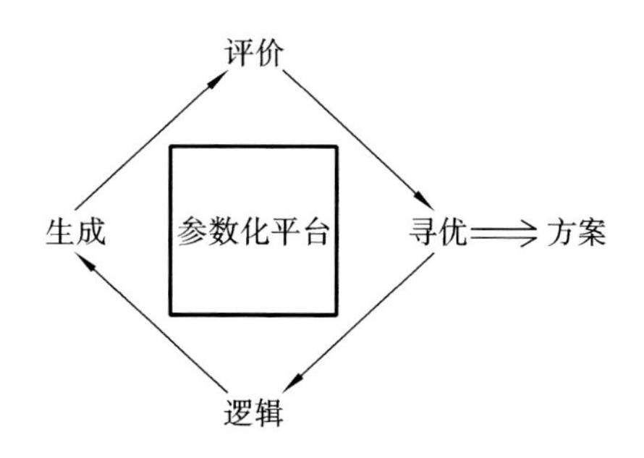

图 2-5　设计流程简图

(图片来源：笔者自绘)

在建立逻辑和生成形态过程中，设计人员应该引入创造性思维，综合处理初期感知信息，在进行一定的对比判断后得到原始方案，为其后的系统优化提供支持和依据。计算机软件需要计算分析输入信息，进行一定逻辑推理，从而满足决策相关要求。

在评价阶段，设计人员应该基于一定方法模糊定性判断初期确定出的零散、片面、杂乱信息，通过计算机对其定量精确感知。将二者结合起来，可以高效全面地处理这类信息，为实现决策目标提供支持。

在寻优阶段，设计人员应该进行协调性、创造性的工作，主要的工作内容,包括设计草图、得到相应评价标准、进行编程等。而计算机则主要进行一些重复性、单调的工作,如迭代求解等。

整体来看,生成—评价—寻优所构成的循环类似于传统设计过程,同样是在不断地反思与修改中得以细化。由此可见,计算机的设计过程依旧来源于对人类设计行为的模仿,但由计算机实现的优化设计过程与传统设计方法相比还是具有极大优势的。

①在生成逻辑下产生大量设计方案以供筛选。

②生成的形态能够被计算机精确识别和运算,从而精确量化。

③计算机依赖设计师设定的评价标准和算法进行形态寻优,避免了耗费大量人力及优化方向的不确定性。

第二节　城市街区形态特征分类方法

一、城市街区形态指标计算方法及分类原则

本书在研究过程中根据用地面积可将街区划分为特大尺度、大尺度、中尺度、小尺度等类别,根据容积率指标可分为高容积率、中容积率、中低容积率、低容积率4类,根据相关建筑密度可分为高建筑密度、中建筑密度、低建筑密度等。有的文献在研究过程中对街区形态根据现状进行划分,可分为柱型、点型、条型等类型。而从具体的建筑群形态角度进行分析可知,影响风环境的形态特征主要包括建筑群的围合形态和高度形态。根据实际的经验可知前一种形态特征会影响到近地面风的渗透性,后一种则对风影区的风速水平和覆盖范围产生影响。因而在设计过程中选择的指标必须包含围合度与平均高度。

1. 街区尺度——用地面积

参考我国2019年3月1日实行的《城市综合交通体系规划标准》(GB/T 51328—2018)中对不同功能区街区尺度的推荐值(表2-2),将街区尺度划分为小尺度(＜50000 m^2)、中尺度(50000～100000 m^2)、大尺度(100000～350000 m^2)、特大尺度(＞350000 m^2)。街区尺度示意如图2-6所示。

表 2-2　不同功能区的街区尺度推荐值

类别	街区尺度/m		路网密度/(km/km^2)
	长	宽	
居住区	≤300	≤300	≥8
商业区与就业集中的中心区	100～200	100～200	10～20
工业区、物流园区	≤600	≤600	≥1

（资料来源：中华人民共和国住房和城乡建设部，国家市场监督管理总局. 城市综合交通体系规划标准：GB/T 51328—2018[S]. 北京：中国建筑工业出版社，2019.）

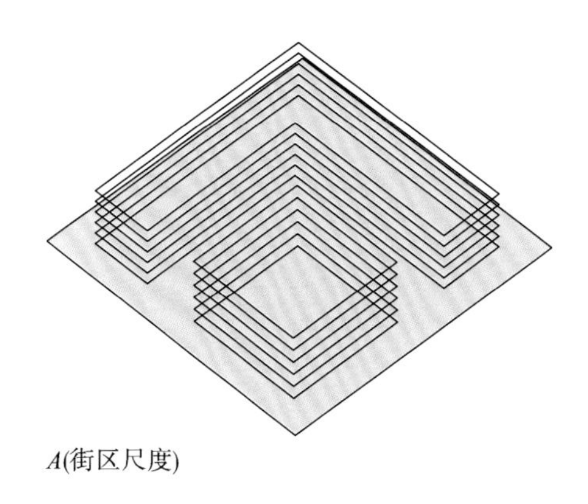

图 2-6　街区尺度示意图

（图片来源：笔者自绘）

2. 街区密度——建筑密度

参考东南大学胡昕宇在其论文中对亚洲特大城市轴核结构中心区空间的研究与目前我国各城市建筑密度控制标准，将建筑密度小于 0.2 定义为低密度街区，建筑密度在 0.2～0.4 定义为中密度街区，大于 0.4 为高密度街区。建筑密度示意图及计算方法如图 2-7 所示。

3. 开发强度——容积率

选择容积率值 4、2 和 1 来划分开发强度为高、中、中低、低四个类型，其中高强度为容积率大于 4，中强度容积率为 2～4，中低强度容积率为 1～2，低强度为容积率小于 1。街区容积率示意图及计算方法如图 2-8 所示。

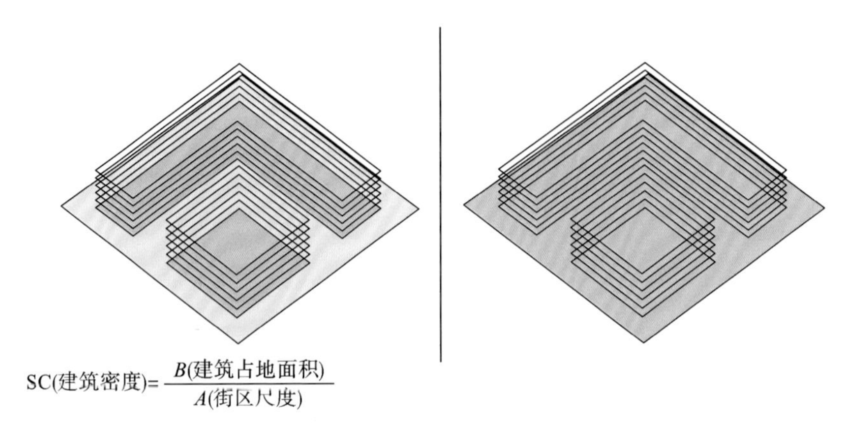

图 2-7　建筑密度示意图及计算方法

（图片来源：笔者自绘）

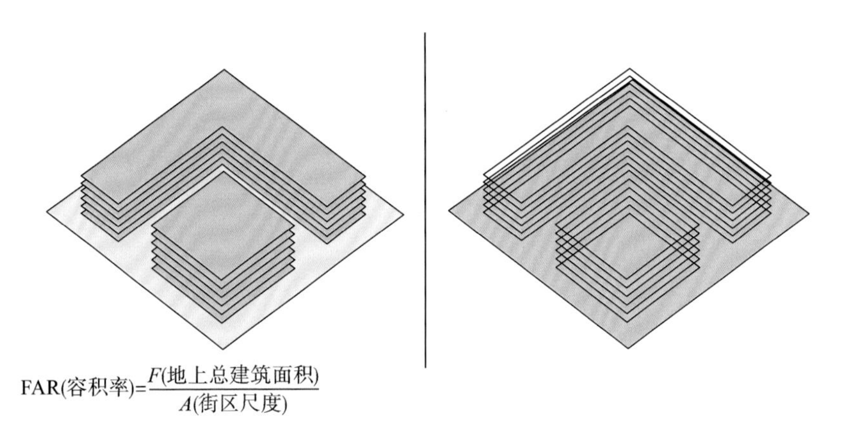

图 2-8　街区容积率示意图及计算方法

（图片来源：笔者自绘）

4. 形态特征

城市空间中，控制指标数据一致的情况下，相应的空间形态有很多种，建筑群的布局和组合方式与朝向、体量相关因素都会影响到街区的风环境，而且这些因素的影响程度也明显不同。即使在地块的控制指标相同的情况下，一定行人高度的风速也可能不同，且风向分布也存在差异。

建筑实体是街区形态的最基本构成要素，建筑实体与空间共同反映了

街区特征，故不同建筑类型组成的街区形态特征也完全不同。在理想状态下，假设城市建筑基底由方形单元格构成，街区由基本的建筑类型组合而成，基于实地调研，可以将街区的建筑形态分为 4 种类型（图 2-9）。

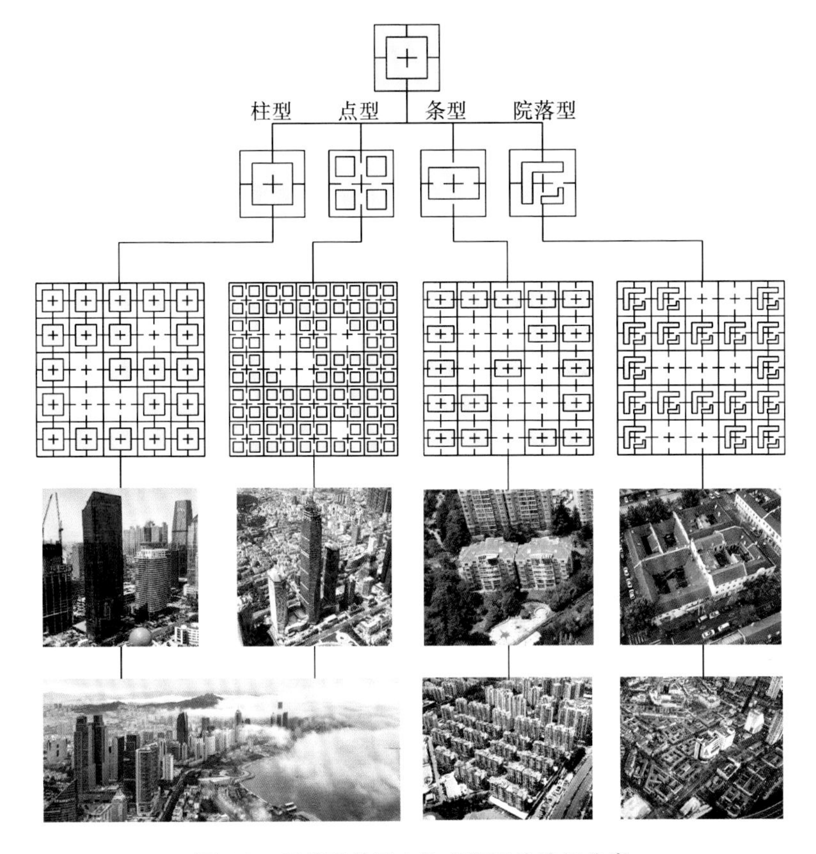

图 2-9　理想建筑形态构成街区的特征分类

（图片来源：笔者根据文献绘制与实地拍摄）

5. 参考指标——平均高度、围合度

街区建筑平均高度与街区围合度是评价街区风环境的重要指标，同时可以为街区在内部建筑布局层面的分类提供间接参考，利用 Grasshopper 对建成模型的处理与计算可以得出研究区域内所有街区建筑平均高度与围合度情况。

街区建筑平均高度是指街区范围的地块内所有建筑高度的平均值，城市街区内，行人高度处总体风速水平与平均高度正相关。本书采用街区范围内所有建筑高度的总和除以建筑个数所得值来表示，如图 2-10 及公式(2.4)所示。

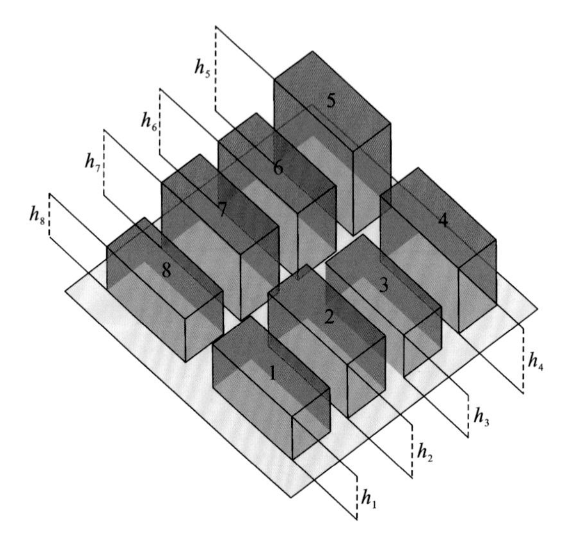

图 2-10　平均高度计算示意图

(图片来源：笔者自绘)

$$h=\frac{\sum_{i=1}^{n}h_i}{n} \tag{2.4}$$

式(2.4)中，h 为街区建筑平均高度，h_i 为第 i 栋建筑的高度，n 为建筑数量。

街区围合度指街区地块内全部外侧建筑沿路的边长之和与整个街区边界长之比(图 2-11)，在计算过程中可通过公式(2.5)确定出。街区的围合度主要反映出街区内部空间的视线可达性，同时也和建筑的开放性存在相关性。此指标小则可判断出街区的开放性高，反之则开放性低。围合度和行人高度处总体风速负相关，可以据此进行计算确定。

$$e=\frac{\sum_{i=1}^{n}l_i}{\sum_{j=1}^{m}a_j} \tag{2.5}$$

式(2.5)中，e 为街区围合度，l_i 为街区的第 i 个边界的长度，a_j 为第 j 栋建筑面向街区边界的投影长度，m 为建筑数量。

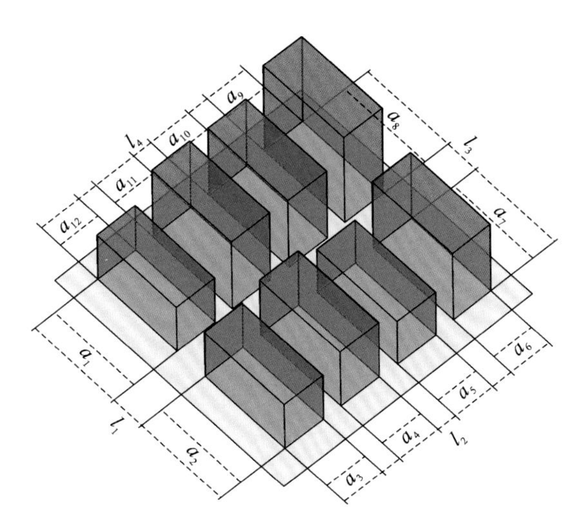

图 2-11　围合度计算示意图

（图片来源：笔者自绘）

二、相关工具

1. 开放街道图(OpenStreetMap，OSM)数据

目前在地理信息研究和应用领域，志愿者地理信息(VGI)工具开始受到关注，各类型 VGI 项目大量出现，这对获取地理数据有重要的意义。在此类项目中最有影响力的为 OSM 项目，其在很多领域都表现出较高的应用价值，为相关研究提供可靠的数据源。OSM 数据的特征表现为更新快、数据丰富、开源等，用户也可以参与其管理活动，不过在实际应用中，此类数据的质量和可靠性还不能确定，因而还应该对此进行研究。目前此方面的研究侧重于数据可信度、数据更新、质量评价、数据过滤等方面。总体上看，目前有关 OSM 数据的质量评价研究已经很深入，且积累了丰富的经验，而有关 OSM 数据的清洗、应用方面的研究还欠缺，因而以后还应该对此深入研究，从而更好地发挥其应用价值。

街区是由城市道路划分的空间单元，其特征表现为渗透性、可识别性，从尺度方面看，其属于一种中尺度的空间单元，其空间精度介于建筑物和行政区之间，因而对城市地理的研究有很重要的支持作用，目前在地理研究领域应用日益广泛。而街区研究中需要用到大量地理空间数据，一些研究者在获取街区居民地数据时应用了遥感数据和百度地图数据，所得结果有一定参考价值，不过目前还甚少有应用 OSM 数据开展的相关研究。

因而本书在研究时考虑到这一事实，介绍了基于 OSM 数据平台提取城市街区信息的方法，进行实例分析，通过选取目标、道路处理等步骤完成街区及建筑信息提取与优化，并计算街区的各项经济技术指标及形态指标。

2. 数字高程模型(DEM)数据

在实际应用过程中，开放街道图缺少城市的高程信息，而对山地城市而言，受到特殊地形地貌因素的影响，规划难度增加，因而不可直接沿用平原地区相关方法(图 2-12)。除建筑形态和道路形态的影响外，地形也是影响街区风环境的重要因素，所以需要将高程数据与城市街区数据进行结合。

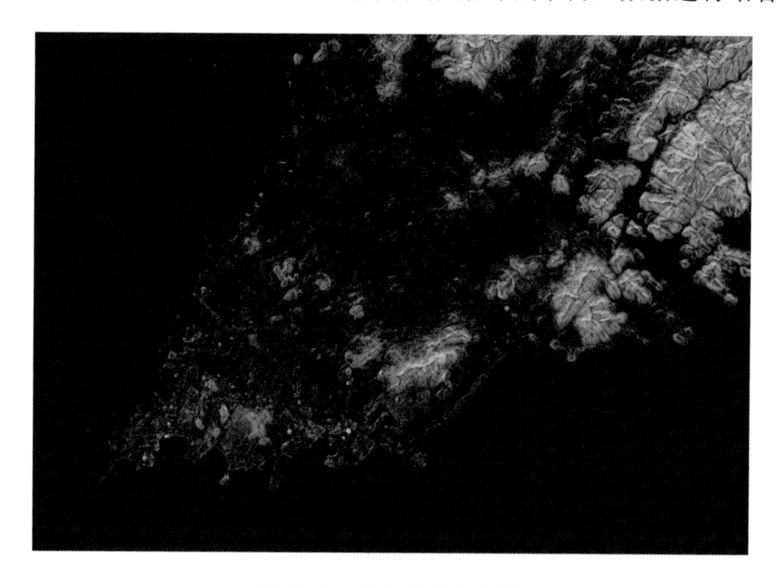

图 2-12　青岛高程分布图

(图片来源：利用 www.mapbox.com 生成)

(1) DEM 数据的概念。

DEM 也就是数字高程模型，其属于一种几何模型，可描述地形表面空间起伏特征，在描述过程中主要用到地形表面高程采样点。

在国家地理信息系统数据库中，这种数据有重要的意义。三维地形建

模中这种数据会经常用到，可描述出地形区域上的有限序列，是对相关序列数据进行组合而形成的三维向量集合。在进行描述时，地形点的平面位置表示为(X,Y)，高程点表示为 H。在描述平面位置坐标时，可选择不同的坐标，如平面直角坐标或者经纬度坐标，在应用过程中可方便地选择。

(2) DEM 数据的特点。

①不规则三角网结构和网格结构。

不规则三角网结构主要是基于相应的排列规则来连接地形特征点，形成相应的三角形，且通过这些三角形对整个地形区域进行覆盖，然后对求解域进行划分而设置相应的网络。网格结构是指根据一定的规则排列的矩形网格覆盖的某个地形区域。

②分辨率的高低影响 DEM 数据的精确度。

DEM 分辨率可描述相应地形精度。而在实际的应用过程中，DEM 使用范围主要和地形精度存在相关性。其分辨率指相应的网格中最小单元格的边长。划分单元格时，一般情况下单元格的边长小，则所得的单元格数量多，可以更细致地反映出地形的表面特征。具体表现为分辨率高，可以更精确地进行地形刻画，不过这也导致计算量增加，降低了计算效率。因而在实际应用中，用户可基于应用要求合理地设置分辨率。

③数据来源和应用广泛。

此类数据的来源广泛，主要来源于地面测量、摄影测量数据集，在进行地形测量时，可综合应用全站仪、测距仪等工具获取目标点的三维信息。DEM 数据的应用范围很广，目前在地表径流、方量计算、防洪设计等领域都被大量地应用，且在地质地貌、气象、土壤相关研究领域也表现出较高的应用价值。

3. ArcMap 数据处理

ArcMap 属于一种常用的应用程序，可通过其实现数据输入、编辑、查询相关目的，也可满足数据分析要求。在地图制图、地图编辑方面被广泛地应用，且表现出良好的性能优势。程序中设置了专业制图和编辑系统，因而可很好地满足一些复杂制图相关应用要求，可以将其看作一个数据表生成器。利用 ArcMap 可以将以上两个数据源的数据整合并进一步处理，为街区分类提供基本数据，并为后续的街区风环境模拟与形态优化建立基本模型。

以上是对城市数据及街区分类方法的简单介绍，结合本节内容对应的街区分类方法讲解的青岛东岸城区案例见本书第三章。

第三节　城市街区风环境评价

一、评价指标及计算方法

根据第一章对风环境评价标准及指标的综述，本节将对本书在风环境评价环节使用的相关评价指标和方法进行确定。

1. 风速评价分级

对于行人高度处风环境的评价，应该考虑热舒适度对风速的需求、风安全，以及分析风速对扬尘、空气质量和温度等的影响。在研究过程中，如果不分析人们的行为差异，根据第一章 Simiu 提出的评价标准、空气质量舒适度标准，以及我国《绿色建筑评价标准》(GB/T 50378—2019)中对场地风环境的要求，本书设置影响人的风舒适度的阈值为 5 m/s，而污染扩散的阈值设置为 1 m/s。根据我国《防治城市扬尘污染技术规范》(HJ/T 393—2007)规定，在风速超过 4 级的情况下，应该适当地进行扬尘防治处理，对应的风速为 5.5～7.9 m/s，是否扬尘的界限指标也接近 5 m/s。

因此，本书在设定出风环境各项评价指标基础上，确定出行人高度舒适风速变化区间为 1 m/s$\leqslant V \leqslant$5 m/s，在该风速范围的区域既满足了人的热舒适要求，又处于风舒适的风速阈值以内，被称为舒适风区。静风风速低于 1 m/s，人会感觉到闷热，空气污染增加；强风风速高于 5 m/s，人室外活动会受到影响，活动人员会感觉到不适，风速 5 m/s 以上的区域被称为强风区。当风速在高于 7 m/s 条件下很容易引发风灾，而对于更大风速有进一步的分级，但对于街区形态优化的评价来说，设定 5 m/s 以上风速区域为优化对象，故不再对风速进行进一步划分。

2. 城市街区室外风环境的评价方法选定

在进行城市街区风环境评价过程中，根据研究目标和要求，对街区内部

的风环境，从风速概率评估法、风速离散度等相关角度进行分析，对不同类型街区风环境进行综合判断。

城市街区的风环境和区域内各点的风环境都存在相关性。对一个具体的城市空间而言，一般情况下，一个街区内各点的风速大小和方向往往存在差异，因此单一的风速指标无法描述其实际的风环境状况。在评价过程中考虑到这些因素，因此设置的评价指标主要包括街区平均风速、舒适风区面积比、静风区面积比、强风区面积比、风速离散度、舒适风速离散度、风速区间、风速众数等，在此基础上进行一定综合分析。

（1）平均风速。

平均风速指目标区范围内 1.5 m 高度平面上各点风速平均值，能够反映研究街区的总体风速大小情况。

（2）舒适风区面积比。

本书将街区室外行人高度(1.5m)风速 1 m/s$\leqslant V \leqslant$5 m/s 的区域定义为舒适风区。街区舒适风区面积比主要反映舒适风速在街区室外面积内所占的面积比例，舒适风区面积比越大，街区室外行人高度的风环境就越好，该指标是研究街区行人高度处风环境优劣最直接的评价指标。

（3）静风区面积比。

本书将街区室外行人高度静风区设定为风速小于 1 m/s 的区域。根据实际的调查结果，夏季静风区内部风速低于一定条件时，会对舒适性和空气质量产生影响，这种情况下空气的流动性不足，可看作静风状态；同时在冬季风速过低情况下，污染物稀释和转移会受到影响。区域内静风区面积与室外空间总用地面积的比值就是静风区面积比。一般情况下，此指标大则对应的热舒适性低。

（4）强风区面积比。

本书将街区室外行人高度强风区设置为风速不低于 5 m/s 的区域。相关研究发现，在室外风速超过此阈值条件下，会出现风速过高从而对室外的正常活动产生不良影响，某些情况下还可能导致灾害。在冬季风速过大的情况下，很容易导致强烈的寒冷感，从而影响到户外活动的舒适性。区域内强风区面积与室外空间总用地面积之比就是强风区面积比。一般情况下，此指标过大则说明风舒适性低，且对行人安全也会有负面影响。

(5) 风速离散度、舒适风速离散度、风速区间。

城市地块内各处的风速和方向很容易受到建筑形态和布局相关因素的影响，因此存在一定差异性。在区域内风速差异很明显的情况下，人的舒适度会降低，且可能形成涡旋，这对空气的流通和风环境等都会产生不良影响。城市地块内的风速差异情况很复杂，单纯通过风速指标无法进行有效的描述，因而一些学者在研究过程中提出“风速离散度”指标，通过其描述城市某一地块内的风速分布的差异水平。理论分析可知，此指标小，则地块内风速分布均匀性高，相反情况下则均匀性低。在风速离散度很大的情况下，可能出现涡流。风速离散度的计算方法采取标准差的方式，如公式(2.6)所示。

$$\sigma=\sqrt{\frac{\sum_{i=1}^{n}(v_i-\overline{v_0})}{n}} \tag{2.6}$$

式中，σ 为风速离散度，n 为街区风环境模拟风速数据总量，v_i 为第 i 个数据的风速值，$\overline{v_0}$ 为平均风速。

在风速离散度的基础上，可以进一步根据模拟结果求得舒适风速离散度、风速区间数据，更好地体现街区内的风速分布情况。

(6) 风速众数。

风速众数可以反映街区环境内多数风速的分布情况，在计算时将模拟后的风速数据取至小数点后一位，再集中数据，统计分布最多的风速数值。

综上所述，本书针对风环境模拟评价的指标包括冬、夏两季的平均风速、舒适风区面积比、静风区面积比、强风区面积比、风速离散度、舒适风速离散度、风速区间、风速众数共 16 项。

二、相关工具

1. OpenFOAM

OpenFOAM 隶属于 OpenFOAM 基金会，是一款符合 GPL 协议的开源物理场计算软件。该软件功能丰富，能够进行流体、传热、分子动力学、电磁

流体、固体应力的解析，能够实现从网格划分到后处理的可视化流程。

为了方便地编写应用层的源代码，OpenFOAM 封装了非常多的简单模型，可以方便地在使用时选择、组合不同的模型，从而完成模拟。对于可压缩和不可压缩流动，有 50 种以上的 RAS 和 LES 湍流模型与之配对，拥有多种差分格式，本书仅通过插件调用了其简单的流体模拟功能。该软件能够满足用户对于设计流程匹配、物理模型、计算精度、自动化流程的要求，可通过代码开发实现计算机辅助工程(CAE)仿真。

软件本身在 Linux 系统下运行，若要在 Windows 系统下使用，则需要安装虚拟机，或使用 blueCFD-Core(运行在 Windows 系统下的 OpenFOAM)。

2. Butterfly 风环境模拟插件

Butterfly 是由 Ladybug Tools 开发人员于 2016 年 8 月开发的一款使用 Python 代码库，借助 OpenFOAM 进行通风模拟的 CFD 软件，隶属于 Ladybug Tools，目前可以完成室外风环境和室内通风的模拟。它可以帮助我们在 Grasshopper 环境下，进行基础室内外通风的计算。

相较于其他 CFD 软件，Butterfly 的发展时间较短，第一个公开版本为 Butterfly 0.004，2019 年初推出了 Butterfly 0.005 版本，目前从两个版本来看，需要对代码做出一定调整才可以较平稳运行，其调用的内核决定了模拟的准确度是可以保证的，同时，Butterfly 的优点也较为突出：首先，Butterfly 内置于 Grasshopper 中，借助 GH 电池，更容易将模型导入；其次，可以与其他插件和电池联动，实现数据交换；最后，可视化程度高，方便将图纸与数据导出。

以上是对评价参数与模拟工具的简单介绍，结合本节内容对应的模拟与使用方法讲解的青岛东岸城区案例，详见本书第四章。

第四节　街区形态生成——逻辑、形态

一、参数化模型的原理

基于 Grasshopper 平台，参数化模型在处理过程中主要是应用不同类型

运算器进行函数调用，且据此来处理相关数据参数，根据所得数据进行建模。

参数化模型最主要的元素是参数和运算器：参数的存在形式是数据流，参数有很多类型，可根据其表现形式分为数值、字符串、布尔值等；运算器主要是进行数据处理，在应用过程中主要操作包括接收信息、数据运算和输出结果等。

Grasshopper 中搭载的运算器有很多种，可根据其功能分为数据类运算器和几何图形类运算器。数据类运算器在运行过程中主要是接收参数且基于一定规则和约束条件调整、计算；几何图形类运算器主要是依据相关输入信息调整和生成几何图形，以满足相关图形处理要求。参数化模型可看作方案生成规则转译的描述文件，可按照生成规则，通过几何图形类运算器适当地组合而得到。成组的运算器在传递约束条件、变量参数等相关信息时，一般依据数据链模式。

设计人员制定出相关规则、约束条件，并转换方案设计概念为计算机软件可识别的描述文件。在方案设计时，设计师可以将任务书发送到计算机中进行处理，软件通过描述文件建立起相关方案的三维模型，通过对描述文件的约束参数进行修改，就可以实现对方案修改和调节的目的。

二、街区形态控制参数与形态生成

为了明确建筑形态的生成思路，首先需要对场地周边环境、当地气候条件以及相关规范要求等已有设计条件进行整理和分类；然后根据实际的使用需求，归纳总结出控制建筑形态生成的参数。本书将形态控制参数分为两类：定量（设计任务指标）与形态变量。定量包括模型、设计任务参数与标准规范参数，形态变量即形态生成过程中的可变参数，通过该可变参数可生成符合设计任务指标的多种方案模型。

通过 Grasshopper 平台来生成建筑原型的模式相较于传统建筑生成模式有着巨大的优势，特别是在涉及过多的形态变量时，随着变量数的增加，可能的建筑形态会呈指数级增长，模型的生成与修改都会耗费大量的时间和人力。而参数化模型则能有效地减少设计者花费在模型改进上的时间，

提高工作效率。

形态生成是街区形态优化的核心关键步骤。街区的形态生成关键在于基于街区分类建立形态逻辑，在输入参数的基础上通过参数化软件平台提供的一系列原生电池实现该逻辑，建立起符合街区形态特征的模型。

本书基于青岛东岸城区典型街区特征，对不同类型的街区分别建立了生成逻辑并进行了验证，本节对应内容见本书第五章。

第五节　多目标优化——寻优

一、多目标进化算法目标项的确定

多目标进化算法的目标项来自针对风环境模拟所得出的室外风环境评价指标数据。在对街区现状或街区初步设计方案进行风环境模拟后，根据对指标数据（平均风速、舒适风区面积比、静风区面积比、强风区面积比、风速离散度、舒适风速离散度、风速区间、风速众数）的评价可以确定街区风环境目前的缺陷（夏季通风、冬季防风、污染物扩散等），选择缺陷项作为寻优的目标项，同时需要保证目标项选择的全面性，避免因个别目标项的缺失而厚此薄彼。

二、相关工具

在过去的20余年里，人们对建筑设计优化的兴趣越来越大，这可以从越来越多的可用分析工具和优化工具中看出。但是这些工具都有一些缺点，限制了它们在体系结构设计中的使用。它们通常缺乏后期处理和可视化特性，这使得设计师难以解释结果。

为了解决这些问题，有软件公司为参数化工具开发了几个优化插件，它们试图鼓励设计师使用优化技术，不仅提供了友好的用户界面，还提供了与不同可视化工具相结合的后处理功能，帮助设计师解释和理解最终结果。

以下简要讨论几个较常用的优化插件。

1. Galapagos

Galapagos 是 Grasshopper 平台面世的第一个为非程序员设计的优化插件。该插件主要基于两个通用求解器来求解目标问题,分别应用遗传算法和模拟退火算法。Galapagos 具有友好简单的操作界面,同时还可以实时反馈优化过程,便于确定每一代的最佳解决方案。Galapagos 可以在运行结束时提供最佳方案的列表排序(图 2-13)。

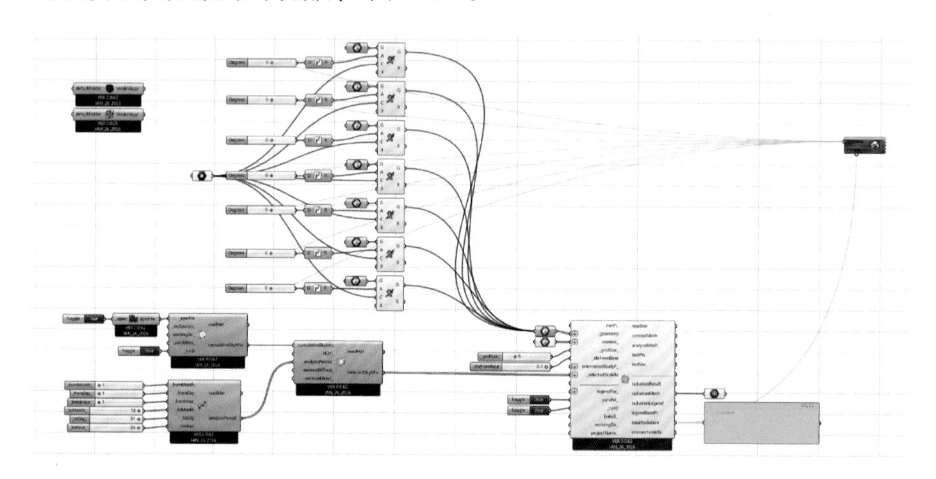

图 2-13 Galapagos 插件工作图例

2. Octopus

Octopus 是一个基于 SPEA2 和 HypE 算法的 Grasshopper 插件。它的工作方式与 Galapagos 类似,但具备多目标寻优的功能。Octopus 操作界面友好,可生成多种分析图形,能够帮助设计人员更好地理解与分析优化结果(图 2-14)。

3. Wallacei

Wallacei 与 Octopus 相似,是 Grasshopper 平台下的算法优化插件,支持多目标优化,于 2019 年开始逐步在建筑单体设计、景观设计等相关领域文献中出现。“Wallacei”这个名字是为了纪念阿尔弗雷德·拉塞尔·华莱士(Alfred Russell Wallace),他是地理学家、博物学家和探险家,与查尔斯·达尔文同时提出了自然选择进化论。该插件为用户设置了非常丰富的分析工具以及可视化运算器来进行结果分析,便于用户理解,从而做出更明智的决

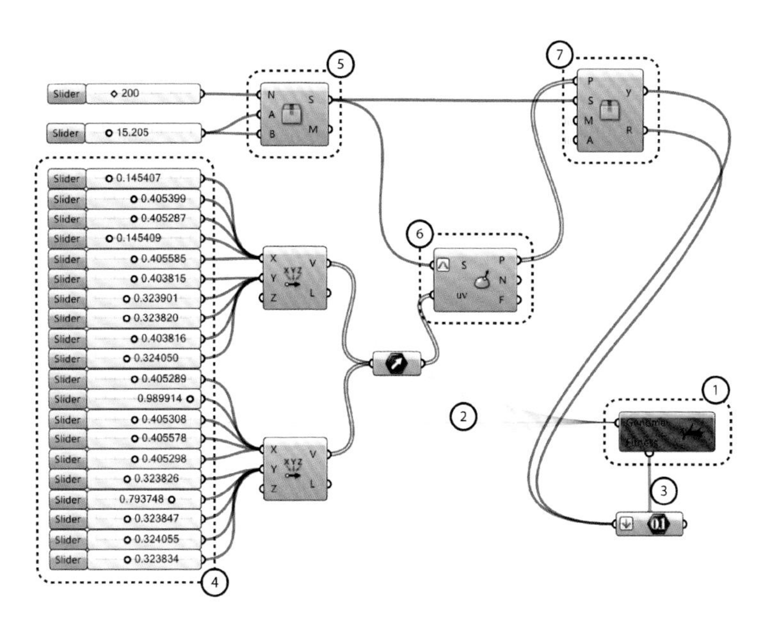

图 2-14　Octopus 插件工作图例

（图片来源：VIERLINGER R. Multi objective design interface[D]. Vienna：University of Applied Arts Vienna，2013.）

策。此外，在完成优化过程中，Wallacei 允许用户对所有进化过程中出现的解进行选择和重构。但只提供了一种算法来运行其仿真，即 NSGA-Ⅱ，在后续将对其进行性能验证（图 2-15）。

以上三个优化插件使用较为广泛，目前 Grasshopper 平台下还有很多可以使用的优化插件，如 Goat4、Silvereye、Opossum 等。另外基于 Revit 的 Dynamo 平台下还有一个名为 Optimo 的设计优化插件。这些插件都试图通过搭建为非程序设计专业人员服务的友好界面集成后处理功能。

三、多目标进化算法与插件的检验与选择

根据前述目前广泛使用的多目标进化算法与插件，本节将对 Octopus 和 Wallacei 搭载的 SPEA2 和 NSGA-Ⅱ多目标进化算法进行性能测试和评价，以确定后续性能优化模块所使用的算法。

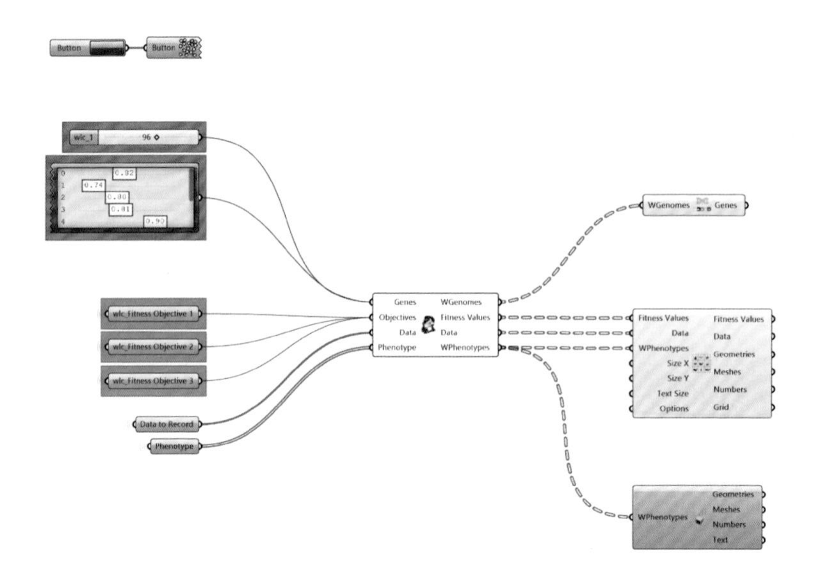

图 2-15　Wallacei 插件工作图例

（图片来源：https://www.food4rhino.com/app/wallacei-0）

1. 算法评价方法

性能测试研究时，为了对寻优算法的性能进行评价，应用了 Deb 提出的经典 2 目标优化问题测试模型 ZDT1、ZDT2、ZDT3、ZDT4、ZDT6，$\min(f_1, f_2)$来评价寻优算法的性能。

对于评价指标，本书采用 IGD 指标来评价算法的性能，该指标是 Czyzak 和 Jaszkiewicz 在 1998 年提出的，用来评估多目标进化算法的收敛性和多样性。IGD 指标是计算真实的 Pareto 解集到算法所求得最优解集的平均距离。IGD 指标的计算公式如公式(2.7)及公式(2.8)所示。

$$\mathrm{IGD}(P_{\mathrm{true}}, P) = \frac{\sum_{y^* \in P_{\mathrm{true}}} d(y^*, P)}{|P_{\mathrm{true}}|} \tag{2.7}$$

$$d(y^*, P) = \min_{y \in P}\left\{\sqrt{\sum_{i=1}^{m} (y_i^* - y_i)^2}\right\},$$
$$y^* = (y_1^*, y_2^*, \cdots, y_m^*)^{\mathrm{T}}, \quad y = (y_1, y_2, \cdots, y_m)^{\mathrm{T}} \tag{2.8}$$

式中，P_{true} 为真实 Pareto 解集，P 是算法所求的最优 Pareto 解集，$|P_{\mathrm{true}}|$ 表示 P_{true} 中元素的数量。

IGD的值越小代表算法所求的Pareto解集越优，也就是说算法的性能越好。

2. 插件设置

如图2-16所示，把公式(2.4)、公式(2.5)输入表达式并接入数据存储器，两个寻优插件的基因接口连接x1、x2数据滑杆运算器。

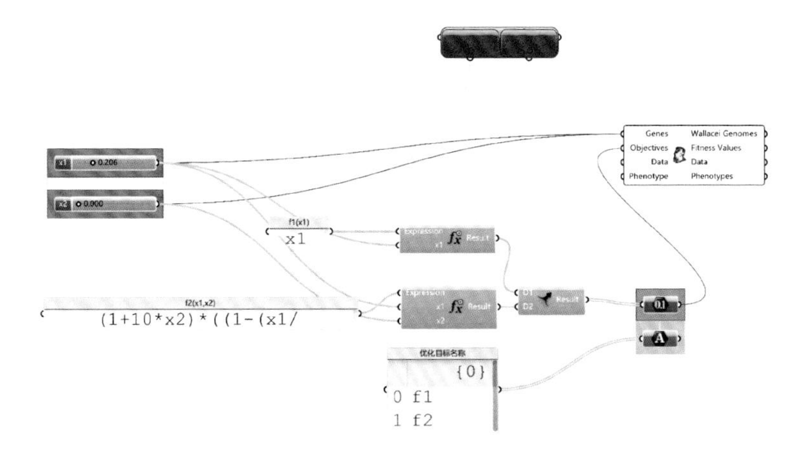

图2-16　Grasshopper算法与插件性能评价(ZDT3)

(图片来源:笔者自绘)

在算法选择时，Octopus提供了HypE和SPEA2两种算法，吴杰博士在他的论文中已对两种算法搭配做出了详细的检验、对比与讨论，本节仅讨论SPEA2与NSGA-Ⅱ的性能对比，故在Octopus中选择SPEA2搭配Polynomial作为检验对象。

设置种群大小为200，迭代100次，交叉突变率为0.8，突变概率为0.1，交叉变异分布指数为20(Wallacei)，精英比例为0.5(Octopus)。

3. 测试结果

两个插件搭载不同算法模拟完毕后，其Pareto前沿数据分布如图2-17所示，其前沿面形态基本一致，IGD指标数据如表2-3所示，可以看出，除了ZDT4模型中SPEA2算法优于NSGA-Ⅱ以外，其他结果均为NSGA-Ⅱ优于SPEA2算法。

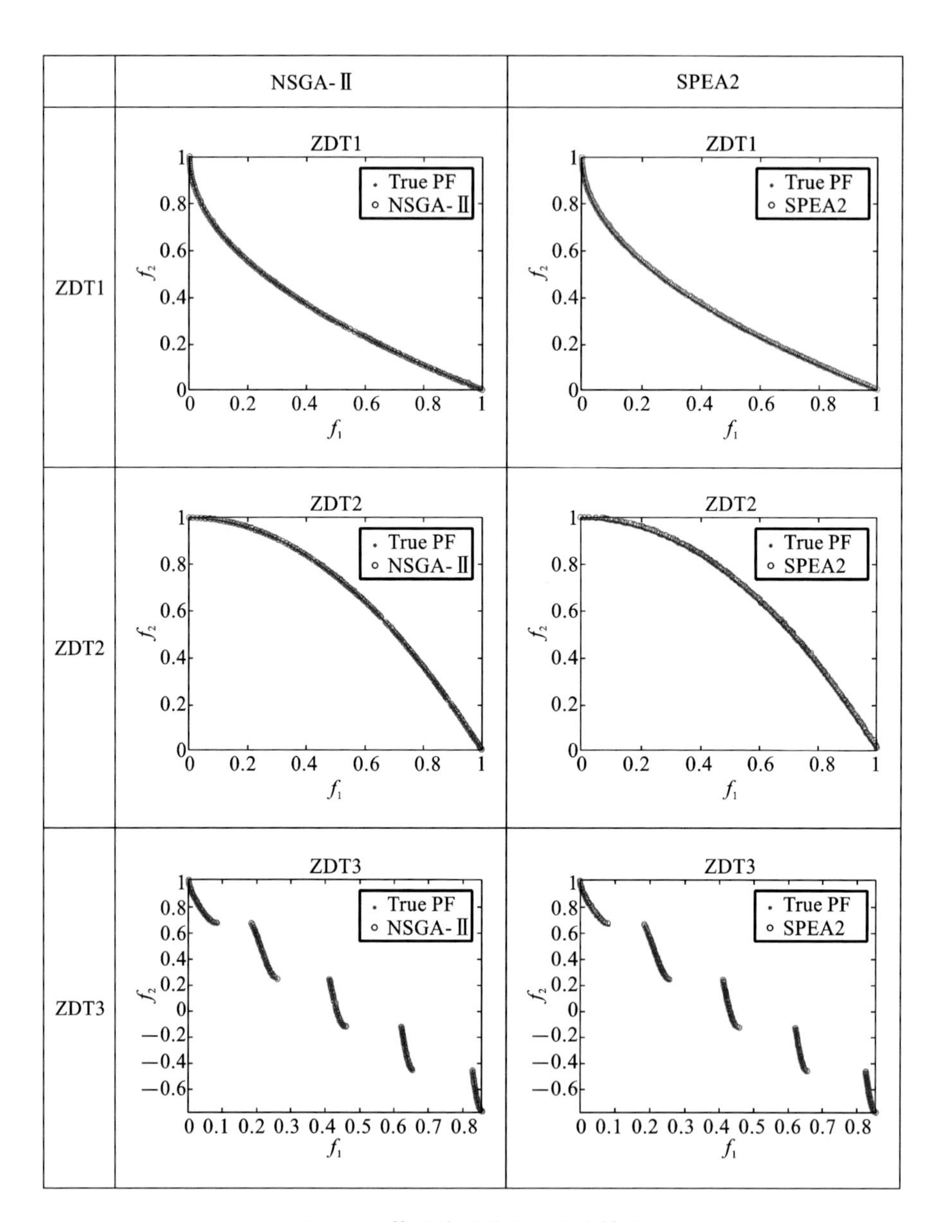

图 2-17　算法检测前沿面分布情况

（图片来源：笔者自绘）

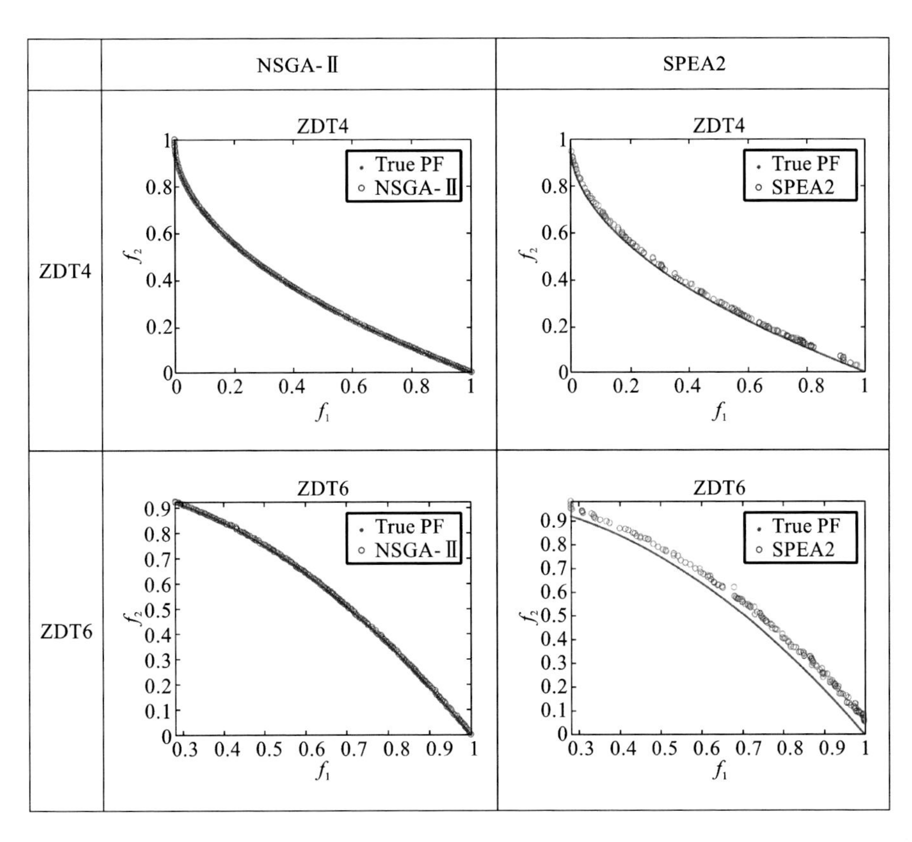

续图 2-17

表 2-3　SPEA2 与 NSGA-Ⅱ 测试 IGD 指标

Problem	N（种群规模）	M（目标数）	D（维度）	FEs（评价函数次数）	SPEA2	NSGA-Ⅱ
ZDT1	200	2	30	20000	5.0292e-3(8.31e-4)	**4.3867e-3(4.43e-4)**
ZDT2	200	2	30	20000	5.9502e-3(1.27e-3)	**5.1459e-3(8.17e-4)**
ZDT3	200	2	30	20000	4.3098e-3(4.69e-4)	**3.9085e-3(3.71e-4)**
ZDT4	200	2	10	20000	**2.6436e-2(2.43e-2)**	4.7467e-2(5.98e-2)
ZDT6	200	2	10	20000	1.6428e-2(1.24e-2)	**1.4727e-2(8.60e-3)**

（资料来源：笔者自绘）

基于以上检验结果，本书采用 Wallacei 插件搭载的 NSGA-Ⅱ多目标进化算法作为后续街区形态优化工具。

第六节　针对街区风环境的多目标性能优化方法框架

根据以上对多目标进化算法和优化工具的阐述，结合优化工具将街区风环境评价与形态生成设计方法框架图绘制如下（图 2-18）。本书从第三章

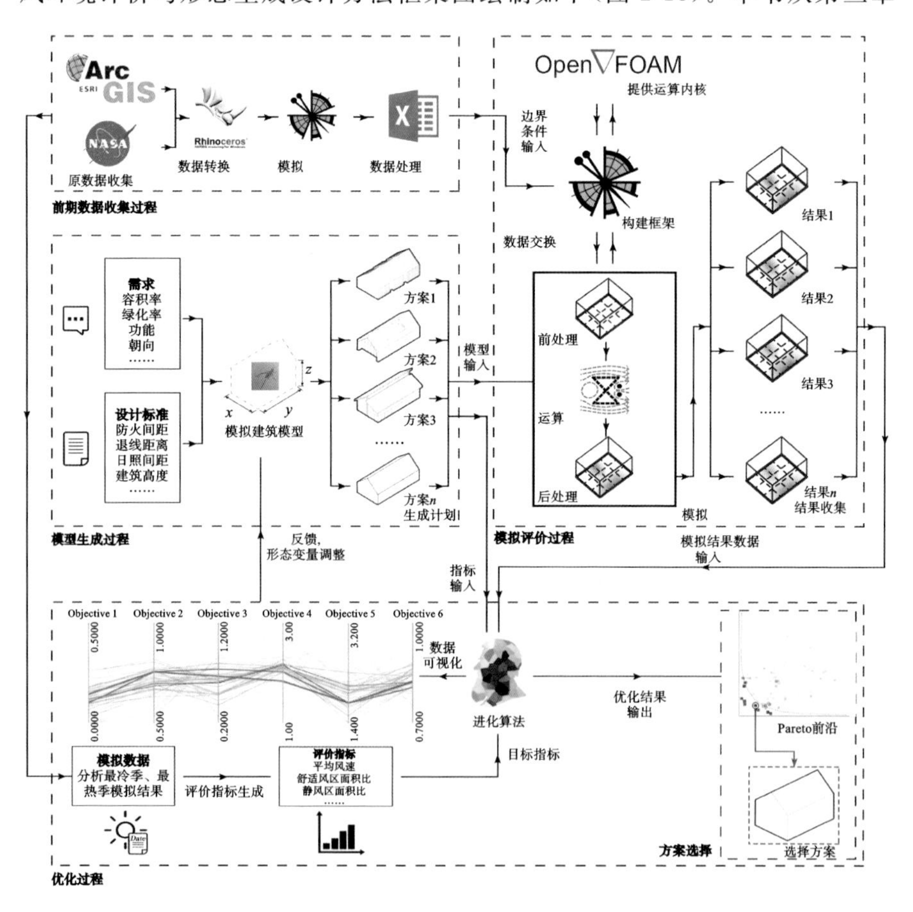

图 2-18　结合优化工具的设计方法框架图

（图片来源：笔者自绘）

开始将以青岛城市街区为例，依照如图框架，从街区数据收集与分类、典型城市街区的风环境模拟与评价、优化平台的搭建等方面具体阐述城市街区风环境评价与形态生成设计方法。

第七节　本章小结

本章在研究中先介绍了性能化设计相关问题，然后根据研究目标提出基于街区风环境的街区形态优化设计方法，相关研究内容和所得结果如下。

（1）确定了人机结合的“生成—评价—寻优”所构成的多目标优化设计过程，该过程类似于传统设计，但由人机结合的优化设计过程与传统设计方法相比具有巨大优势。

（2）从尺度、密度、强度、高度、围合度及形态方面确定了街区各指标的计算方法及分类标准，并对数据源及相关软件做了介绍。

（3）对舒适风、静风、强风的范围做出了界定，确定以平均风速、舒适风区面积比、静风区面积比、强风区面积比、风速离散度、舒适风速离散度、风速区间及风速众数作为风环境评价的指标，介绍了计算方法及相关软件。

（4）提出针对街区形态的参数化生成渠道与方法，该方法在分析时基于参数化软件进行人机交互，通过人对形态逻辑的制定、计算机对形态参数的调整、人机共同决策和人机相互协作完成形态生成过程。

（5）确定了多目标优化项与风环境评价指标的关系，对三种多目标优化平台做了介绍，并针对 SPEA2 和 NSGA-Ⅱ两种多目标进化算法进行了性能检验，确定了 NSGA-Ⅱ算法的优势。

第三章　城市形态数据的获取及街区分类

城市形态数据的获取和街区形态特征的分析是进行城市街区风环境模拟与评价研究的基础与前提。所以本章将基于对案例城市的选取与分析，作为风环境模拟与评价的前期研究，阐述利用多数据源获取数据并对城市空间与街区形态进行整合分析的方法，最终总结出街区形态与分布特征，并选取进一步进行风环境分析的典型片区，为后续风环境模拟与评价奠定基础。

依据2019年我国城市GDP统计数据，排名前50位的城市空间分布情况，以及对应的城市人口密度情况，从经济发达城市空间分布可以得出结论：我国在城镇化迅速推进形势下，经济发达城市大量分布在东部沿海。在滨海城市发展中，主要的特征即城市的经济活动日益增强，同时人员活动频繁，人口密度较高。滨海城市街区反映了海洋环境影响下的空间特色，为民众的生活和公共活动提供支持。

从滨海城市地理特征对气候的影响来看，滨海城市街区中陆地、海洋和气象活动的交互性强，相关研究发现，局部大气活动会明显地影响到此类街区风环境，因而街区空间形态和地貌特征以及大气环境都会影响到城市街区风环境。在城镇化迅速发展过程中，城市街区的规模大幅度增加，新建街区不断出现，下垫面的改变对城市的风、热环境产生明显影响，城市街区的风速和风向也出现明显变化，从而降低了通风水平，导致空气污染更严重。同时受到热岛效应的影响，城市空间环境质量也有不同程度降低的趋势。所以，在城市片区与街区尺度的风环境评价中，需要考虑到地貌特征对风环境的影响。

清华大学于2019年对我国63个主要城市中心城区的街区进行了数据统计与类型研究，按照三维形态，将63个城市分为复合高密度类、多高层均匀密度类、多高层高密度类、低层类、复合均匀密度类5种类型。其中，青岛为复合高密度类城市，符合高密度建设发展趋势的同时具备街区多样性特征。

综上所述，青岛作为滨海山地城市，同时具备高密度、街区形态多样的代表性特征，故本书后续将选取青岛作为案例，阐述从基础数据的获取到优

化平台的搭建方法。

第一节 案例城市概况

青岛是山东省经济中心，同时也是我国著名的滨海度假旅游城市、东北亚国际航运枢纽，在“一带一路”倡议推进中也有重要的支点作用。青岛地处山东半岛东南部，西南和东北方向分别为日照与烟台，与朝鲜隔海相望。根据相关统计资料，青岛总面积约为 1.13 万平方千米，2019 年常住总人口为 949.98 万。青岛下辖 7 个市辖区，代管 3 个县级市，对应的市辖区主要包括市南区、市北区、李沧区、崂山区、即墨区、城阳区、黄岛区，代管平度市、胶州市、莱西市 3 个县级市。

青岛具有海滨山地城市特征，地势东高西低，南北两侧隆起，中间低凹。其中，山地约占青岛总面积的 15.5%，丘陵占 2.1%，平原占 37.7%，洼地占 21.7%(图 3-1 左)。青岛海岸线曲折，其中分布了大量的海湾、岬角，青岛街区的风环境会受到市区地形的尺度、形状相关因素影响，同时也与地形坡度存在密切关系，街区内地形高差会加剧风场的复杂程度。

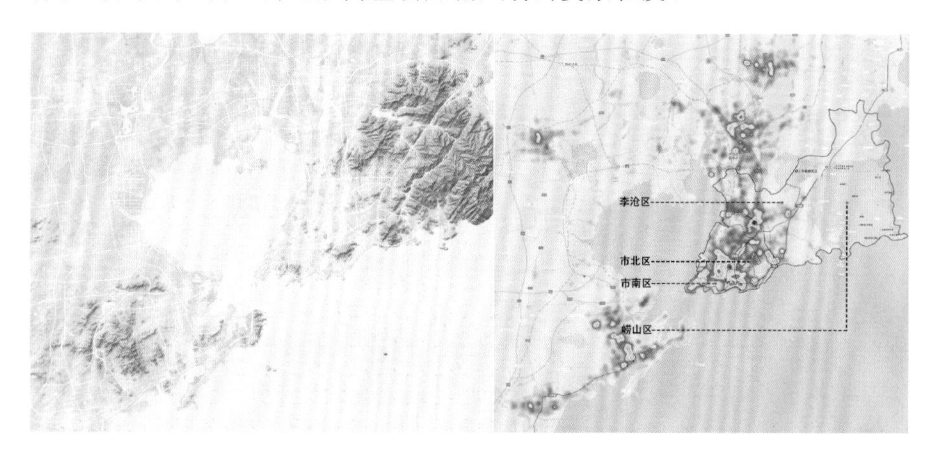

图 3-1 青岛市地形与人口密度热力图(2019 年 6 月 22 日 10:00 am)

(图片来源:笔者自绘)

本研究选择青岛人口较密集区域，综合考虑青岛人口密度分布、街区分类的代表性以及地形的多样性体现等方面，最终选定青岛主城区即市南区、市北区、崂山区、李沧区4个市辖区作为本书研究区域(图3-1右),该研究区域从《青岛市城市总体规划(2011—2020年)》中市域空间布局规划图来看,包括了东岸城区(含历史风貌保护区)与崂山风景名胜区,其中包含建筑的区域主要位于东岸城区部分,故以下简称整个研究区域为青岛东岸城区。

第二节　城市街区数据获取与处理

一、基于OSM数据平台的城市街区信息提取与处理

1. 数据来源

OSM数据来源于2019年7月19日OpenStreetMap官网,对应的数据有三类,分别为点、线、面,获取的数据涉及道路数据、建筑物数据(占地面积、层数)、行政边界数据。在应用过程中基于QGIS软件转换处理后,将其中河流、界线等不相关要素删除。

2. 数据提取与处理过程

OSM数据的特征表现为方便获取、数据种类多,因而在地理学研究领域得到了广泛的应用,城市街区作为与此相关的研究对象之一,同样适用于作为研究城市街区风环境的基础数据来源。数据采集与提取内容如图3-2所示。

(1) 道路类别提取。

街区是由路网进行划分的,所以在进行街区提取时应该选择合适的道路类别。在选择OSM道路数据时,相应可选择的道路类别有十种。本书对此进行选取时,考虑到街区尺度因素和研究问题的特征,选择了六种道路类型数据建立起路网:住宅区道路、高速公路、主干道、次干道、三级道路以及未分类道路(图3-3)。未分类道路大部分为小路,且相应的数据量小,处理难度大,应该通过设置规则来进行筛选。

在筛选时,依据的规则为道路重要性和街区尺度,具体规则如下。

①道路长度需要超过150 m。在研究过程中,根据调查所得街区尺度信息,且进行实验研究发现,以150 m作为阈值可满足筛选要求。

②与此类道路存在交点的道路中,至少一条为三级以上道路。对路网

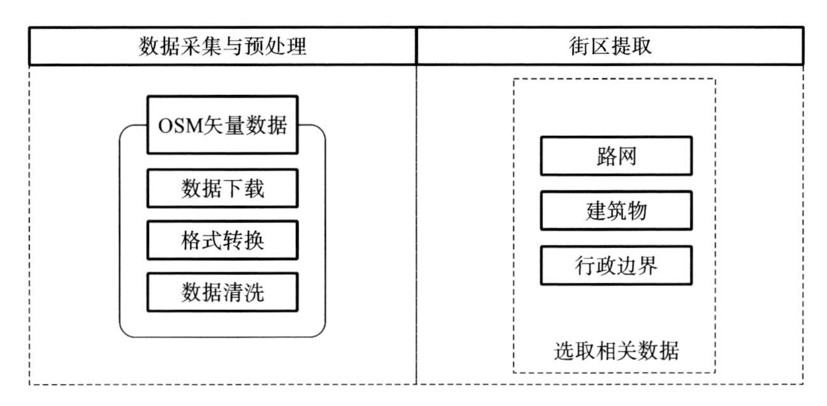

图 3-2　数据采集与提取内容

(图片来源:徐海洋,于丙辰,陈刚,等.基于 OpenStreetMap 数据的城市街区提取与精度评价[J].地理空间信息,2019,17(3):71-74.)

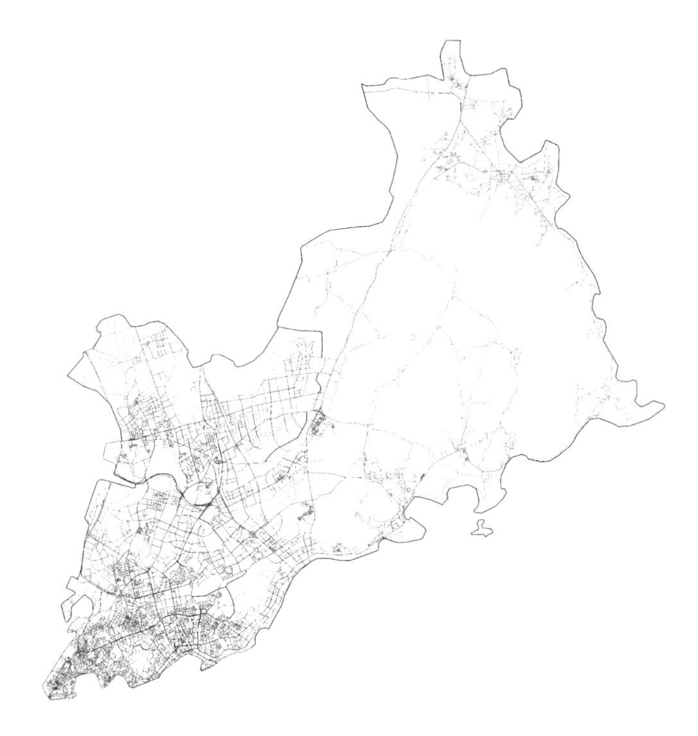

图 3-3　青岛东岸城区城市道路与行政边界图

(图片来源:笔者自绘)

而言，一般情况下道路本身的重要性与其相交道路的重要性正相关。

（2）街区处理方法。

选取的道路数据根据路线数进行划分，分为单线道路和双线道路，前一种道路的宽度一般较窄，大部分为次干道、三级道路等；后一种道路的宽度大，主要为主干道或高速公路。在建立路网时，不可选择双线道路，需要对数据预处理，提取出道路中心线。

在处理双线道路数据时，可基于数学形态学领域的膨胀和腐蚀的方法实现，相应的流程如图3-4所示。

①膨胀，对双线道路设置 20 m 的缓冲区。

②栅格化与二值化该缓冲区。

③腐蚀，通过 ArcScan 中的工具进行转换处理，从而得到单线道路。

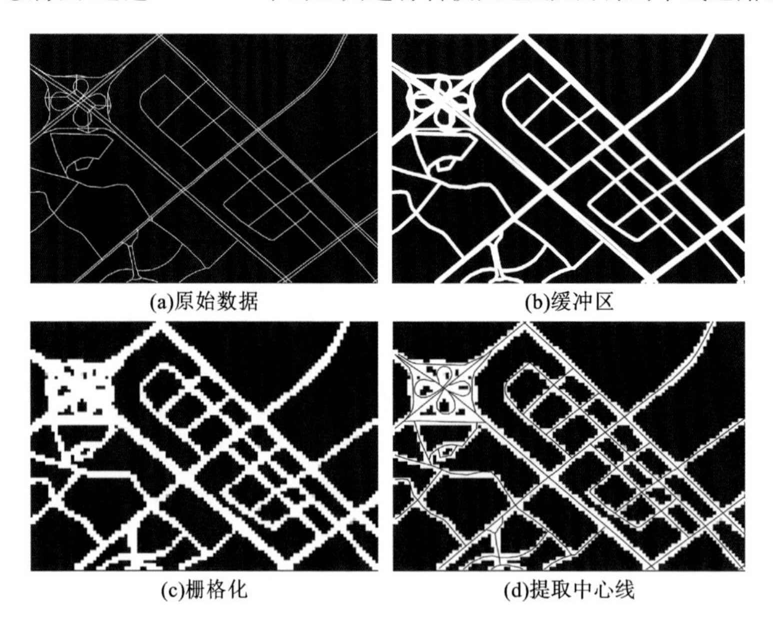

图 3-4　街区处理过程

（图片来源：笔者自绘）

3. 数据清洗

对采集的数据信息进行清洗处理，并选择适当的道路类别且确定出中心线，获得基本路网，还需要检查其中的拓扑错误情况，进行纠正处理。这

个步骤可以通过 ArcMap 工具中相关工具实现。实际的经验表明，路网中的拓扑错误可分为三类，具体表现形式和处理方法有如下几种。

①线要素不可单独出现，应该连接其他线要素。有的道路处于街区内部，在进行修改时，若发现单独线要素对路网的影响很小，一般直接删除，影响大时则连接其他要素。

②线要素不应出现悬点。分为两种情况：第一种是要素过长，具体表现为两条道路相交后有一定长度超出范围，在处理超出部分时需要打断线要素，设置 3 m 阈值后筛选删除；第二种情况是要素长度不足，也就是道路相交后没有产生闭合，在切割街区时针对此类情况，设置 5 m 的线容差而实现捕捉目的。

③道路线要素之间不可相互重叠。在检查发现道路重叠情况时，需要基于设置的拓扑规则进行分析而筛选出重叠要素，打断重叠部分后直接进行删除处理。

经过以上处理后的路网分割而得到的多边形面要素，就是街区。

二、基于地理空间数据云的城市 DEM 数据获取

上一小节介绍了利用 OpenStreetMap 对城市街区数据进行提取和整理的方法，但 OSM 平台缺少城市地形地貌的数据，所以需要从其他数据平台获取并整合。本书将从地理空间数据云网站获取 DEM 数据。地理空间数据云网站可满足各行业地形数据搜索的相关要求，用户在注册、登录后都可方便地利用这些数据。该网站在获取数据过程中可以直接切割 DEM 高程数据，避免了切割镶嵌的烦琐步骤，点击运行后，用户可基于数据获取需求对相关的地理位置进行搜索。相应的地形范围可以用矩形或多边形进行圈定，圈定范围的面积应控制在 25000 km^2 以内。平台中设置了 90 m 分辨率 SRTM 与 30 m 分辨率 GDTM 数据，在应用过程中可方便地选择数据精度，对所得数据信息可通过 TIFF 与 IMG 格式保存。

实际的经验表明，该方法获取的 DEM 数据精度较高，不过也存在一定缺陷，即只可以对国内的地形数据进行爬取，且计算确定出的 DEM 数据为图片格式，在进行地形建模时，需要结合 Global Mapper 软件工具，下文对建立地形模型的流程做了具体说明。本书以此方法爬取了青岛东岸城区

DEM 数据，确定范围和数据源后，点击执行按钮就可自动处理，从而获取所需的 DEM 数据。

三、街区基础数据整合与计算处理

前两节提到数据来自 OSM 与地理空间数据云两个平台，需要将其整合并进一步处理后才能为后续的街区风环境模拟评价与形态优化所用。先使用 ArcMap(图 3-5)将所有经以上处理后的数据合并为本次研究区域范围，并统一到一个一致的坐标系；随后根据路网和行政边界数据，将线图层围合的闭合区域定义为地块，为每个地块设定唯一的编号信息，并计算每个地块的面积。

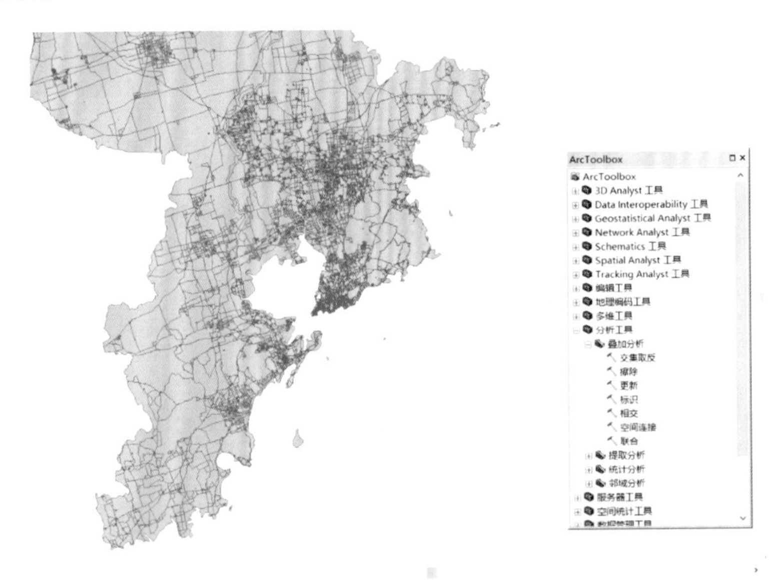

图 3-5　ArcMap 界面示意图

(图片来源：笔者自绘)

1. 基于整合数据的街区基本形态指标计算

通过以上方法得出青岛东岸城区的街区个数为 25911 个，如图 3-6 上图所示，可以看出数据中存在较多面积较大的特大街区，经过检查后发现，绝大多数为风景区或自然环境保护区等无建筑用地，经过进一步的数据整理，

排除无建筑的街区后，其街区个数为 2605 个（图 3-6 下图），并对每栋建筑的占地面积及建筑面积做了计算（图 3-7）。

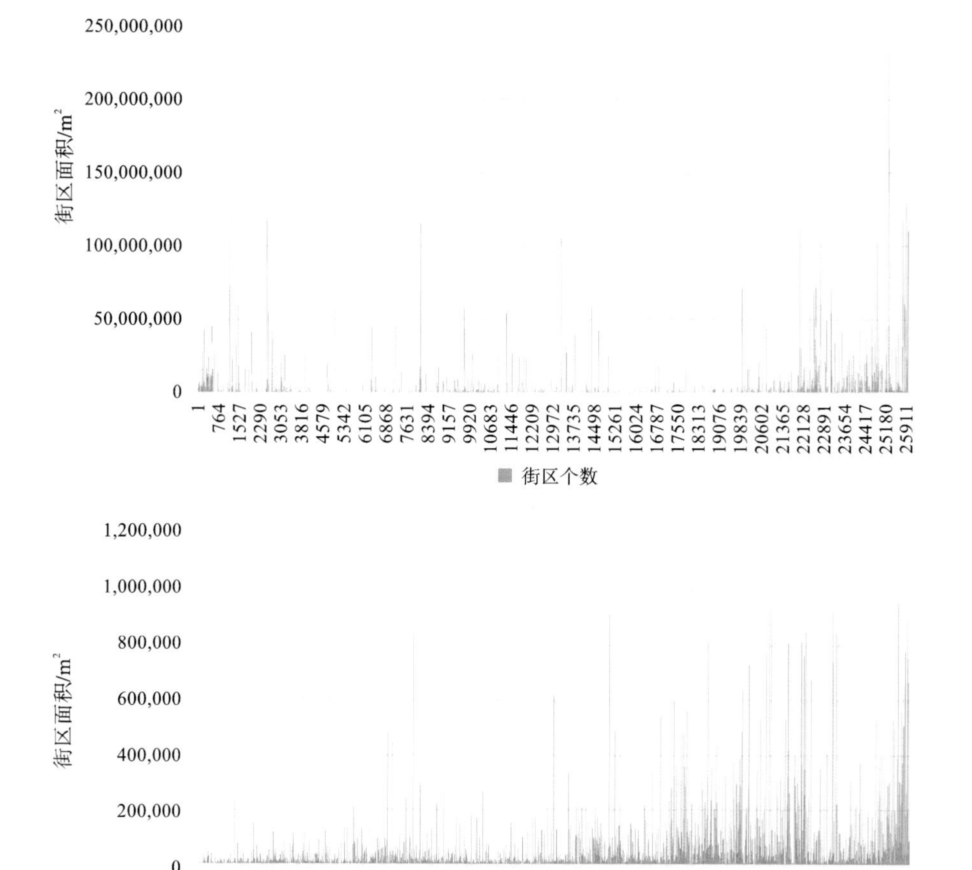

图 3-6　数据整理前后青岛东岸城区街区面积初步统计图

（图片来源：笔者自绘）

基于以上基本数据，通过 MATLAB 代入公式进行建筑密度与容积率的计算，代码如下，将计算结果导入 ArcMap，生成青岛东岸城区街区形态指标图（图 3-8）。

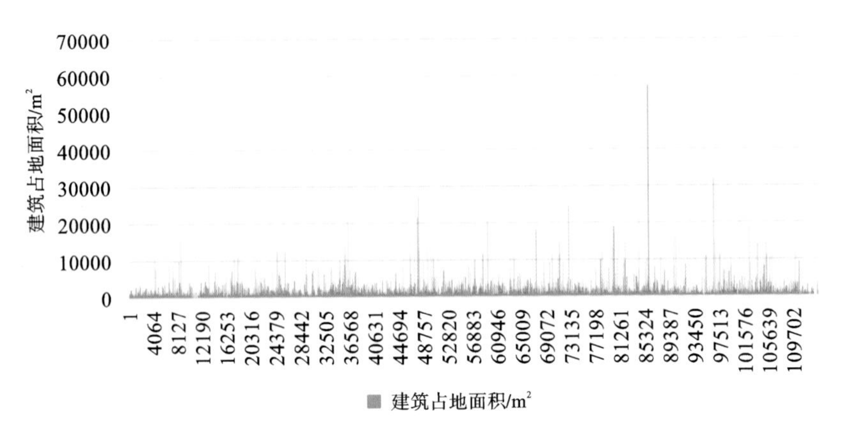

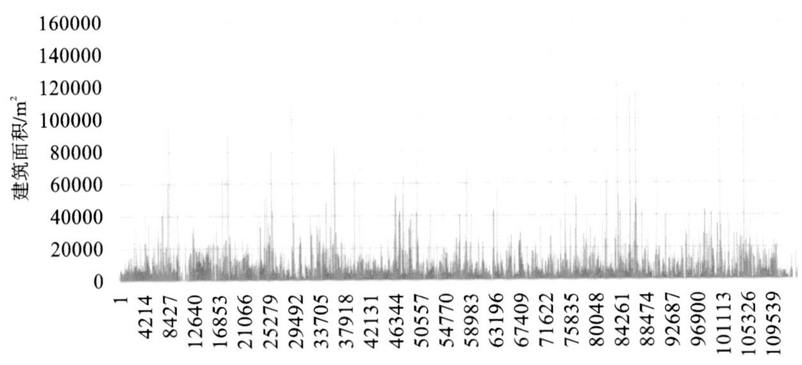

图 3-7　青岛东岸城区建筑占地面积及建筑面积初步统计图

（图片来源：笔者自绘）

```
clc
clear
B= xlsread('D:\工作事务\2019\基础数据\gis\QD\Data\Result.xlsx','建筑单体记录');
DK= xlsread('D:\工作事务\2019\基础数据\gis\QD\Data\Result.xlsx','地块记录');
DKNum= unique(DK(:,1));%获取地块编号
for i= 1:25911
    idx= find(B(:,5)= = DKNum(i,1));
```

```
    BD1(i,1)= sum(B(idx,6));
    RJL1(i,1)= sum(B(idx,7));
end
BD= BD1./DK(:,2);
RJL= RJL1./DK(:,2);
```

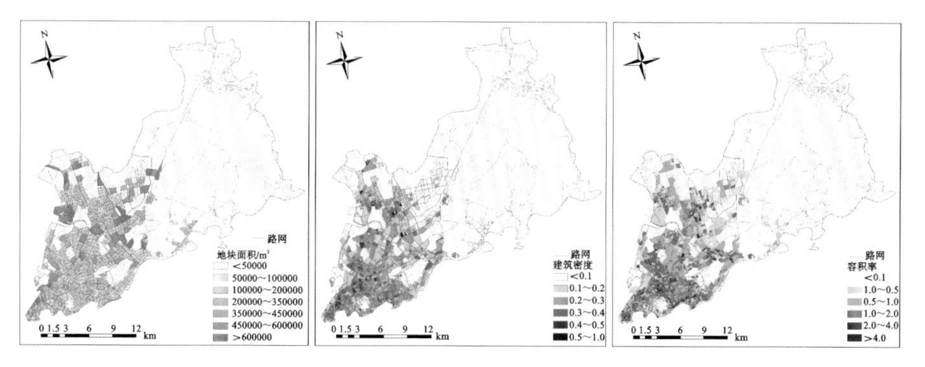

图 3-8　青岛东岸城区街区形态指标图

（图片来源：笔者自绘）

2. 基于整合数据的街区形态模型建立

建立基于整合数据的街区形态模型是完成风环境评价与街区形态布局优化的前提，经以上处理后的数据通过 ArcMap 导出层数、编号与坐标数据，利用 Rhino 和 Grasshopper 即可快速建立模型（图 3-9）。

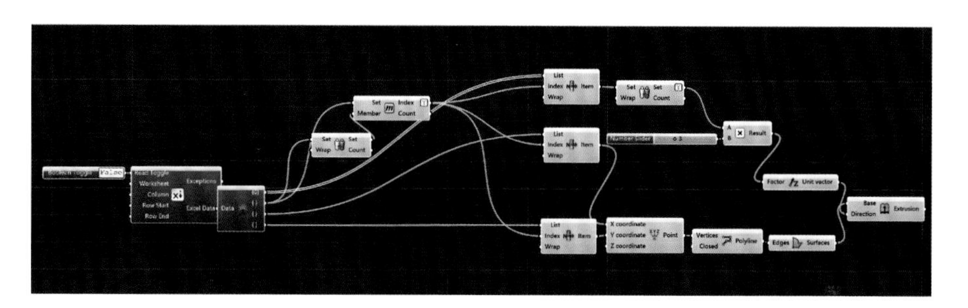

图 3-9　Grasshopper 建立模型流程图

（图片来源：笔者自绘）

3. 地形模型建立

通过上述平台爬取所得 DEM 数据均为 TIFF 格式，且通过经纬度与通过矩形选择爬取的 DEM 数据存在一定差异性。根据实际应用结果可知，通过矩形所界定的与 TIFF 图片显示对应的范围基本上一致，而通过输入经纬度爬取所得数据的地形范围要小一些。

在上文中，运用地理空间数据云爬取了青岛东岸城区的地形数据，将获取的 TIFF 图片直接导入 Global Mapper 中(图 3-10)，软件以彩色方式显示，左边为高程信息，左下角设置了比例尺，这样用户可以方便地认识获取的地形信息。进行设置时调节相应的投影系统为 UTM，接着通过菜单栏相关的命令生成等高线(图 3-11)，然后对等高距参数进行调节，此参数越小，精度越高，则等高线数量越多。本书在设置青岛东岸城区等高线时，选择等高距为 30，设置后相应的高程信息可以自动在软件上显示，在检查设置的等高线精确度满足要求的情况下，进行结果输出，输出格式为 DWG 格式。

图 3-10 Global Mapper 界面

(图片来源：Global Mapper)

将输出的文件导入 Rhino 中，其地形等高线图是三维的，可根据该数据通过 Grasshopper 生成地形模型。

Grasshopper 逻辑构建的原理是以三维地形等高线为基础，拾取线段，在一定距离参数下等分等高线而得到一定量的高程点，通过很多个高程点而建立起 Mesh 网格面。得到目标区域的地形等高线，以 10 m 的间距进行等分。由于各等高线保持独立成组，这种情况下，等分线段所得点可作为树

图 3-11　Global Mapper 等高线图示

（图片来源：笔者自绘）

形数据。Mesh 网格面在生成时需要用到一定量高程点，对应的数据为线性数据，因而应该转换高程数据点。将其中的高程数据点与 Mesh 网格工具连接，生成青岛东岸城区地形模型（图 3-12）。

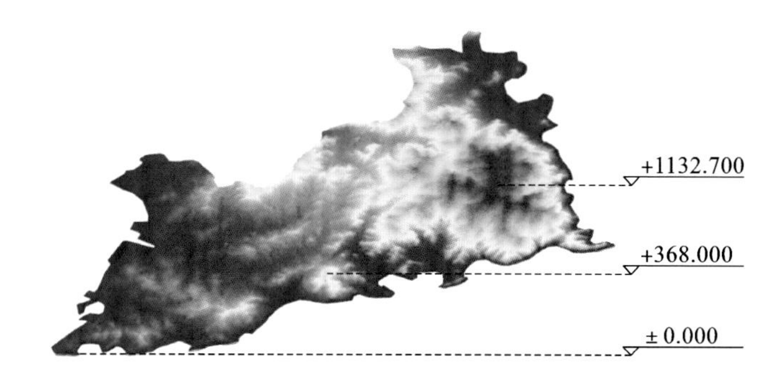

图 3-12　青岛东岸城区地形模型

（图片来源：笔者自绘）

4. 模型整合

在以上两部分模型中，由于生成的街区与建筑模型均默认为平地，需要将街道投影至地形模型中，并把建筑依照地形组合至对应的坐标位置（图 3-13），建成模型如图 3-14 所示。

5. 街区围合度与平均高度的计算

基于模型，根据本书第二章中建筑平均高度和街区围合度的计算方法[公式（2.4）、公式（2.5）]，可在 Grasshopper 中实现对每个街区的平均高度及围合度进行批量计算，计算流程如图 3-15 所示，计算后的结果统计如图3-16所示。

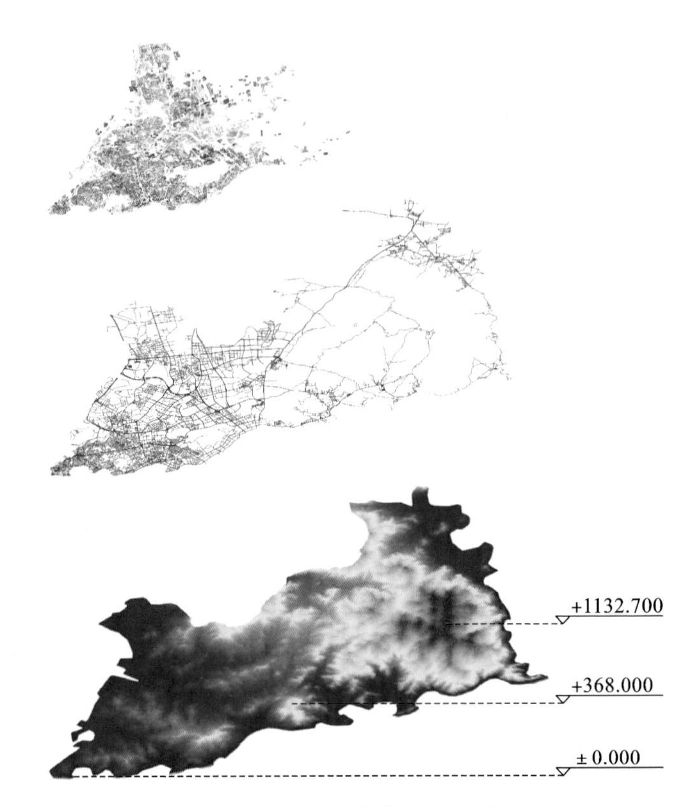

图 3-13　组合前模型示意图

（图片来源：笔者自绘）

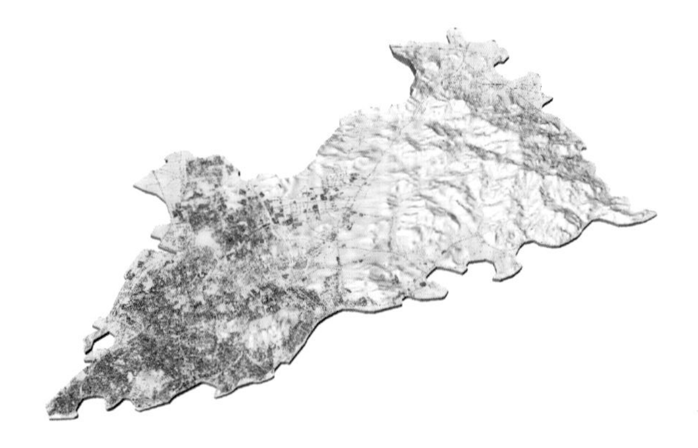

图 3-14　青岛东岸城区整体模型

（图片来源：笔者自绘）

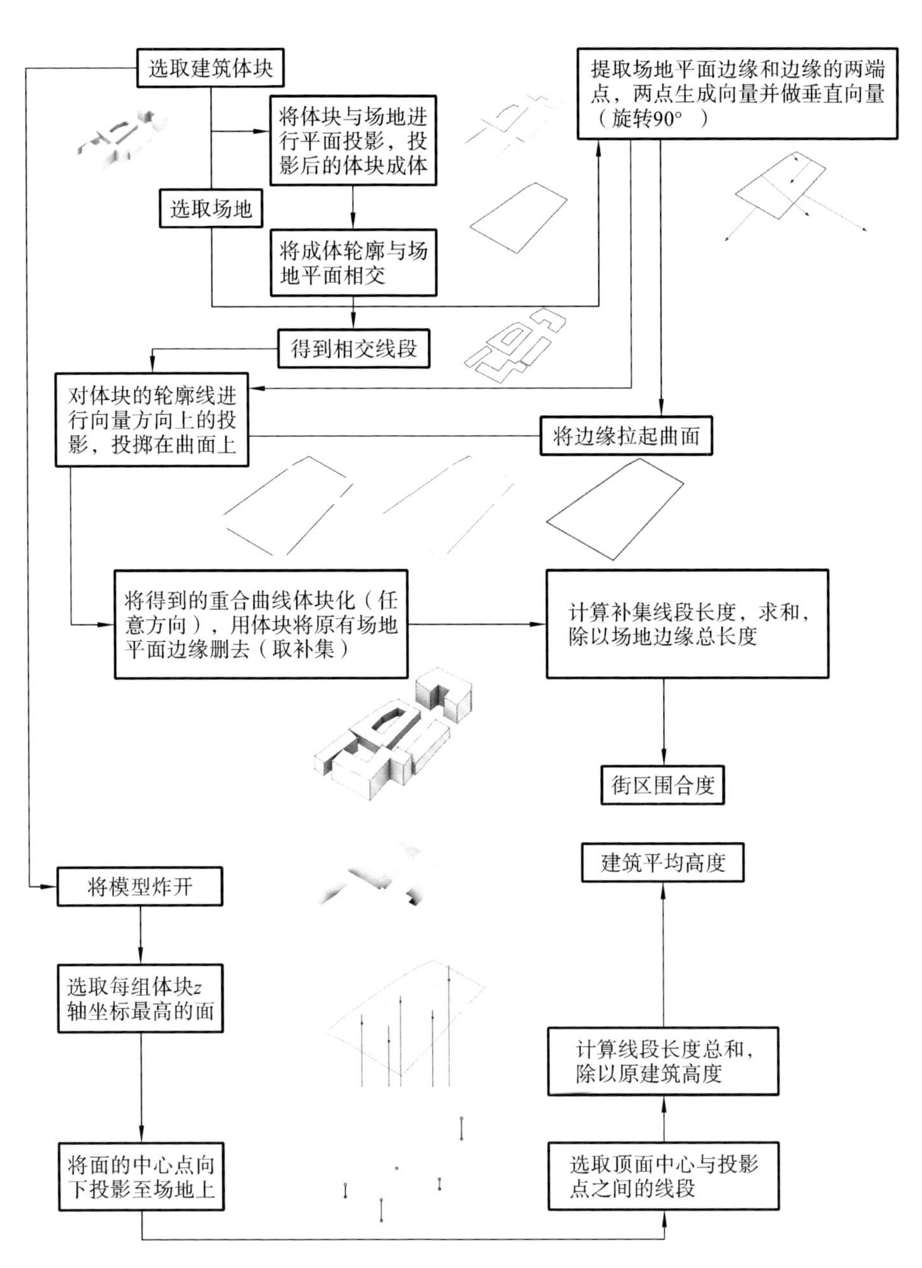

图 3-15　街区围合度及建筑平均高度计算流程

（图片来源：笔者自绘）

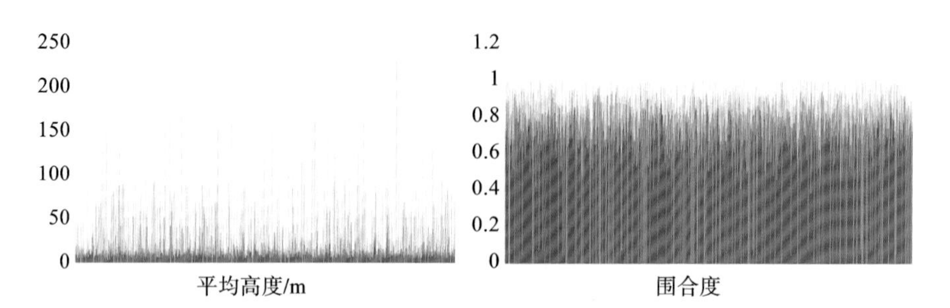

图 3-16　青岛东岸城区各街区平均高度(左)及围合度(右)计算结果

(图片来源:笔者自绘)

第三节　青岛东岸城区街区指标与分布情况分析

一、分析方法

本节基于青岛东岸城区街区单元的提取与计算,以及本书第二章第二节中对各街区形态指标的分类方法,并结合青岛东岸城区用地性质,首先利用 ArcMap 中叠置分析工具分析各类街区的分布情况,然后依照对街区的指标分析,在下节选取三个具有青岛东岸城区典型街区特征的城市片区,作为后续风环境模拟评价与形态生成设计的研究案例对象,故选取片区内的街区形态特征需要具有代表性。

分析相关街区建筑形态可知,影响风环境的建筑形态特征主要包括建筑群的高度形态和围合形态。相关研究发现,围合形态对近地面风的渗透性会产生明显影响,而高度形态则影响到角流区风速与范围,故结合青岛东岸城区内典型街区的布局和组合特征,将街区的围合度与建筑平均高度进行统计排序后,标出选取的三个片区内街区相对应的围合度和平均高度,依据这两项形态特征条件,基本就可以较为直观地对这三个片区街区形态的代表性特征进行进一步总结。

二、形态指标分析

在进行规划和设计时，土地开发强度一般通过用地面积、建筑密度、容积率等指标进行描述，这些指标也可反映出地块综合形态情况。城市中的建筑多，因而一般表现为高密度形态特征，其形态特征可以利用这三个指标进行直观的表达，且三个指标与行人高度处的风速水平联系紧密。在数据统计的同时，利用叠置分析工具将青岛用地规划叠合至青岛东岸城区中，结合指标统计数据进行进一步的用地性质分析。

1. 用地面积

根据本书前文所设定的用地面积分类原则，经过统计，青岛东岸城区特大尺度街区占比为 2.50%，大尺度街区占比为 11.00%，中尺度街区占比为 11.10%，小尺度街区占比最多，为 75.40%（图3-17）。

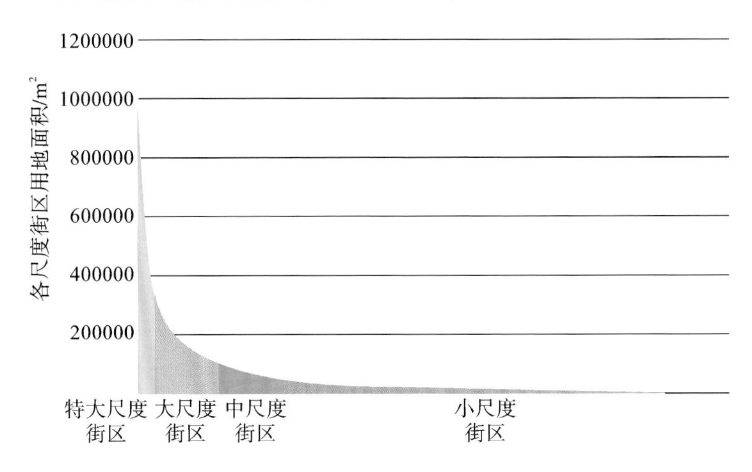

图 3-17　青岛东岸城区各类街区尺度所占比例示意图

（图片来源：笔者自绘）

笔者依照以上四类街区尺度绘制了青岛东岸城区各类街区尺度分布情况（图 3-18），并将青岛东岸城区用地性质进行了叠置分析，叠置分析情况如图 3-19 所示。

可以看出，小尺度街区数量最多，主要分布于市南区老城历史风貌保护区以及东部新城，以居住用地为主，包括一部分商业及服务业设施用地。历

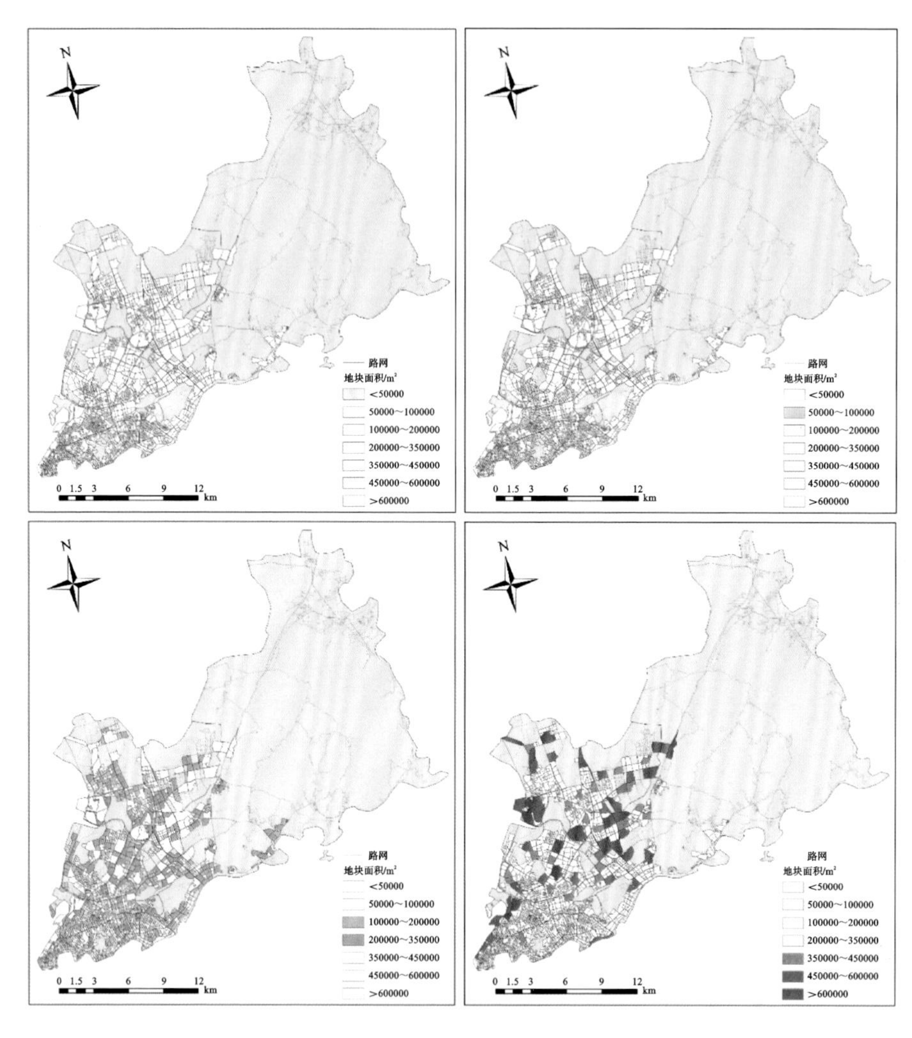

图 3-18 青岛东岸城区各类街区尺度分布情况

(图片来源:笔者自绘)

史风貌保护区以青岛近代德国殖民时期所规划区域为主,特征为小街区、窄马路、密路网,仍存在大量“里院”形式的居住用地,还有以中山路商业街为代表的商业建筑。

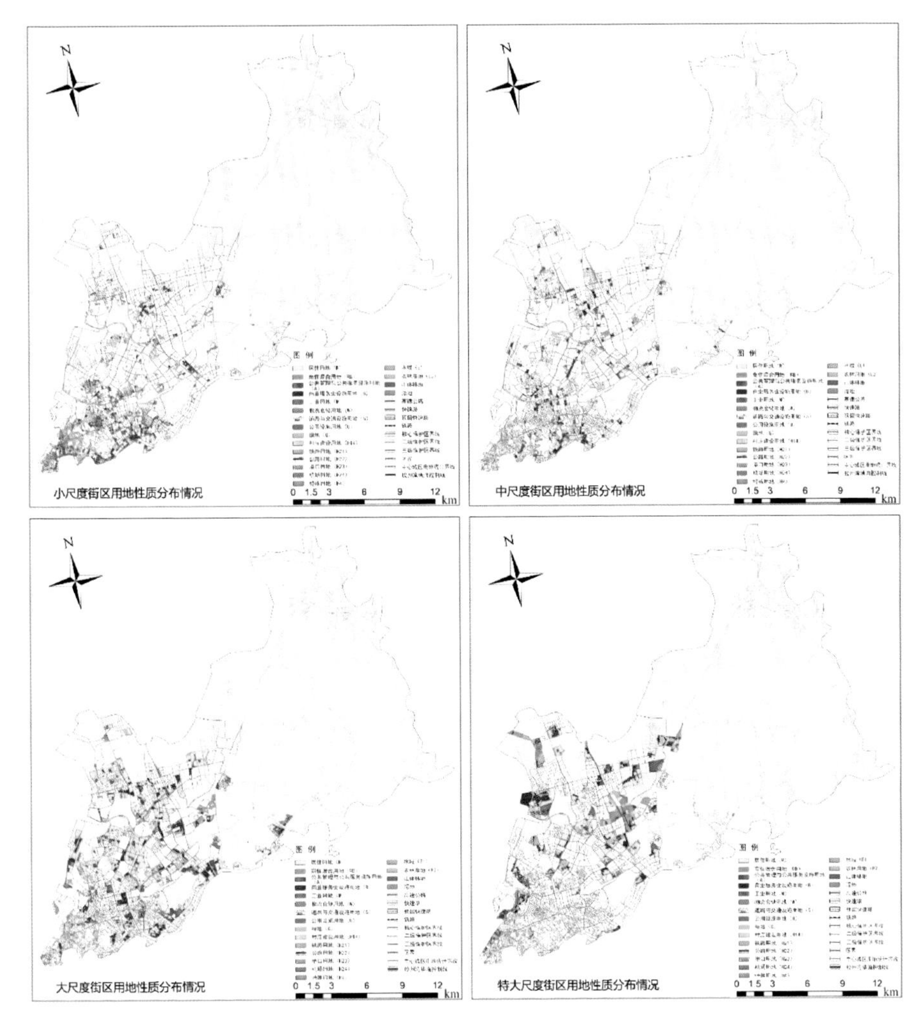

图 3-19　用地面积叠置分析示意图

（图片来源：笔者自绘）

随着街区用地面积的增大，中尺度街区逐步向城区的东部及北部扩张，其中居住用地仍占较大部分，商业及服务业设施用地数量开始增多，主要分布在青岛经济中心香港中路商圈，以及部分公共管理与公共服务设施用地和绿地。

大尺度街区主要分布在东部和北部新城区，以2000年后至今李沧区、市北区和崂山区的新建小区为主，也包括部分商业及服务业设施用地。

特大尺度街区在东岸城区相对较少，大多分布于城区北部，包括部分居住用地，山体和绿地也较多，部分工业用地分布于此。

2. 建筑密度

经过统计(图3-20)，青岛东岸城区的高密度街区数量占10.40%，中密度街区占56.90%，低密度街区占32.7%。

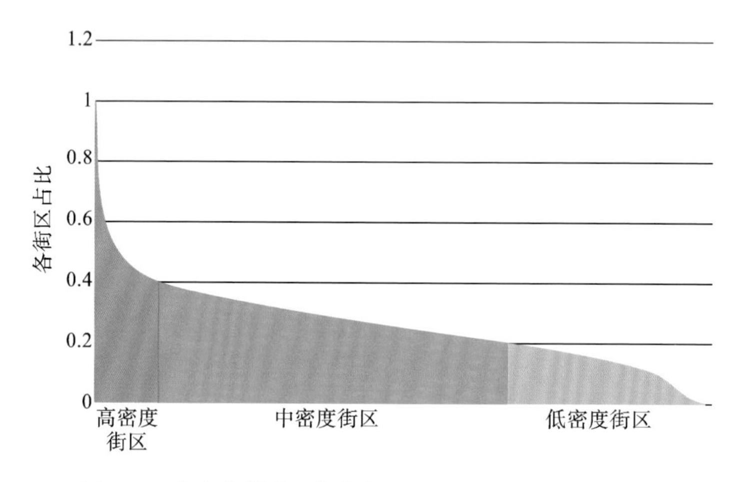

图3-20 青岛东岸城区各类街区建筑密度所占比例示意图

(图片来源：笔者自绘)

结合青岛东岸城区各类街区密度分布与用地性质分布情况(图3-21、图3-22)可以看出：低密度街区主要分布于东岸城区的东部与北部，以居住用地为主，该区域大多为2000年后新建建筑，以浮山后居住片区分布较为密集，也包括了一小部分商业及服务业设施用地。

中密度街区占整个青岛东岸城区的大部分，在整个区域均有分布，以西部和经济中心香港中路商圈分布较为密集，在浮山后居住片区分布略少，这部分片区以居住用地为主，但大部分商业及服务业设施用地在该密度范围内。

高密度街区在青岛东岸城区数量不多，建筑密度在0.4～0.5的高密度街区主要分布在历史风貌保护区中山路片区，少量分布在香港中路商圈，而

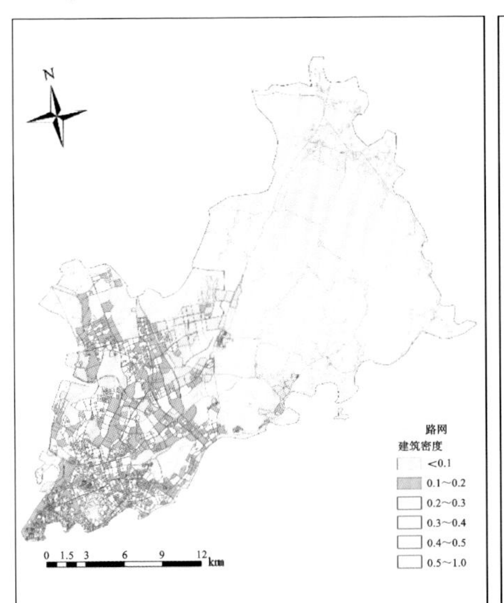

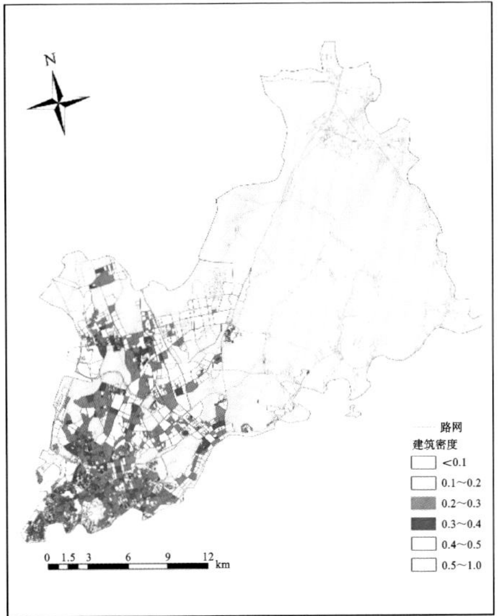

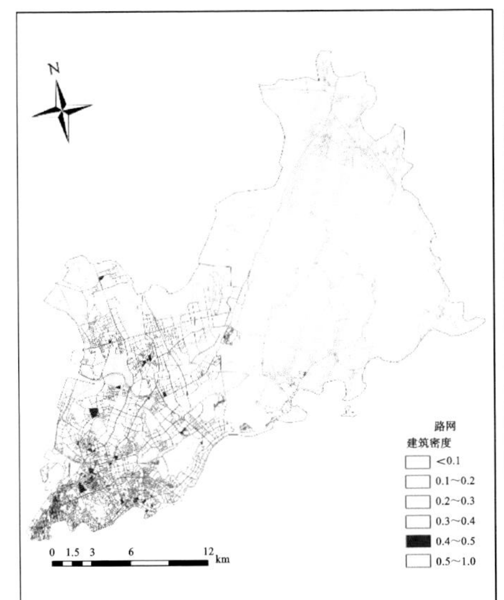

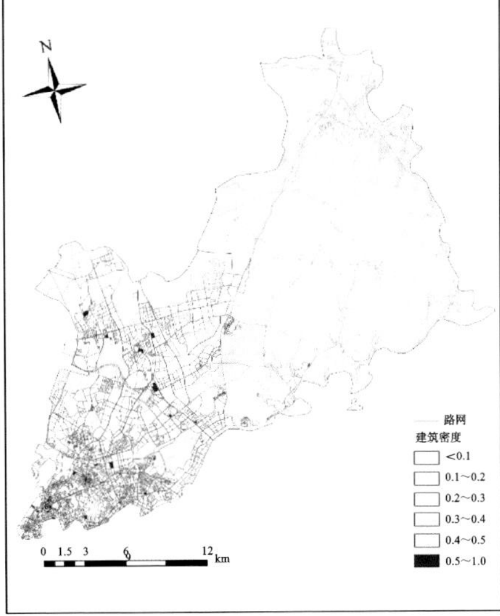

图 3-21　青岛东岸城区各类街区建筑密度分布情况

（图片来源：笔者自绘）

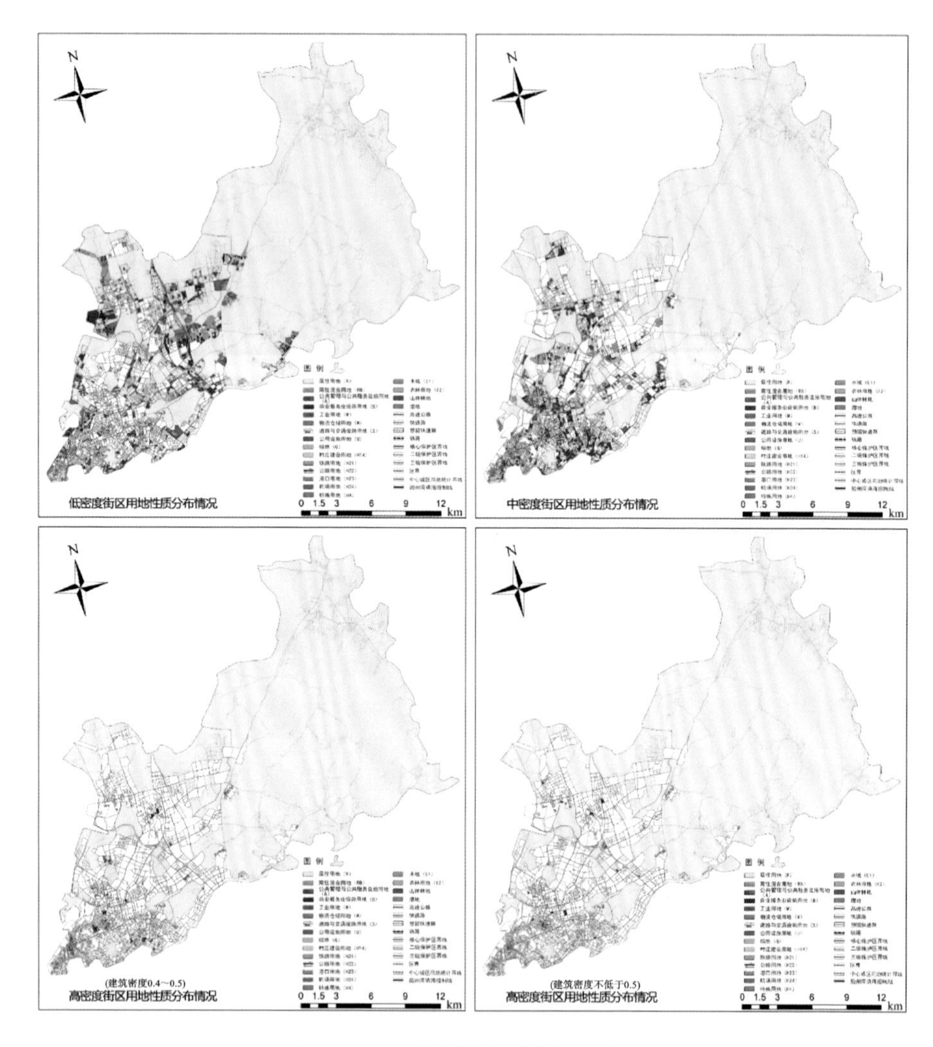

图 3-22 建筑密度叠置分析示意图

（图片来源：笔者自绘）

建筑密度在 0.5 以上的高密度街区则主要分布在中山路片区，其他片区较少，高密度街区以商业及服务业设施用地为主。

3. 容积率

基于青岛东岸城区内各类街区容积率的统计结果(图 3-23)可知,青岛东岸城区的高强度街区数量占 1.57%,中强度街区占 11.79%,中低强度街区占 42.30%,低强度街区占 44.34%。

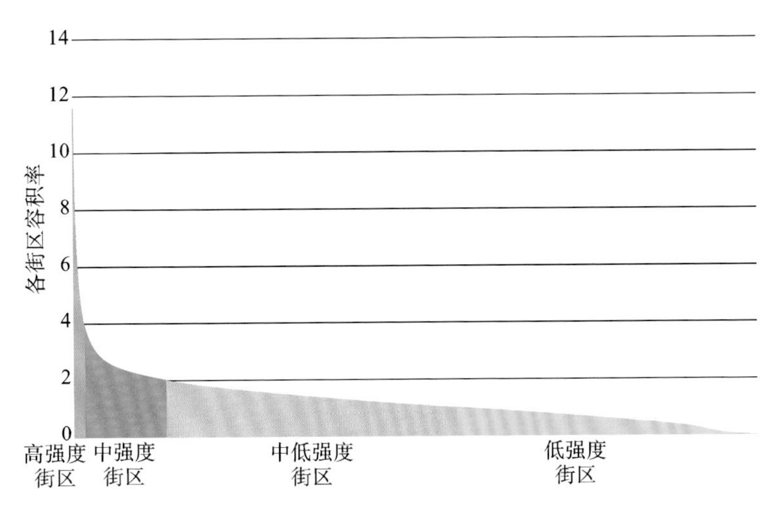

图 3-23　青岛东岸城区各类街区容积率所占比例示意图

(图片来源:笔者自绘)

结合街区容积率分类与青岛东岸城区各类街区容积率分布情况和用地性质分布情况(图 3-24、图3-25)可以看出:青岛东岸城区街区大多属于低强度与中低强度街区,低强度街区主要分布于东岸城区的东部、北部以及西部老城区,以居住用地和绿地为主,以浮山后居住片区分布较为密集,也包括了小部分商业及服务业设施用地。中低强度街区主要集中在西部片区,老城区分布较多,在经济中心香港中路商圈和浮山后居住片区也有部分分布,仍以居住用地为主,部分商业及服务业设施用地也在该强度范围内。

中强度和高强度街区在青岛东岸城区则数量不多,大多分布在香港中路商圈沿海,以商业及服务业设施用地为主,少部分为居住用地,分布在老城区北岸沿海。

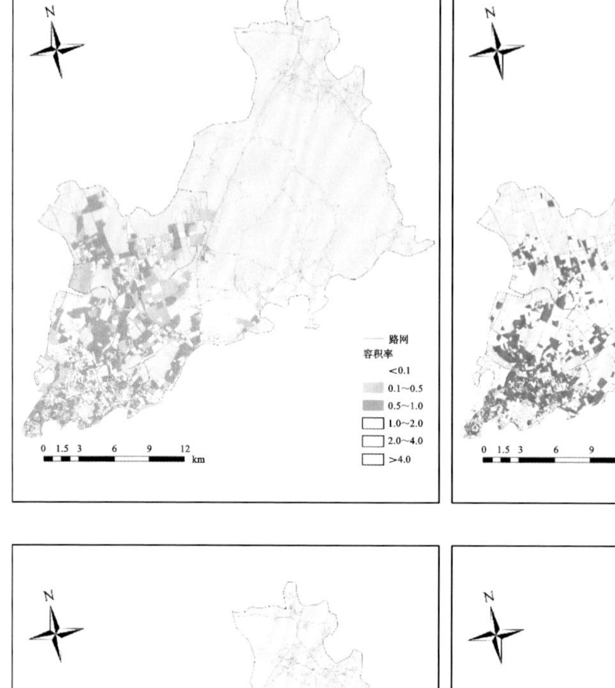

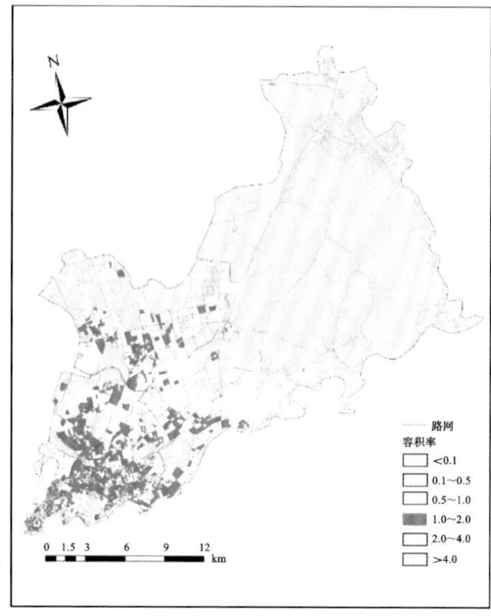

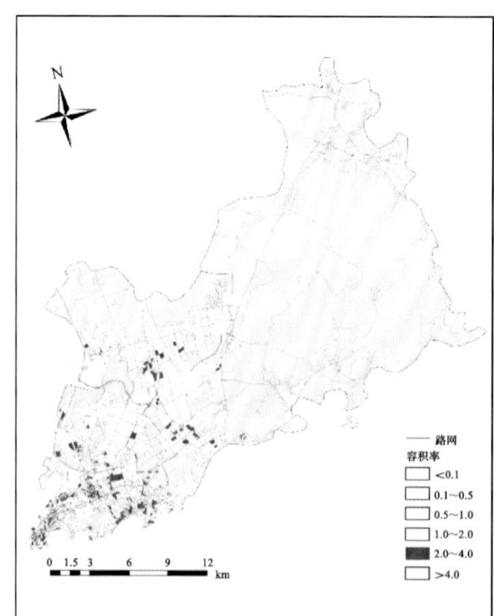

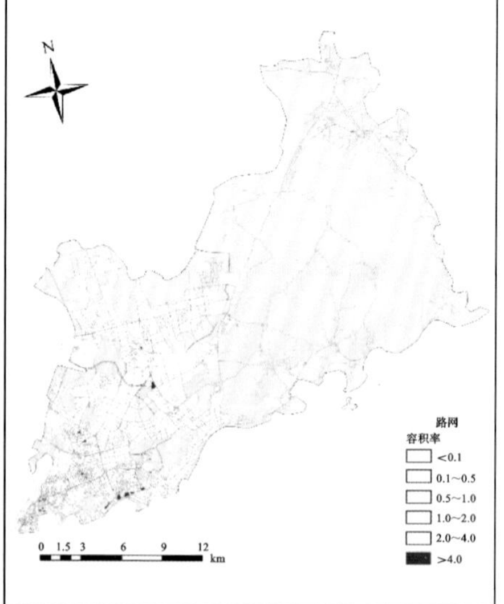

图 3-24 青岛东岸城区各类街区容积率分布情况

（图片来源:笔者自绘）

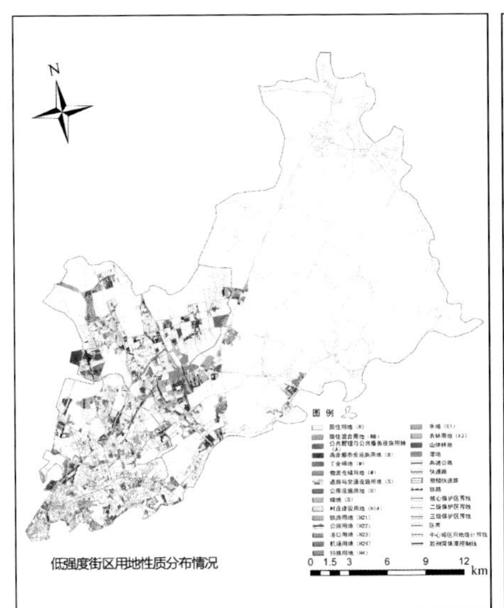

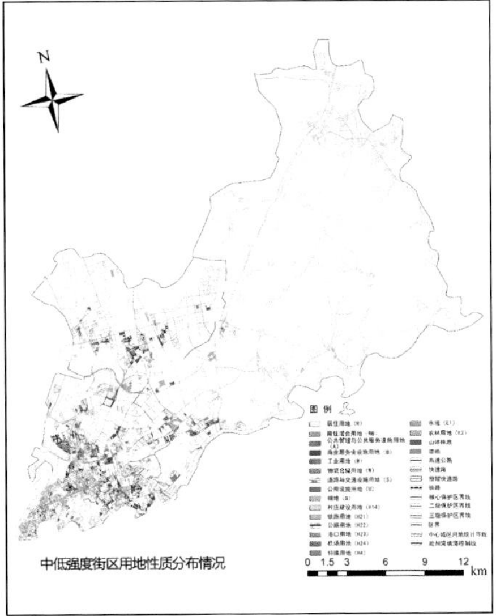

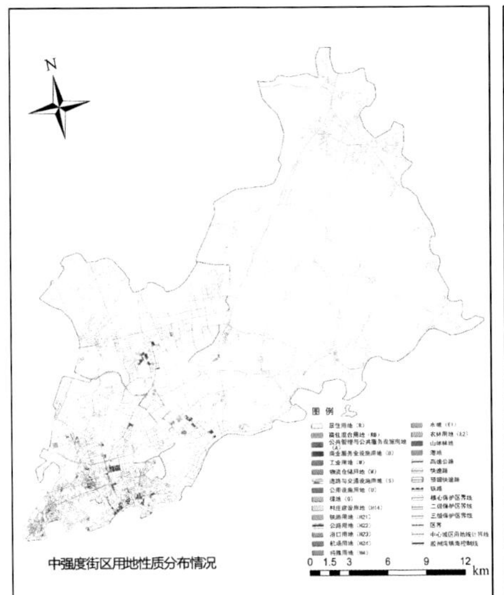

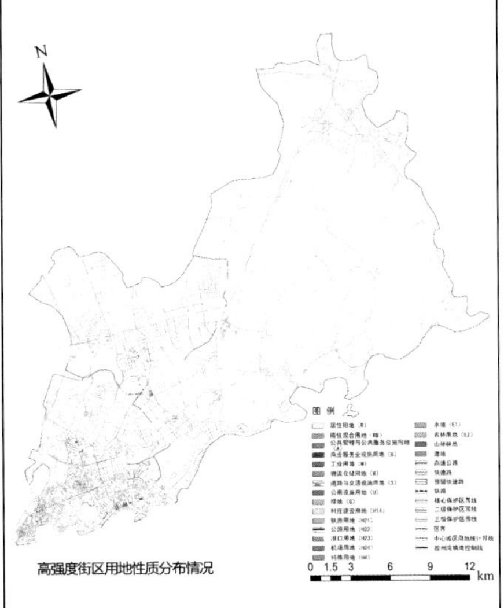

图 3-25　街区容积率叠置分析示意图

（图片来源：笔者自绘）

第四节 基于街区形态特征的代表城市片区选取

通过对青岛东岸城区街区用地面积、建筑密度、容积率的划分，以及结合该区域用地性质对各类街区分布情况的分析，可以抽取出三个具有典型街区指标特征的城市片区（图 3-26）。

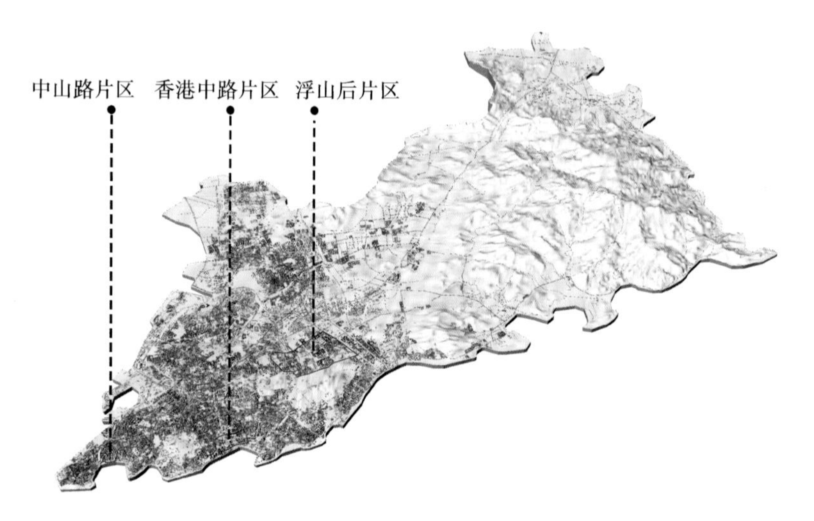

图 3-26 选取城市片区位置示意图

（图片来源：笔者自绘）

一、院落型——以中山路片区为代表的小尺度、高密度、中低强度城市历史风貌街区

中山路片区创始于 1897 年德国侵占时期，该片区以殖民时期的商业建筑以及“里院”形态为主要特征（图 3-27），即“院落型”街区（图 3-28），是 20 世纪 90 年代以前青岛的城市中心区。

本书将中山路片区的研究范围界定为如图 3-29 所示，片区内包含了大量的院落型街区（图 3-30），但由于 20 世纪 80 年代后的拆建行为，片区内也包含了一定量的高层、超高层建筑，一定程度上影响了片区的整体传统

图 3-27　中山路片区航拍图

（图片来源：笔者自摄）

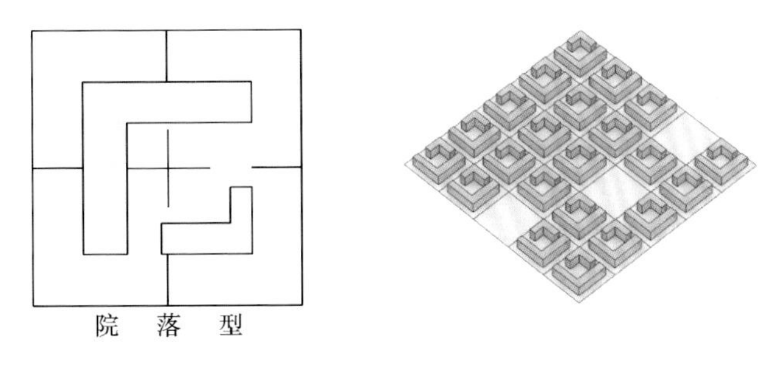

图 3-28　院落型街区特征形态示意图

（图片来源：笔者自绘）

风貌。

中山路片区街区编号及各类形态指标分布情况如图 3-31 所示，具体形态指标见附录 A 表 A-1，为便于后续模拟计算及形态生成，将街区进行了重新编号。从指标分布情况可以大致看出，该片区各街区尺度相对较为均衡且较小，除几个后建高层建筑街区容积率较高以外，其他街区均呈现较低容积率的特征，但大多数街区建筑密度较高。

图 3-29　中山路片区研究范围

（图片来源：笔者自绘）

图 3-30　中山路片区现场照片

（图片来源：笔者自摄）

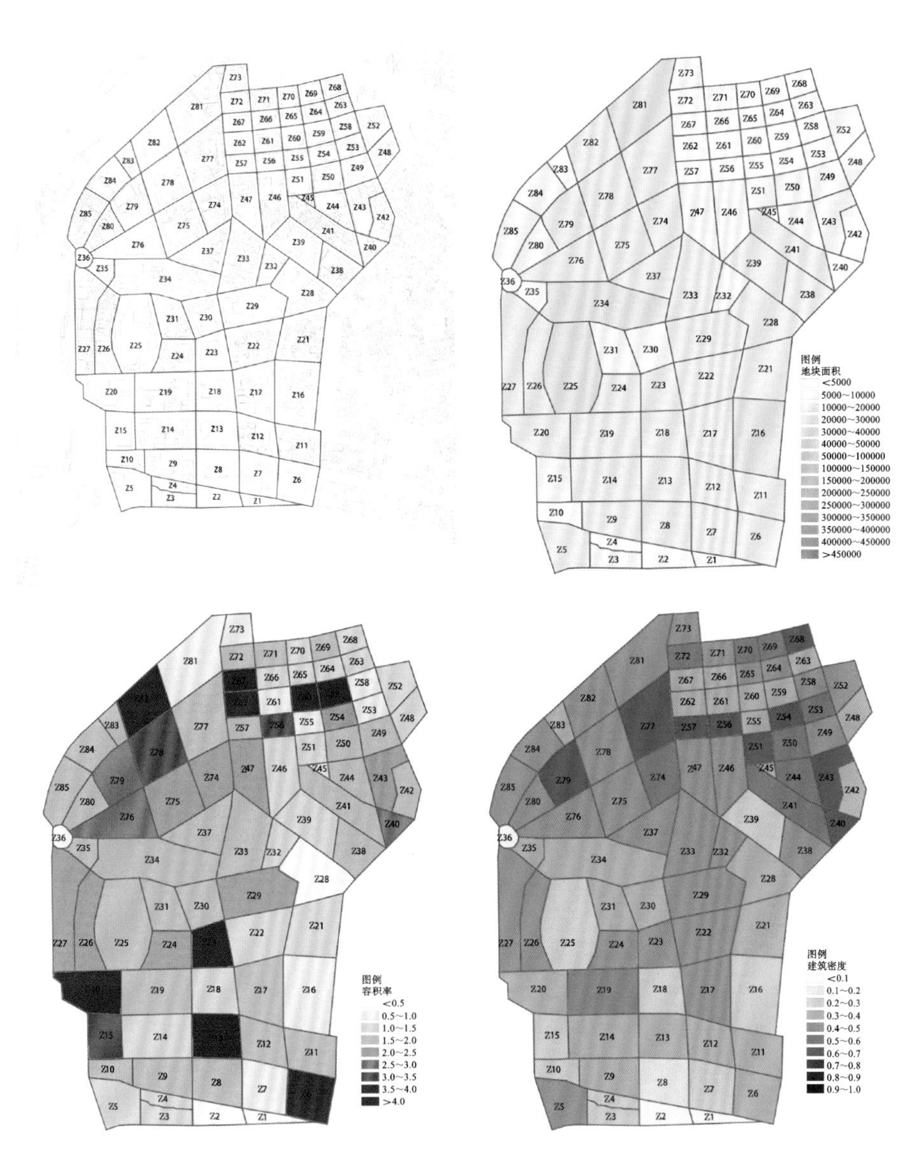

图 3-31　中山路片区街区编号及各类形态指标分布情况

（图片来源：笔者自绘）

二、柱、点型——以香港中路片区为代表的中小尺度、中密度、中高强度城市金融商业街区

20世纪90年代青岛开始启动市南区东部开发进程，其后全市的重要行政机构都转入此区域，并随着近30年的发展建设显现出现代化国际城区的繁荣景象，逐步成为青岛市的金融中心区，故该片区建筑主要为典型的金融商业建筑（图3-32），形态主要为塔楼式或塔楼群式，并多数带有裙房（图3-33）。

图3-32　香港中路片区航拍图

（图片来源：笔者自摄）

香港中路片区的研究范围界定及局部照片如图3-34所示，该片区内建筑主要为高层或超高层商业建筑，片区中间有一个开阔的城市广场——五四广场，为青岛市政府前广场，片区北侧有一部分住宅建筑。

香港中路片区街区编号及各类形态指标分布情况如图3-35所示，各街区形态指标见附录A表A-2。从指标分布情况可以大致看出，该片区各街区尺度较中山路片区大，容积率在商业建筑的地块内体现出较高的指标，建筑密度较中山路片区略低。

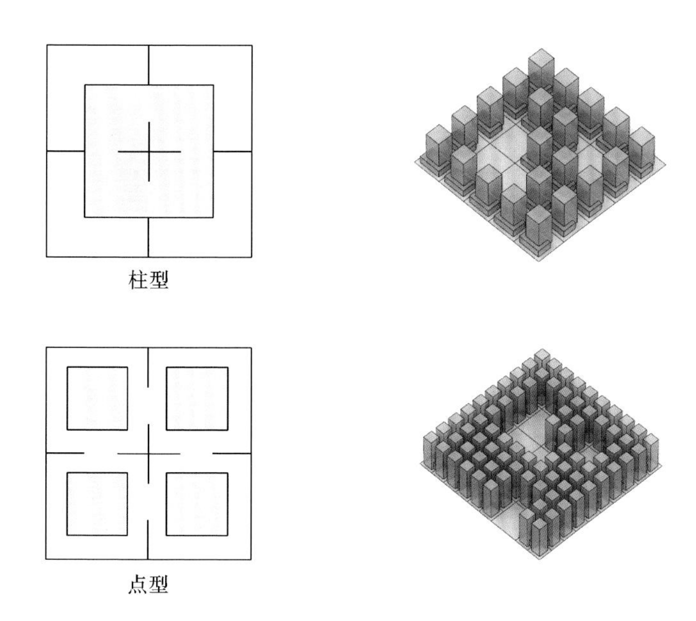

图 3-33　柱、点型街区特征形态示意图

（图片来源：笔者自绘）

图 3-34　香港中路片区研究范围及局部照片

（图片来源：笔者自绘、自摄）

续图 3-34

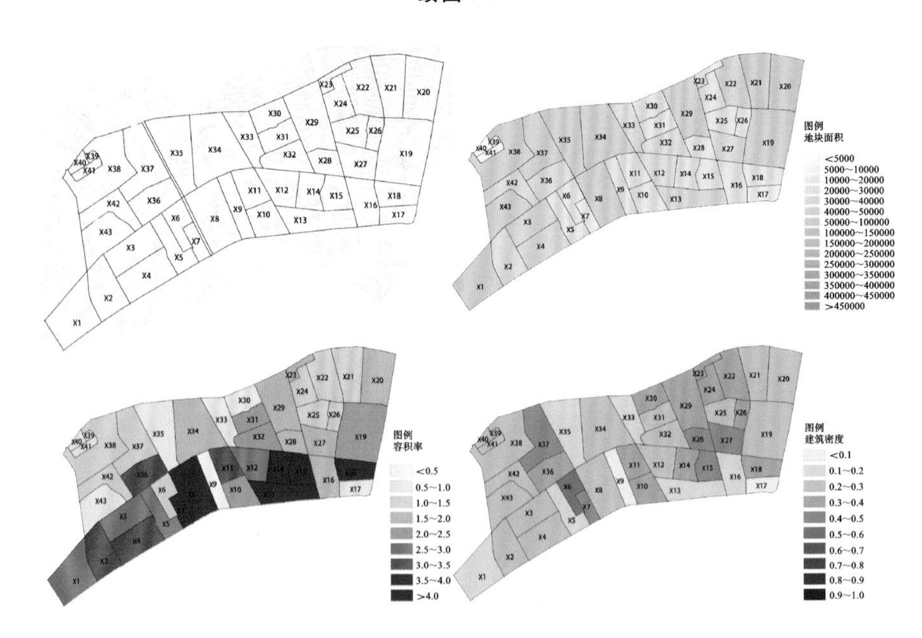

图 3-35 香港中路片区街区编号及各类形态指标分布情况

(图片来源:笔者自绘)

三、条型——以浮山后片区为代表的大尺度、低密度、中低强度城市居住建筑街区

青岛浮山后片区于1997年重新规划，在2000年前后开始大规模建设，仅通过20年的开发建设就成为目前青岛市区以及全省面积最大的城市居民聚居区（图3-36），居住人口约40万。该片区主要为典型的居住小区，建筑形态主要为板式住宅（图3-37）。

图3-36 浮山后片区航拍图

（图片来源：笔者自摄）

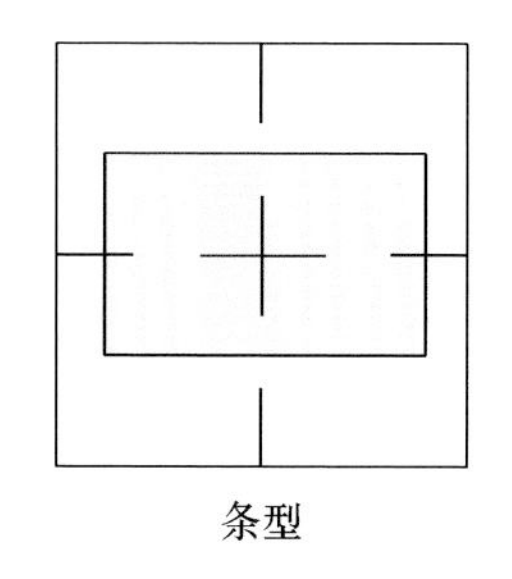

条型

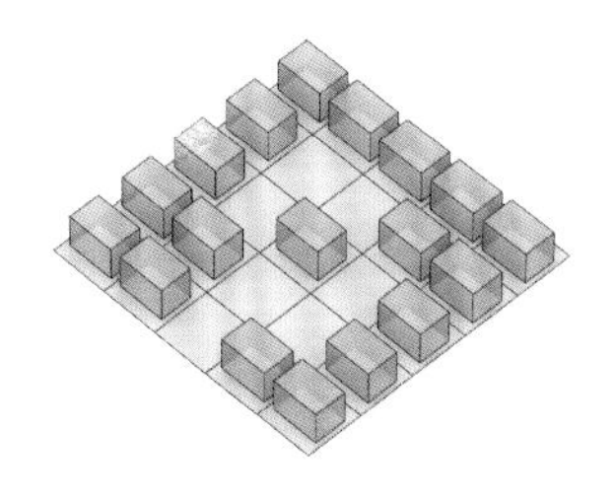

图3-37 条型街区特征形态示意图

（图片来源：笔者自绘）

该片区截取的具体研究范围及局部照片如图 3-38 所示，片区内除东南侧街区为体育建筑外，其他街区大多为居住用地。

图 3-38　浮山后片区研究范围及局部照片

（图片来源：笔者自绘、自摄）

图 3-39 所示为浮山后片区街区编号及各类形态指标分布状况，各街区详细指标见附录 A 表 A-3。片区内多数街区尺度较大，容积率大多分布在 0.5～3，建筑密度较低。

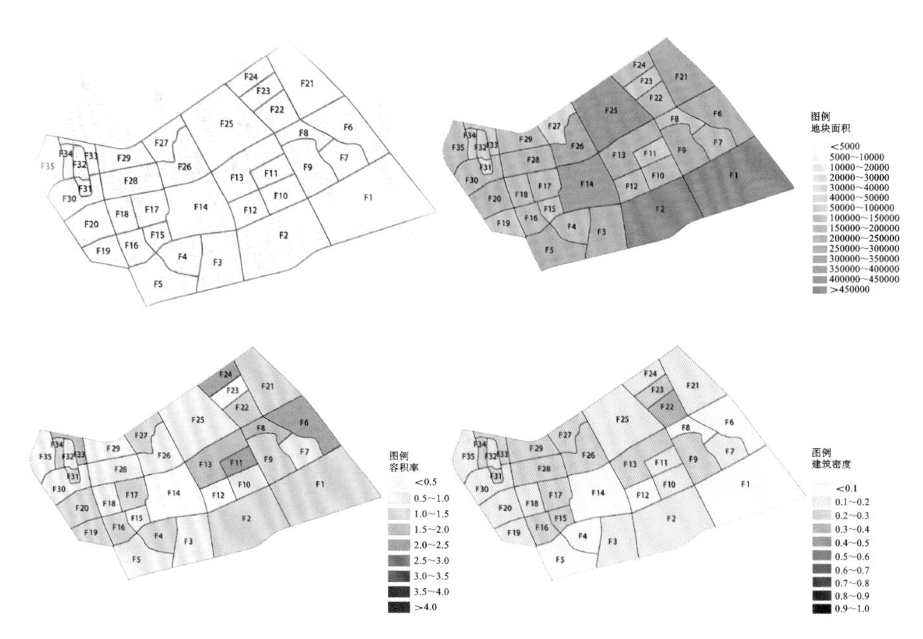

图 3-39　浮山后片区街区编号及各类形态指标分布情况

（图片来源：笔者自绘）

第五节　三个代表片区的指标分布验证与形态特征总结

一、街区指标分布情况

本节将三个代表片区的五项指标（用地面积、建筑密度、容积率、围合度、平均高度）分别在所有街区的对应指标排序中标记出来，可以看出片区内的街区在不同形态指标下的分布情况。

1. 用地面积

从用地面积分布情况看（图 3-40），浮山后片区共 35 个街区，25 个街区分布在特大尺度和大尺度街区的范围内，占该片区街区总数量的 71.43%，一小部分在中尺度范围内；香港中路片区共 43 个街区，大部分分布在中尺度街区和小尺度街区的前四分之一部分，其中 11 个分布在中尺度街区内，25

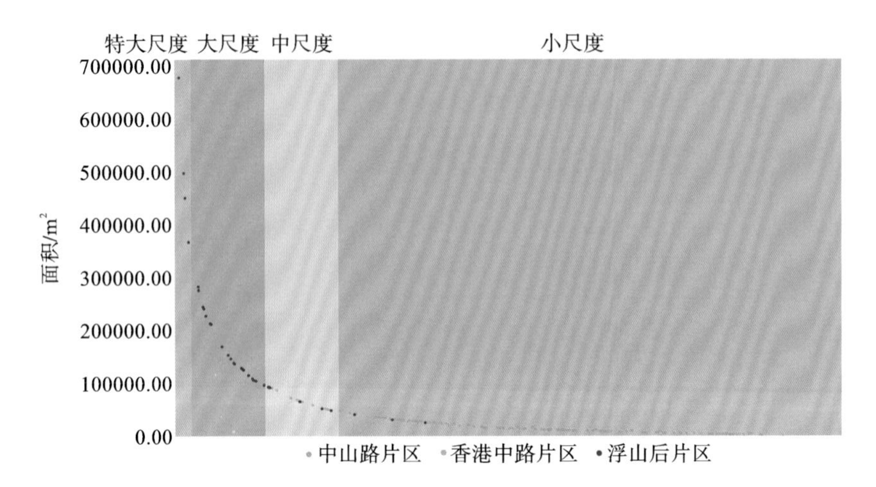

图 3-40　各片区街区尺度分布情况

（图片来源:笔者自绘）

个分布在小尺度街区的前四分之一部分,合计占该片区街区总数量的83.72%;中山路片区共86个街区,其中85个分布在小尺度街区范围内,占该片区街区总数量的98.84%,基本符合三个片区在用地面积分类中的代表特征。

2. 建筑密度

从建筑密度分布情况看(图3-41),浮山后片区共35个街区,25个街区分布在低密度街区的范围内,占该片区街区总数量的71.43%,一部分分布在中密度街区范围内;香港中路片区共43个街区,29个分布在中密度街区范围,占该片区街区总数量的67.44%;中山路片区共86个街区,其中48个分布在高密度街区范围内,占该片区街区总数量的55.81%,另外有23个街区建筑密度在0.3～0.4,基本符合三个片区在建筑密度分类中的代表特征。

3. 容积率

从容积率分布情况看(图3-42),浮山后片区共35个街区,16个分布在中低强度范围内,16个在低强度范围内,共占比91.43%;香港中路片区共43个街区,18个分布在中强度和高强度范围内,占该片区街区总数量的41.86%;中山路片区共86个街区,其中9个分布在高强度范围内,16个分布在中强度范围内,49个分布在中低强度范围内,中低强度街区占该片区街

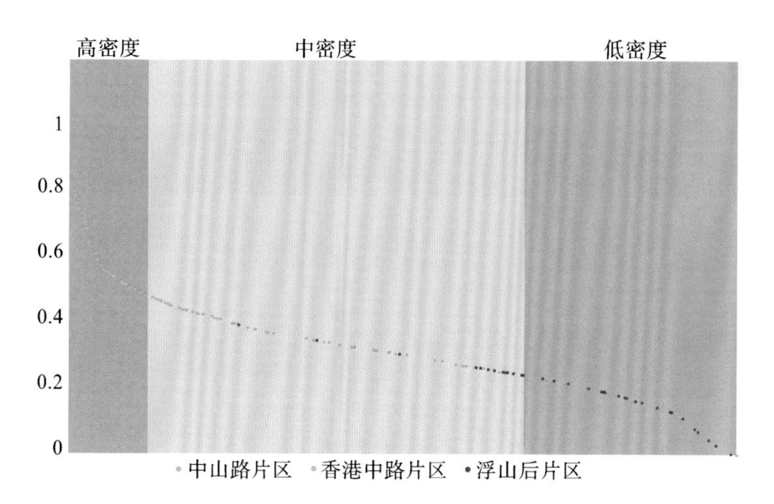

图 3-41　各片区街区密度分布情况

（图片来源：笔者自绘）

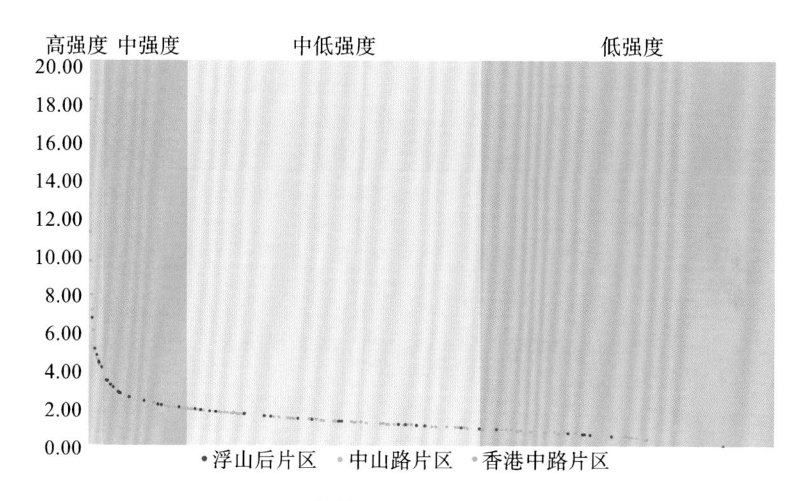

图 3-42　各片区街区容积率分布情况

（图片来源：笔者自绘）

区总数量的 56.98%。整体看来，容积率指标的分布不够理想，主要原因在于香港中路片区街区中包含了较大部分的居住区，影响了容积率分布；其次，中山路片区由于后期有较多的高层与超高层建筑建设，加之街区尺度非常小，导致有部分高容积率地块掺杂在其中，后续在模拟与优化设计阶段时会注意地块的筛选。

4. 围合度

各片区街区围合度在整个青岛东岸城区的分布情况如图 3-43 所示，取街区围合度总平均值 0.74 为界限，其中，中山路片区有 62 个街区围合度大于 0.74，占该片区街区总数量的 72.09%，片区平均围合度为 0.75；香港中路片区有 23 个街区围合度大于 0.74，占该片区街区总数量的 53.49%，平均围合度为 0.73；浮山后片区有 29 个街区围合度大于 0.74，占该片区街区总数量的 82.86%，平均围合度为 0.81。从分布占比和平均围合度来看，均为浮山后片区＞中山路片区＞香港中路片区。

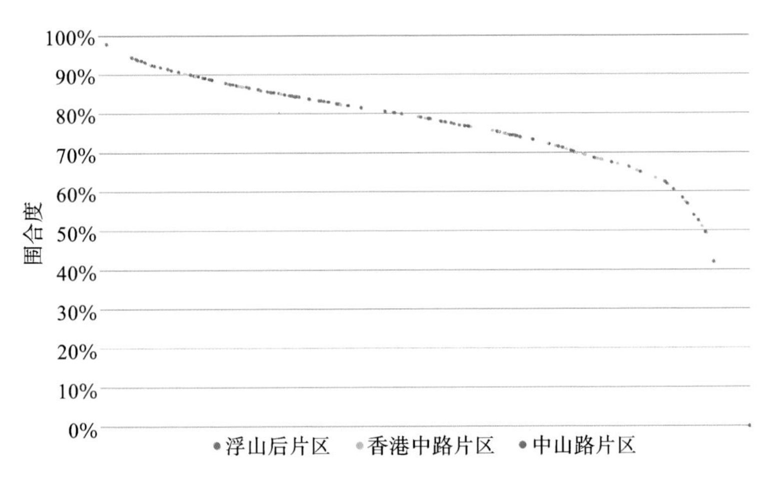

图 3-43　各片区街区围合度分布情况

（图片来源：笔者自绘）

5. 平均高度

各片区街区平均高度在整个青岛东岸城区的分布情况如图 3-44 所示，取街区平均高度总平均值 21.70 m 为界限，其中中山路片区有 12 个街区平均高度大于 21.70 m，占该片区街区总数量的 13.95%，片区平均高度为 16.20 m；香港中路片区有 20 个街区平均高度大于 21.70 m，占该片区街区总数量的 46.51%，平均高度为 31.83 m；浮山后片区有 11 个街区平均高度大于 21.70 m，占该片区街区总数量的 31.43%，片区平均高度为 20.93 m。从分布占比和平均高度来看，均为香港中路片区＞浮山后片区＞中山路片区。

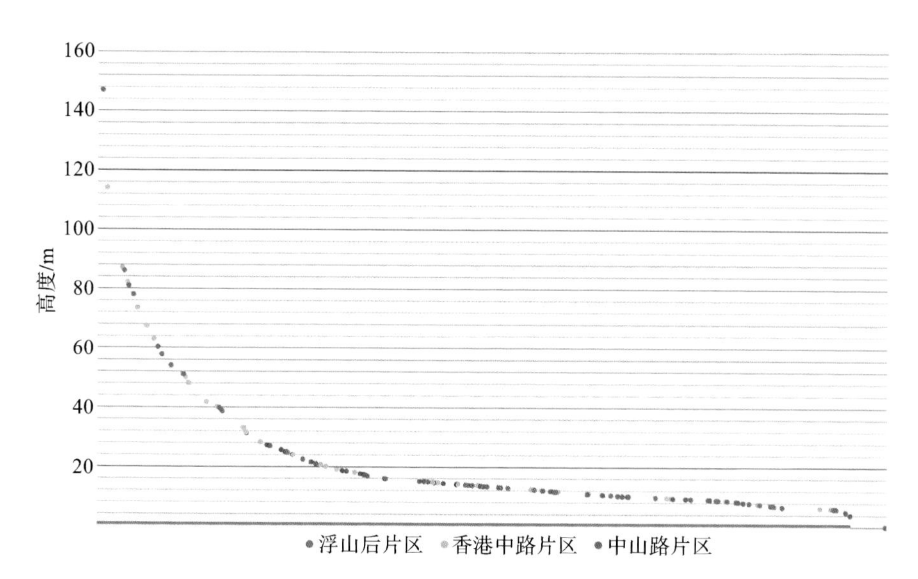

图 3-44　各片区街区平均高度分布情况

（图片来源：笔者自绘）

二、青岛东岸城区街区形态与分布特征

根据前述内容对青岛东岸城区的分析、城市代表片区的选择以及对街区形态指标的分析，青岛东岸城区街区特征可总结为如下几点。

（1）从街区尺度来看，整体呈西向东、南向北逐渐变大的趋势，这与城市发展阶段以及用地规划关系密切，三个代表片区分别代表了小、中、大三个街区尺度，能够较全面地涵盖该地区的街区尺度范围。

（2）从街区密度来看，整体呈西向东、南向北逐渐变小的趋势，三个代表片区分别代表了高、中、低三类街区密度，也能够较全面地涵盖街区密度层面的范围。

（3）从街区开发强度来看，中部金融商业建筑片区的开发强度较高，西部老城及东部居住片区开发强度偏低，这主要与建筑用地功能属性有关，三个代表片区分别呈现中高强度和中低强度，可以区分商业建筑用地与居住建筑用地。

（4）从围合度与平均高度来看，街区密度与围合度呈正相关，街区开发强度与平均高度正相关，院落型街区围合度较高而平均高度较低，柱、点型街区围合度较低而平均高度较高，条型街区居中。

选取的三个代表片区基本涵盖了青岛东岸城区的街区形态分布特征，能够代表城市街区进行进一步的风环境评价研究。

第六节　本章小结

基于第二章对形态分类指标的确定及工具的选用，本章针对青岛东岸城区街区进行了数据获取与分类，主要结论有如下几点。

（1）对青岛东岸城区建筑、街道、地形进行了数据获取与整合分析，从街区尺度来看，小、中、大、特大尺度街区主要分布趋势为从西至东，从南到北逐渐增大；从街区密度看来，低、中、高密度街区主要呈从东至西、从北到南逐渐变大的趋势，与街区尺度的分布趋势相反；从开发强度来看，高强度主要分布在中部地区，而东、北、西部主要是低强度或中低强度；从形态来看，西部主要为老城街区，以围合式院落为主，中部主要是商业建筑，以高层建筑加裙房的形式为主，东部居住建筑较多，以板式住宅为主。

（2）根据青岛东岸城区街区形态的分析，总结了三种主要的街区类型：院落型街区，柱、点型街区，条型街区。针对三种形态类型，对应不同的形态指标选取了三个代表片区：以中山路片区为代表的小尺度、高密度、中低强度城市历史风貌街区，以香港中路片区为代表的中小尺度、中密度、中高强度城市金融商业街区，以浮山后片区为代表的大尺度、低密度、中低强度城市居住建筑街区。三个代表片区基本涵盖了青岛东岸城区的街区形态类型，在我国城市街区形态中也具有较广泛的代表意义。

第四章　城市片区风环境数值模拟与评价

风环境数值模拟过程通常主要包括前处理、数值求解及后处理三个步骤。前处理的流程主要包括确定模拟模型，导入到前处理模块，根据计算实际情况设置参数和边界条件，进行网格划分；数值求解时需要加载前一环节处理所得结果，求解后输出满足要求的结果；后处理主要是将求解器的计算结果可视化，生成相应的模拟分析结果。通过软件进行风环境数值模拟时，对应的处理流程为：导入模型→设置风洞尺寸（计算域）→设置运算参数（模拟条件、边界条件）→划分计算网格→计算求解→处理生成模拟结果（图4-1）。另外，基于本研究需要，在模拟结束后，还要进一步进行每个街区运算结果的提取，对每个街区的模拟数据进行计算分析，以为下一步优化设计奠定基础。

在导入模型之前，应该建立起目标区的物理模型，且筛选合适的气象数据后进行统计处理。进行建模时，首先应该确保模型可以对城市空间的主要特征进行精确的描述，满足其后的模拟要求；其次，在计算过程中受到设备算力的制约，无法直接对过大范围复杂城市空间的模型进行模拟，因而一般应该确定出合适的建模区域，根据相关规则而适当地修整所得城市模型；最后，由于青岛具有山地城市特征，地形也是模型重要的组成要素，是前处理模块提供准确的地形模型生成测试点的依据。模拟分析大片区的城市风环境时，对应的基础数据一般为城市历年的地面气象站实测结果，在无法获得地面气象站信息时，可以获取卫星提供的再分析大气资料，其中包括了温度、湿度、风速、风向等，统计处理后确定出一定时段或各风向下的风数据，得到其中的风速、风向参数进行边界条件赋值，为其后的处理提供支持。

基于以上，完成整个模拟过程，需要进行以下几项工作。

①确定模拟区域，建立基础模型。

②获取气象数据，确定边界条件。

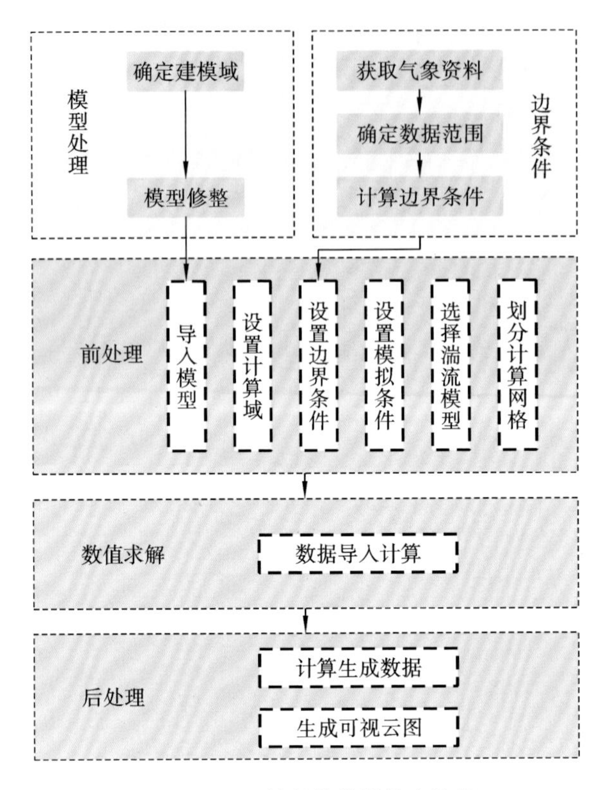

图 4-1 风环境数值模拟基本流程

（图片来源：笔者自绘）

③导入前处理，生成风洞与测试点，划分网格。

④进行模拟。

⑤进行初步计算，生成数据与图像。

⑥计算各街区评价数据。

第一节 模拟区域的界定

研究域即需要获得模拟数据的模拟片区，为了保证所得结果准确可靠，针对已有的研究域边界范围，还应该适当地扩大建模区域。因为风经过周边城市空间时，由于研究域周边下垫面粗糙度的影响，风速会出现一定的衰

减，且风向也会发生改变。因而在模拟分析城市空间的风环境时，应该控制建模区域的范围，使其适当大一些，从而确保在研究域的风环境条件和实际城市空间中的基本一致。

模拟区域在确定过程中应该先考虑到结果准确性，且控制计算量在合理范围内。为确保风环境模拟结果的准确性，一些学者在利用计算机数值模拟来分析风环境时，提出了相对应的模拟规程。如欧洲科技领域研究合作组织（COST）、日本建筑学会（AIJ）在大量现场实测、风洞实验基础上进行统计分析，根据设置参数和所得结果的相关性提出了技术导则。香港规划署发布的《空气流通评估方法可行性研究》中也对计算机模拟分析城市风环境提出了可依据的模拟原则，表 4-1 对这些技术导则的内容和应用情况进行具体说明。

表 4-1　城市风环境模拟建模域和计算域的参数标准整理

参考标准	建模域要求	计算域要求	
		水平方向	垂直方向
日本建筑学会（AIJ）	目标建筑附近的 1～2H 区间内的建筑应该进行明确详细建模，目标区域外各方向扩展一个或多个街区建模	单一建筑情况下，设置两边边界宽为 5H，出流边界和目标建筑的间距不低于 10H	单一建筑情况下，设置相应的上边界高度和目标物间距 5H
欧洲科技领域研究合作组织（COST）	无明确要求	单一建筑情况下，设置两边边界宽为 6H，若相应的建筑群区域尺度显著高于 H，则设置两边边界宽为 2.3 W，且相应的边界和目标间距不低于 15H	单一建筑情况下，设置相应的上边界高度和目标物间距 5H

续表

参考标准	建模域要求	计算域要求	
		水平方向	垂直方向
香港《空气流通评估方法可行性研究》	建模域半径 2*H*(设置建筑群中最高建筑物为中心情况下,起始位置为地块边界),评估范围在以中心 1*H* 为半径的圆形区内	基于风洞实验研究,没有确定出求解域	
上海市《建筑环境数值模拟技术规程》(DB31/T 922—2015)	目标建筑各方向 1*H* 区间内建模,针对住宅或公共建筑群建模情况下,*H* 的值为区域长宽尺寸和建筑高度最大值对比后的最大者	水平方向尺寸不可低于 7*H*,相应的阻挡率在两个方向分别不大于 5%和 10%,*H* 取三个指标中的最大者	垂直高度应该超过 3*H*

注:以上"*H*"指目标建筑高度,或基地内最高建筑物高度(有些情况下,可将 *H* 界定为基地内较高的建筑区群组的平均高度;以上"*W*"指建筑群区域的长、宽最大值。

(资料来源:张涛.城市中心区风环境与空间形态耦合研究[D].南京:东南大学,2015.)

关于建模域的要求方面,COST 的要求不明确,其余标准不存在显著差异。AIJ 建议在建模时,目标建筑 1～2*H* 区间内的建筑应该详细建模,目标区域外各方向应该扩展一个或多个街区建模;香港《空气流通评估方法可行性研究》中建议的建模域为以目标建筑为中心,2*H* 半径内的圆形区。在针对建筑群进行研究时,相应的建模域应该从地块边界起始而扩展半径 2*H*,针对 1*H* 为半径的圆形区域进行准确评估;上海市《建筑环境数值模拟技术规程》中建议,应该针对目标建筑各方向 1*H* 区间内建模,同时为提高网格资源的利用效率和结果精度,而规定了 *H* 的取值。在对住宅或者公共建筑群

进行模拟时，H 取值为区域长、宽和建筑高度值中的最大者。对比分析可发现，这几个标准相关的要求没有明显差异，且建模域的形状和结果的关系不大，应该基于对象的尺寸而确定出合适的扩展距离。本书在研究区域的基础上建立一个完整的矩形区域，利用 RHINO 软件对该区域的模型进行一定修整，主要修整了因地形隆起与建筑产生的交接问题，且从其边界外扩 $1H$ 的矩形区，对应的 H 为研究域长度、宽度、建筑最大高度中的最大者，外扩后的模型区域为建模域。

对计算域的要求中，AIJ 和 COST 多为针对单一建筑模型的参数要求，对于较大尺度的建筑群未设置明确要求，在大尺度的城市空间研究情况下，该标准的界定范围会使得计算量大幅度增加，并不适宜。上海市《建筑环境数值模拟技术规程》中对各目标的 H 值，对于较大尺度的研究对象来说，计算域尺度的确定更为明确。本书将研究域长度、研究域宽度、单体建筑最大高度中的最大值设定为 H，计算域水平方向边界至研究域边界均取 $3H$ 的距离，垂直方向以模型底边为基准向上高度取 $3H$，向下高度取 $1H$（图 4-2）。

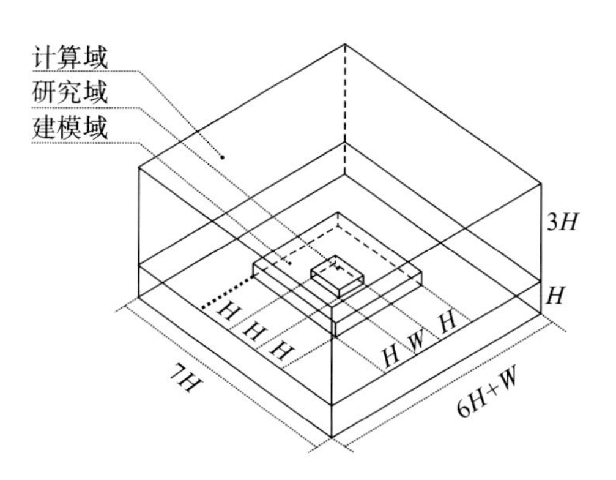

图 4-2　城市风环境模拟各区域设定图示

（图片来源：笔者自绘）

根据以上对三个区域的界定，三个青岛城市代表片区的计算域、建模域、研究域如图 4-3 所示。

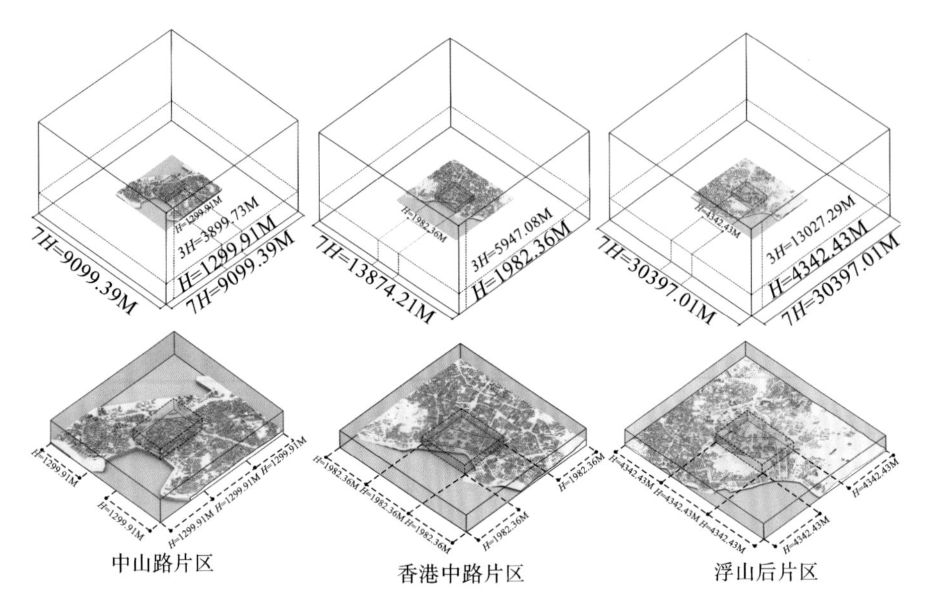

图 4-3　三个城市代表片区的风环境模拟区域

（图片来源：笔者自绘）

第二节　边界条件确定

青岛地处北温带季风区域，具有明显的海洋性季风气候特征。市区常年受到东南季风及海洋的影响，空气湿度大，降雨量多，存在很明显的四季变化。春季气温升高的速度慢，且大风天气多；夏季降雨量集中，空气湿度大，不过一般没有酷暑天气；秋冬季节风大，且温度存在很强波动。根据气象资料可知，青岛市区年平均气温 12.7 ℃，极端高温和极端低温分别为 38.9 ℃、−16.9 ℃。8 月份的温度最高，1 月份的温度最低，相应的平均气温分别为 25.3 ℃、−0.5 ℃。日最低气温低于−5 ℃的天数，年平均为 22 天。年平均风速为 5.2 m/s，以南东风为主导风向。

风环境模拟的边界条件中，最重要的即风速及风向的矢量数据。街区风环境是地理气候等自然因素和城市人工环境因素共同作用的结果。在自然因素方面，青岛位于陆海的交汇处，陆海热容的不同导致陆地与海面的受

热情况不同，对年度气候的影响主要体现在夏季最热时间和冬季最冷时间较内陆地区推后，对 24 h 内的影响是由于热冷空气的流动会形成局地环流——海陆风（图 4-4）。海陆风的影响正是造成滨海城市与内陆城市局地气候最大不同的原因。因此在确定边界条件时，考虑青岛自然地理条件下形成的特殊气候现象及街区的自然环境与建成环境之间的影响关系是风环境模拟的关键。

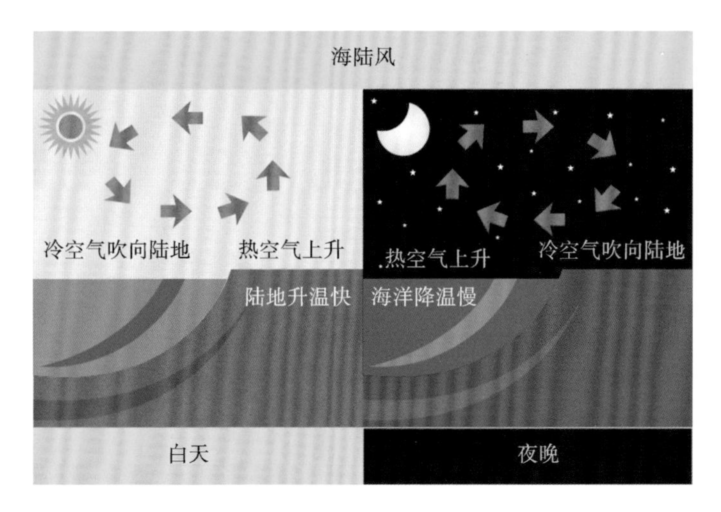

图 4-4　海陆风原理图

（图片来源：笔者自绘）

本书研究对象为城市街区的人行高度风环境，由于判断受海洋性气候的影响，需要统计出人活动的主要时间范围内（小时段）风速与风向情况，另外，由于近年来的高强度城市建设，城市下垫面情况和热岛强度等影响风环境的要素变化较大，将较早时期的气象数据纳入计算将缺少参考。所以，本节将研究气象数据的获取和数据范围的确定，进一步计算边界条件。

一、气象数据的获取

获取适用精确的气象数据是计算边界条件的前提，本书获取了近 10 年（2009.04—2019.04）的逐时温度、风速与风向数据，供进一步计算分析。

1. MERRA-2(the modern era retrospective—analysis for research and applications 2)数据

美国宇航局(national aeronautics and space administration,NASA)戈达德地球科学数据和信息服务中心(goddard earth sciences data and information services center,GES DISC)提供了 MERRA-2 数据以及数据的访问方法与服务(图 4-5)。

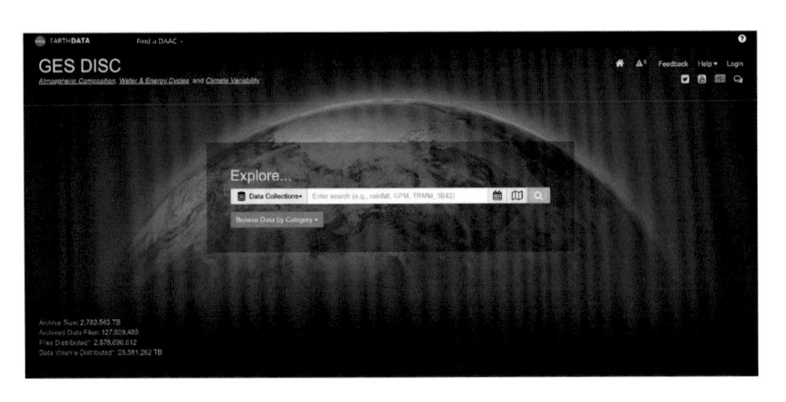

图 4-5　MERRA-2 数据获取网站界面 1

(图片来源:https://daac.gsfc.nasa.gov/)

在生成气象资料的同化产品方面,此服务中心的资料同化系统(DAS)有重要的作用,其产品之一就是 MERRA-2 数据,在实际的应用中可通过此工具对天气和水循环进行分析,相关资料的时间跨度大,应用价值高。在气象和风电领域,MERRA-2 数据在中尺度模拟数据中应用广泛,其下的模式和同化资料信息服务中心(modeling and assimilation data and information services center,MDISC)提供模式资料和服务的一站式入口,在实际的应用过程中可基于 MDISC 工具搜索 MERRA-2 数据,并根据要求下载,下载的数据格式为“NC”,可用 Grads、Matlab 等软件工具提取,也可以通过各种工具,如 Giovanni(在线数据可视化工具)等在线处理资料(图 4-6)。用户能够获取特定地点的位势高度、海平面气压、位势高度以上 2 m、10 m、50 m 高度风速风向等各方面数据,其时间分辨率为 1 h,水平和垂直分辨率分别为 0.667经度,0.5 纬度,72 层,向上延伸至 0.01 hPa。

在数据平台下载数据过程中,需要对数据进行筛选与选择,选择完成后

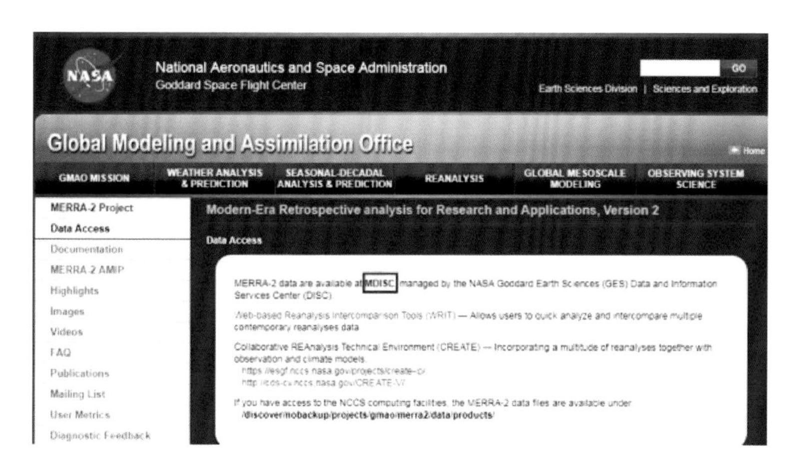

图 4-6　MERRA-2 数据获取网站界面 2

（图片来源：NASA EARTHDATA GES DISC 官方网站）

下载链接文件（图 4-7），在电脑中设置好环境变量，然后在“cmd”命令行中使用“wget”下载“NC”格式文件，下载的逐时风速数据包括 10 m 高度与 2 m 高度两种，风速数据形式如表 4-2 所示。

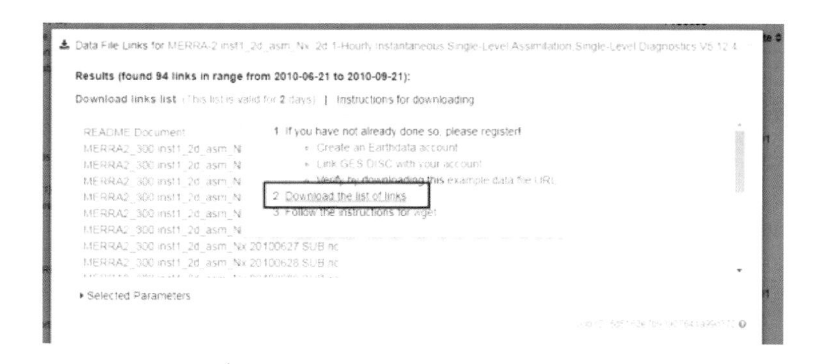

图 4-7　MERRA-2 数据下载界面

（图片来源：NASA EARTHDATA GES DISC 官方网站）

表 4-2　MERRA-2 数据下载信息

数据名称	维度	介绍	单位
U10M	二维	10 m 高度东风	m/s
U2M	二维	2 m 高度东风	m/s

续表

数据名称	维度	介绍	单位
V10M	二维	10 m 高度北风	m/s
V2M	二维	2 m 高度北风	m/s

（表格来源：笔者自绘）

下载完成后，通过 Matlab 进行提取与计算后数据才能够使用，计算风速风向的方法即平面向量合并，设 $\vec{U}=(x,0)$，$\vec{V}=(0,y)$，则 $\vec{W}=\vec{U}+\vec{V}$，利用合并向量即可求得风速(W)与风向(D)。

以 2009 年为例，提取的风速与风向计算代码如下。

```
dpath='G:\MERRA2\2009\';
txtfiles=dir('G:\MERRA2\2009\* .nc');
numfile=length(txtfiles);
u2=[ ];v2=[ ];u10=[ ];v10=[ ];
U2=[ ];V2=[ ];U10=[ ];V10=[ ];
W10=[ ];W2=[ ];D10=[ ];D2=[ ];
for i=1:numfile
    txtfile=[dpath,txtfiles(i).name];
    for j=1:13
    u2(j)=ncread(txtfile,'U2M',[1,3,j],[1,1,1]);
    v2(j)=ncread(txtfile,'V2M',[1,3,j],[1,1,1]);
    u10(j)=ncread(txtfile,'U10M',[1,3,j],[1,1,1]);
    v10(j)=ncread(txtfile,'V10M',[1,3,j],[1,1,1]);
    end
    U2(:,i)=u2;
    V2(:,i)=v2;
    U10(:,i)=u10;
    V10(:,i)=v10;
end
```

```
    for m=1:numfile
        for n=1:13
            W10(n,m)=sqrt(U10(n,m)^2+ V10(n,m)^2);
            W2(n,m)=sqrt(U2(n,m)^2+ V2(n,m)^2);
        end
    end
   for m=1:numfile
        for n=1:13
             if U10(n,m)> 0 && V10(n,m)> 0;

D10(n,m)=90-atan(abs(U10(n,m))/abs(V10(n,m)))* (180/pi);
        elseif U10(n,m)< 0 && V10(n,m)> 0;

D10(n,m)=90+ atan(abs(U10(n,m))/abs(V10(n,m)))* (180/pi);
        elseif U10(n,m)< 0 && V10(n,m)< 0;

D10(n,m)=270-atan(abs(U10(n,m))/abs(V10(n,m)))* (180/pi);
        elseif U10(n,m)> 0 && V10(n,m)< 0;

D10(n,m)=270+ atan(abs(U10(n,m))/abs(V10(n,m)))* (180/pi);
        elseif U10(n,m)==0 && V10(n,m)> 0;
            D10(n,m)=90;
        elseif U10(n,m)==0 && V10(n,m)< 0;
            D10(n,m)=270;
        elseif V10(n,m)==0 && U10(n,m)> 0;
            D10(n,m)=0;
        else
          D10(n,m)=180;
             end
```

```
            end
        end
          for m=1:numfile
             for n=1:13
                  if U2(n,m)> 0 && V2(n,m)> 0;
               D2(n,m)=90-atan(abs(U2(n,m))/abs(V2(n,m)))* (180/
pi);
        elseif U2(n,m)< 0 && V2(n,m)> 0;
            D2(n,m)=90+ atan(abs(U2(n,m))/abs(V2(n,m)))* (180/
pi);
        elseif U2(n,m)< 0 && V2(n,m)< 0;

D2(n,m)=270-atan(abs(U2(n,m))/abs(V2(n,m)))* (180/pi);
        elseif U2(n,m)> 0 && V2(n,m)< 0;

D2(n,m)=270+ atan(abs(U2(n,m))/abs(V2(n,m)))* (180/pi);
        elseif U2(n,m)==0 && V2(n,m)> 0;
            D2(n,m)=90;
        elseif U2(n,m)==0 && V2(n,m)< 0;
            D2(n,m)=270;
        elseif V2(n,m)==0 && U2(n,m)> 0;
            D2(n,m)=0;
        else
           D2(n,m)=180;
              end
          end
    end
              Wd10=(U10^2+ V10^2)^(1/2)
              Wd2=(U2^2+ V2^2)^(1/2)
```

```
     end
  end

    V2(j,1)=ncread(txtfile,'V2M');
    U10(j,1)=ncread(txtfile,'U10M');
    V10(j,1)=ncread(txtfile,'V10M');

A=zeros(365,839);
 for k=1:numfile
    txtfile=[dpath,txtfiles(k).name];
    tmp=textread(txtfile);
    tmp1=tmp(:,8);
    if k==1;
    tmp2=reshape(tmp1,[31,839]);
    A(1:31,1:839)=tmp2;
    elseif k==2;
        tmp2=reshape(tmp1,[28,839]);
     A(32:59,1:839)=tmp2;
    elseif k==3;
        tmp2=reshape(tmp1,[31,839]);
           A(60:90,1:839)=tmp2;
    elseif k==4;
        tmp2=reshape(tmp1,[30,839]);
        A(91:120,1:839)=tmp2;
    elseif k==5;
        tmp2=reshape(tmp1,[31,839]);
        A(121:151,1:839)=tmp2;
    elseif k==6;
         tmp2=reshape(tmp1,[30,839]);
```

```
        A(152:181,1:839)=tmp2;
    elseif k==7;
         tmp2=reshape(tmp1,[31,839]);
        A(182:212,1:839)=tmp2;
    elseif k==8;
         tmp2=reshape(tmp1,[31,839]);
        A(213:243,1:839)=tmp2;
    elseif k==9;
         tmp2=reshape(tmp1,[30,839]);
        A(244:273,1:839)=tmp2;
    elseif k==10;
         tmp2=reshape(tmp1,[31,839]);
        A(274:304,1:839)=tmp2;
    elseif k==11;
         tmp2=reshape(tmp1,[30,839]);
        A(305:334,1:839)=tmp2;
    elseif k==12;
         tmp2=reshape(tmp1,[31,839]);
        A(335:365,1:839)=tmp2;
    end
end
```

2. 青岛国家级地面气象站数据

青岛国家级地面气象站位于青岛市市南区伏龙山 4 号，观测场海拔 76.0 m，经度为 120°19′43″E，纬度为 36°04′20″N，其周围半径 1000 m 范围为气象探测环境保护控制区范围，该区域位于研究范围内，其数据具有较高的参考价值(图 4-8)。

通过青岛国家级地面气象站获取的数据包括 10 min 滑动平均风速风向、2 min 滑动平均风速风向(10 m 高度)以及平均气温，其中平均风速风向采用滑动平均法求得。

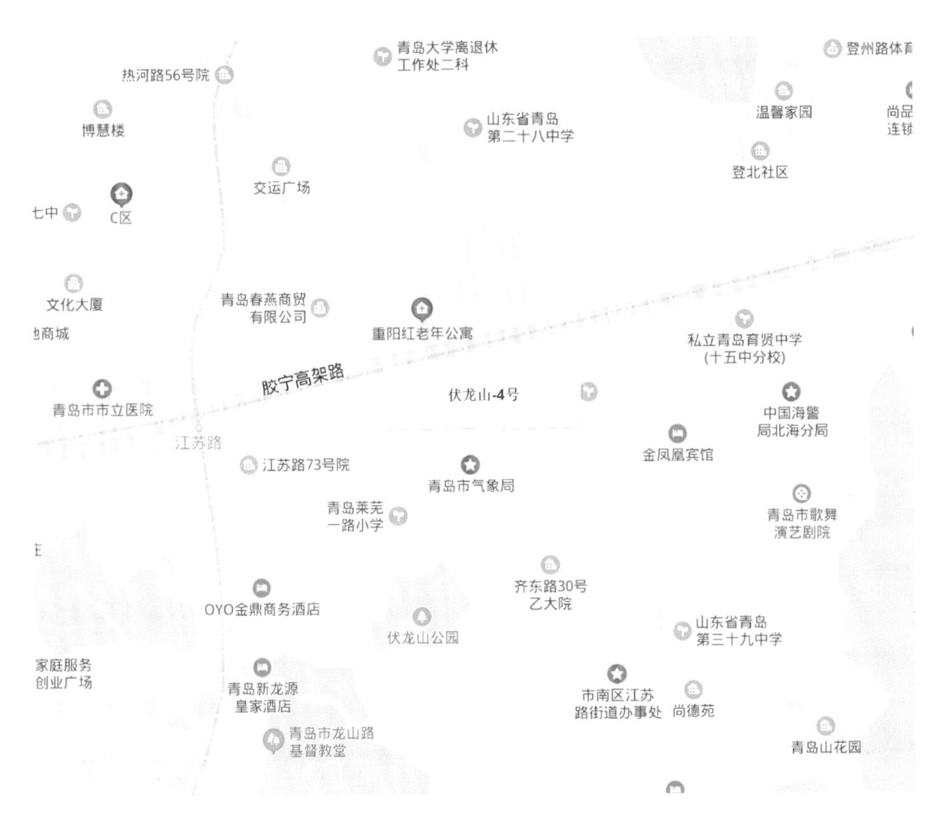

图 4-8 青岛国家级地面气象站位置

(图片来源:百度地图)

滑动平均法是对简单平均数法进行适当改进后形成的,这种方法在数据处理过程中,基于一定的顺序逐期增减新旧数据而计算移动平均值,从而减少偶然波动因素的影响,对事物的发展变化趋势进行预测分析,在数据预处理领域被广泛地应用。这种方法的公式如式(4.1)、式(4.2)。后面进一步计算最冷季与最热季的平均风速风向将在该数据基础上进行。

$$\overline{Y}_n = K(y_n - \overline{Y}_{n-1}) + \overline{Y}_{n-1} \tag{4.1}$$

$$K = 3t/T \tag{4.2}$$

式中:$\overline{Y}_n$ 为 n 个样本值的平均值,$\overline{Y}_{n-1}$ 为 $n-1$ 个样本值的平均值,y_n 为第 n 个样本值,t 为采样间隔(s),T 为平均区间(s)。

二、数据范围的确定

1. 最热季与最冷季的确定

根据《民用建筑供暖通风与空气调节设计规范》(GB 50736—2012)的规定，在计算分析冬季室外平均风速时，一般先计算出累年最冷 3 个月各月平均风速值，然后计算出均值；计算冬季室外最多风向均风速时，应采用累年最冷 3 个月最多风向的各月平均风速的平均值；计算夏季室外最多风向平均风速时，应采用累年最热 3 个月最多风向的各月平均风速的平均值。

在北温带，气象概念下的夏季为 6 月—8 月，冬季为 12 月—次年 2 月，而青岛受海洋环境的影响，与内陆气候具有较显著的区别。根据青岛国家级地面气象站的平均气温数据，设定一年时间范围内连续 90 天的平均气温最高与最低的时间段为最热季与最冷季，选取 2010、2011 年的日平均气温(图 4-9)，可看出气温在 4 月回暖，达到 10℃左右，最热月份约出现在 8 月，12 月温度降至 0℃以下，次年 1 月到达最低温，故选用当年 4 月 1 日至次年 4 月 1 日为一年的计算时间范围，在该范围内计算最热季与最冷季。

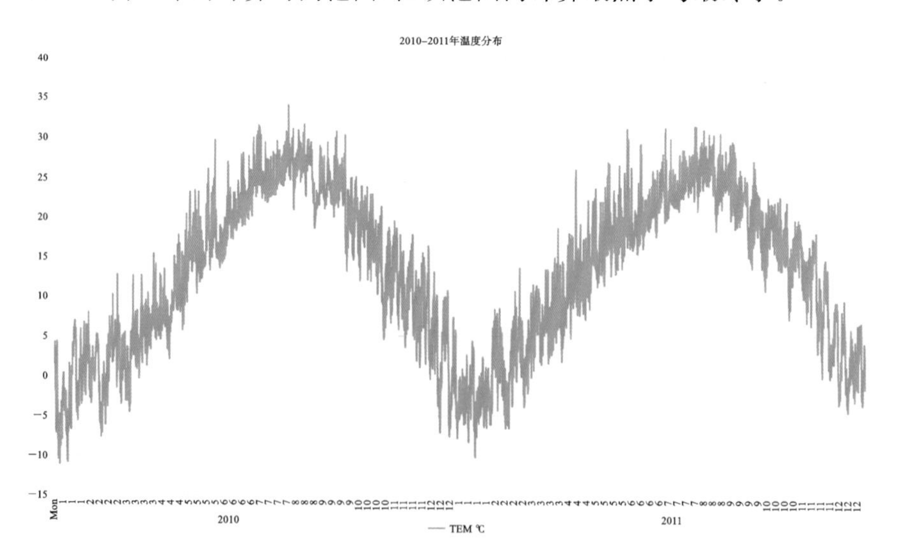

图 4-9　2010、2011 年日平均气温变化曲线

(图片来源：笔者自绘)

依据以上方法对青岛近十年的平均温度进行计算，每年的最热季与最冷季情况如表 4-3 所示。

表 4-3　2009—2019 年青岛最热季、最冷季数据

时间	最热季时间范围	最热季平均温度/(℃)	最热季温度范围/(℃)	最冷季时间范围	最冷季平均温度/(℃)	最冷季温度范围/(℃)
2009.04—2010.04	6.9—9.7	23.9	15～34.7	12.11—3.11	−0.1	−11～12.8
2010.04—2011.04	6.23—9.21	25.0	18.6～34.1	12.5—3.5	0.1	−10.2～13.6
2011.04—2012.04	6.18—9.16	23.7	17.5～31.4	12.7—3.6	0.4	−7.8～9.4
2012.04—2013.04	6.18—9.16	24.2	17.1～32.6	12.3—3.3	−0.2	−10.4～9.6
2013.04—2014.04	6.25—9.23	25.1	17.7～34	12.8—3.8	2.0	−6.9～11.3
2014.04—2015.04	6.12—9.10	24.1	17.8～34.6	11.30—2.28	2.2	−6.2～10.9
2015.04—2016.04	6.30—9.28	24.5	15.9～33.9	12.11—3.10	1.7	−15～13
2016.04—2017.04	6.20—9.18	25.6	18.8～32.9	12.8—3.8	2.6	−6～12.5

续表

时间	最热季时间范围	最热季平均温度/(℃)	最热季温度范围/(℃)	最冷季时间范围	最冷季平均温度/(℃)	最冷季温度范围/(℃)
2017.04—2018.04	6.27—9.25	25.6	16.6～36.5	11.28—2.26	1.2	−10.9～10.6
2018.04—2019.04	6.20—9.18	25.6	18～35	12.3—3.3	1.6	−7.8～14.1

（表格来源：笔者自绘）

从表中可以看出，青岛夏季最热的三个月大多集中在6月下旬至9月下旬，与常用的夏季时间相比相差近一个月，而冬季最冷的三个月通常集中在12月上旬至3月上旬，与常用的冬季时间相比相差约10天，在后面计算平均风速及风向时，将分别采用该十年每年的最热季与最冷季的时间范围进行计算。

2. 人主要活动时间的确定

由于青岛局地环流的影响，一天内早晚的风环境会有一定差别，本研究以室外人行高度风环境为研究对象，所以确定人的主要活动时间范围能够更精确地判断人主要活动时间内的风速及风向。

本书所利用的数据接口为基于微信的“宜出行”提供，利用Python语言对该接口爬取一定地理范围内的当前时间点的人流量数据，以该数据为依据，判断青岛东岸城区人的主要活动时间。宜出行数据来源为当前获取数据时间点各地理位置使用腾讯软件的数量，以此来判断各地理位置当前人的活动密度。

该数据采用WGS84坐标系，确定范围的时候需要确定青岛东岸城区WGS84的坐标点，在获取数据时以青岛东岸城区确定经纬度范围，时间点为2019年5月22日，时间段为从早晨6:00至夜间24:00，每2h获取一次数据，共获取10次，获取的数据分别有热力值、经度、纬度、时间（图4-10），在获取数据后，将其导入ArcMap中，对应叠加百度地图作为底图，即可生成

宜出行数据热力图(图 4-11)。

	A	B	C	D
1	热力值	经度	纬度	时间
2	1	120.2751	36.22197	2019-05-22-08-00-07
3	1	120.2749	36.22222	2019-05-22-08-00-08
4	1	120.2751	36.22222	2019-05-22-08-00-09
5	1	120.2736	36.22722	2019-05-22-08-00-10
6	1	120.2853	36.22896	2019-05-22-08-00-11
7	1	120.2761	36.22997	2019-05-22-08-00-12
8	1	120.2848	36.23021	2019-05-22-08-00-13
9	1	120.2838	36.23071	2019-05-22-08-00-14
10	1	120.2856	36.23096	2019-05-22-08-00-15
11	1	120.2858	36.23121	2019-05-22-08-00-16
12	1	120.2833	36.23171	2019-05-22-08-00-17
13	1	120.2846	36.23171	2019-05-22-08-00-18
14	2	120.2833	36.23196	2019-05-22-08-00-19
15	1	120.2863	36.23196	2019-05-22-08-00-20
16	1	120.2826	36.23221	2019-05-22-08-00-21
17	1	120.2851	36.23221	2019-05-22-08-00-22
18	1	120.2853	36.23221	2019-05-22-08-00-23
19	1	120.2868	36.23221	2019-05-22-08-00-24
20	1	120.2828	36.23246	2019-05-22-08-00-25
21	1	120.2851	36.23246	2019-05-22-08-00-26
22	1	120.2828	36.23271	2019-05-22-08-00-27
23	1	120.2826	36.23296	2019-05-22-08-00-28
24	1	120.2841	36.23296	2019-05-22-08-00-29
25	1	120.2821	36.23346	2019-05-22-08-00-30
26	1	120.2828	36.23346	2019-05-22-08-00-31
27	1	120.2836	36.23371	2019-05-22-08-00-32
28	1	120.2801	36.23396	2019-05-22-08-00-33

图 4-10　宜出行数据节选

(图片来源:笔者自绘)

由热力图可以看出,一天内人的密集活动时间由早晨 8:00 持续到晚上 20:00,22:00 开始明显下降,直至 24:00,故设定青岛东岸城区内人一天的主要活动时间范围为 8:00—20:00。

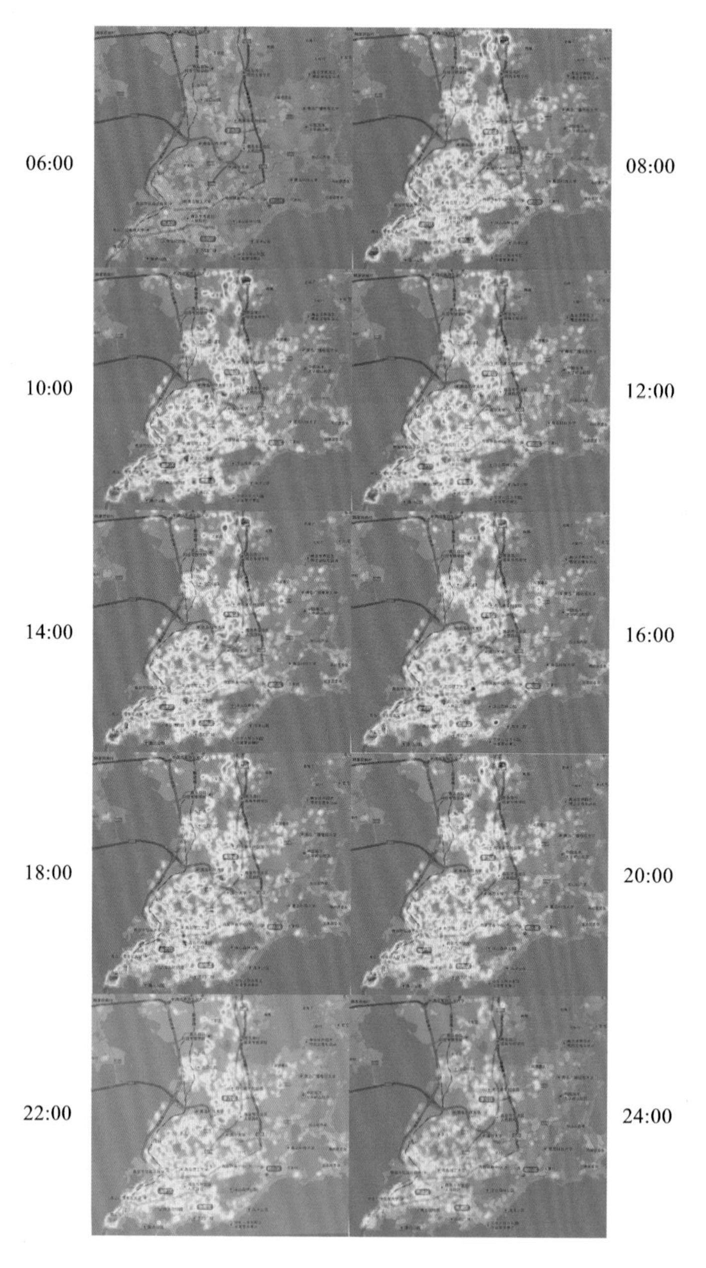

图 4-11 宜出行数据热力图

（图片来源：笔者自绘）

根据确定的气象数据与活动时间数据，将获取的 MERRA-2 数据与青岛地面气象站数据按照范围筛选出来，可绘制出数据范围内的风玫瑰图，能够初步对青岛东岸城区最热季与最冷季的风速及风向分布情况建立较直观的印象（见附录 B）。

三、边界条件的计算

（一）计算方法的介绍

在确定数据范围后，范围内平均风向及风速数据的计算是确定边界条件的核心步骤。在计算平均风速及风向时，主导风向范围的划定是前提条件，在合理划定主导风向范围后，求该范围内的风速算数平均值，才能得到主导风向与风速。

平均风向的计算在气候研究中应用广泛，根据韩爽、邱传涛在文献中对风向计算方法的研究，本节介绍两类平均风向的计算方法，一类为常用的风向计算方法，另一类为矢量平均法。

1. 常用风向计算方法

(1) 算术平均法

算术平均法的计算如式(4.3)所示：

$$D_{\mathrm{avg}} = \sum\nolimits_{i=1}^{n} D_i / n \tag{4.3}$$

式中：D_{avg} 为平均风向，D_i 为 i 个风向样本的风向方位角，n 为样本个数。

在基于算术平均法计算小时平均风向时，某些情况下会产生错误现象。设在记录时风向值的变化区间为 0°～359°，以两个风向平均值为例进行说明，则相应的结果有两种情况：第一种，两个风向差值小于 180°，则可直接进行数据分析计算，不会产生错误，相关情况如图 4-12(a)所示；第二种，两个风向差值大于 180°，这种情况下直接进行算术平均法计算会产生错误，这和风向存在密切关系，具体如图 4-12(b)所示。

在对风向平均处理过程中，应该基于二者形成的较小夹角进行分析。在发现二者差小于 180°的情况下，可直接用算术平均法处理。而在差值大于 180°的情况下，直接处理所得结果是错误的。这种条件下，由于劣弧段跨

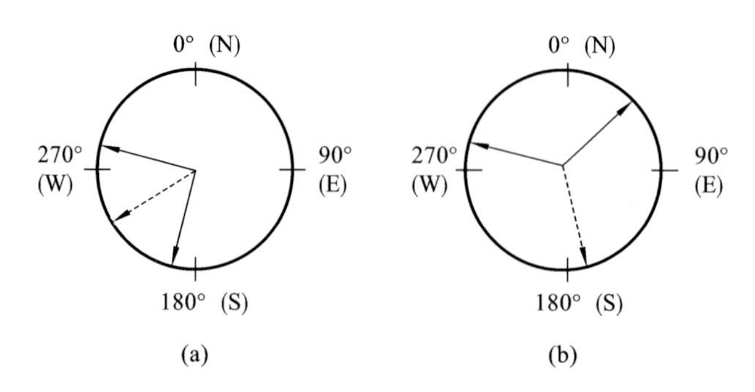

图 4-12 算术平均法计算小时平均风向可能出现的两种情况

(a) 2 个风向差值小于 180° (b) 2 个风向差值大于 180°

(图片来源:笔者自绘)

越 0°,因而对应的平均风向指向出现错误。

(2) 首风向代表法

这种方法以测试时间段中的第一个风向代表平均风向,相应的表达式如式(4.4)所示:

$$D_{avg} = D_1 \tag{4.4}$$

该方法在风向变化范围较小且风向变化不频繁时,操作很方便,但是在风向变化范围较大或者变化频繁的情况下,所得结果可能存在明显的偏差。当风向出现一定单向旋转、阶跃时,这种方法确定出的风向可能和时间段内的主风向出现一定偏离。在计算小时平均风速方面,这种方法的应用比例较高,时间段范围较大时,所得结果的偏差很明显,因而不能满足应用要求。

2. 矢量平均法

在处理含方向数据方面,矢量平均法表现出较高的适应性,且可以有效地避免前一种方法处理数据时代表性较差的弊端,所得结果的精度较高。同时还可以预防采用算术平均法计算时,风向值之差过大情况下的方向错误问题,操作也很方便,因而在气象数据处理方面应用比例很高。

(1) 单位矢量平均法

这种方法在分析过程中先投影平均的风向到两个坐标轴上,再分别确

定出这些风向在两个坐标轴的投影均值，所得结果计作 X_{avg} 和 Y_{avg}，接着确定出二者的矢量和，相应计算表达式如式(4.5)所示：

$$D'_{avg} = \arctan\left(\frac{\frac{1}{6}\times\sum_{i=1}^{6}\sin D_i}{\frac{1}{6}\times\sum_{i=1}^{6}\cos D_i}\right) \tag{4.5}$$

式中：arctan 函数取值区间为(−90°，90°)，风向变化范围为(0°，360°)，对 D'_{avg} 基于相应坐标象限而处理如下：

当 $\sum_{i=1}^{6}\sin D_i > 0$，$\sum_{i=1}^{6}\cos D_i > 0$ 时，$D_{avg} = D'_{avg}$。

当 $\sum_{i=1}^{6}\sin D_i > 0$，$\sum_{i=1}^{6}\cos D_i < 0$ 时，$D_{avg} = D'_{avg} + 180°$。

当 $\sum_{i=1}^{6}\sin D_i < 0$，$\sum_{i=1}^{6}\cos D_i < 0$ 时，$D_{avg} = D'_{avg} + 180°$。

当 $\sum_{i=1}^{6}\sin D_i < 0$，$\sum_{i=1}^{6}\cos D_i > 0$ 时，$D_{avg} = D'_{avg} + 360°$。

采用这种方法不会出现算术平均法计算时的方向错误问题，能更好地满足结果精度要求。

(2) 矢量平均法

单位矢量平均法也存在一定局限性，表现为单纯考虑到风向，未分析风速因素，矢量平均法对单位矢量平均法进行改进，以风速因素来确定风向，计算方法如式(4.6)所示：

$$D'_{avg} = \arctan\left(\frac{\frac{1}{6}\times\sum_{i=1}^{6}V_i\sin D_i}{\frac{1}{6}\times\sum_{i=1}^{6}V_i\cos D_i}\right) \tag{4.6}$$

式中：V_i 为第 i 个风速值。

$\sum_{i=1}^{6}V_i\sin D_i > 0$，$\sum_{i=1}^{6}V_i\cos D_i > 0$ 时，$D_{avg} = D'_{avg}$。

$\sum_{i=1}^{6}V_i\sin D_i > 0$，$\sum_{i=1}^{6}V_i\cos D_i < 0$ 时，$D_{avg} = D'_{avg} + 180°$。

$\sum_{i=1}^{6}V_i\sin D_i < 0$，$\sum_{i=1}^{6}V_i\cos D_i < 0$ 时，$D_{avg} = D'_{avg} + 180°$。

$\sum_{i=1}^{6}V_i\sin D_i < 0$，$\sum_{i=1}^{6}V_i\cos D_i > 0$ 时，$D_{avg} = D'_{avg} + 360°$。

矢量平均法在求解过程中引入了各风向对应的风速，从本质上分析可

知就是对各风向设置的权重，使得最终结果趋近于风速值较大的风向，因而和实际情况更接近，提高了所得结果的精度。

(3) 优化矢量平均法

实际的应用结果分析表明，矢量平均法和算术平均法在处理过程中都存在如下问题：一定的时间区间内，相应的个别风向明显地偏离主风向时，如 1 个东南风、5 个西北风，这两种方法都无法识别出此时域内的主导风向。因而这种情况下东南风就明显地影响到风向均值而导致误差增加。一些学者对矢量平均法进行改进，而建立了优化矢量平均法。该方法先进行一定筛选处理，将明显偏离主风向的个别风向删除，然后采用矢量平均法进行计算。

根据韩爽等在文献中的描述，该方法计算过程如下：

矢量平均处理目标风向的数据信息，检验相应风向数据的分布区间，分析可知，在 16 扇区风向图上，90°的角度差跨越了 4 个扇区，所得结果的误差较大。因此分析时设置 90°作为筛选阈值，在对比角度分布区间有没有超过此阈值时对应的情况如下：情况一，分布范围没有跨越 0°，可直接通过最值角度差有没有超过 90°判断；情况二，分布范围跨越了 0°，不可直接应用最外侧的角度数据进行计算，应根据各相邻角度值差值和 270°阈值的对比来确定。

对这两种情况进行处理时，先按从小到大的顺序对目标数据进行适当的排序，计算分析确定出每两个相邻角度之差和最值角度的差值，在对比分析发现符合情况一或情况二时，就可以判断出本组角度数据相应的分布区域不超过 90°，相应的平均风向可直接通过矢量平均值作处理而确定得出。都不符合这两种情况的，则在计算平均风向时应用优化矢量平均法，先计算分析确定出各风向值与本组信息矢量平均值的差值，删除其中偏离最明显的数据；接着判断其余的数据，对其分布范围有没有在 90°内的数值计算确定出相应的矢量平均值；如果对比发现其小于 90°，设置的平均风向为矢量平均值；若大于 90°，则继续进行剔除处理的操作；对相关的数据进行两次剔除处理后对比，若发现依然大于 90°，则可判断出本组数据整体分散

性过强，用最大风速方向作为平均风向即可。图 4-13 为优化矢量平均法的风向计算流程。

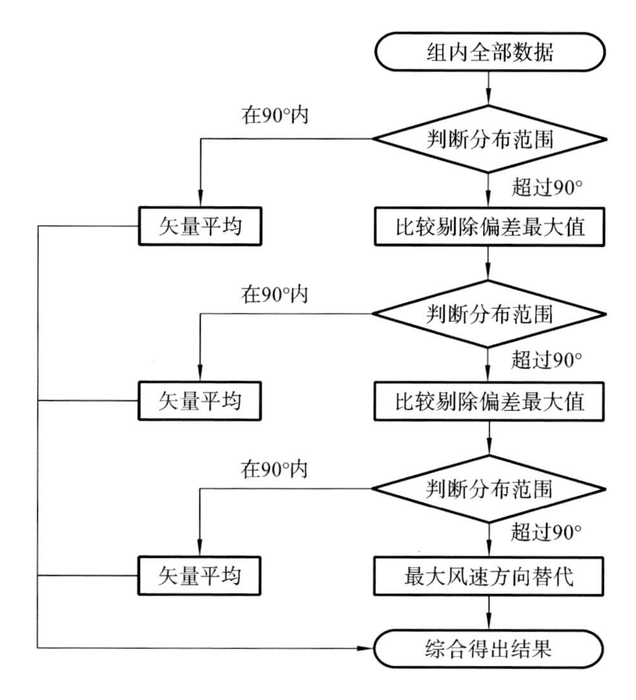

图 4-13　优化矢量平均法风向计算流程

（图片来源：杨威. 风电场设计后评估方法研究[D]. 北京：华北电力大学，2009.）

优化矢量平均法是综合以上各计算方法优点的平均风速计算方法，本研究将采用此方法计算平均风向，同时该方法也会在后期街区优化过程模拟步骤的边界条件计算中使用。

本书在参数化软件平台的基础上进行，故将以上流程编译为 Grasshopper 电池组，并综合计算出边界条件，如图 4-14 所示。

（二）边界条件计算结果

基于 MERRA-2 数据和青岛地面气象站数据，利用优化矢量平均法计算近十年年均风速及风向，对该数据取算数平均值，得到青岛近十年的平均风速及风向，如表 4-4、表 4-5 所示。

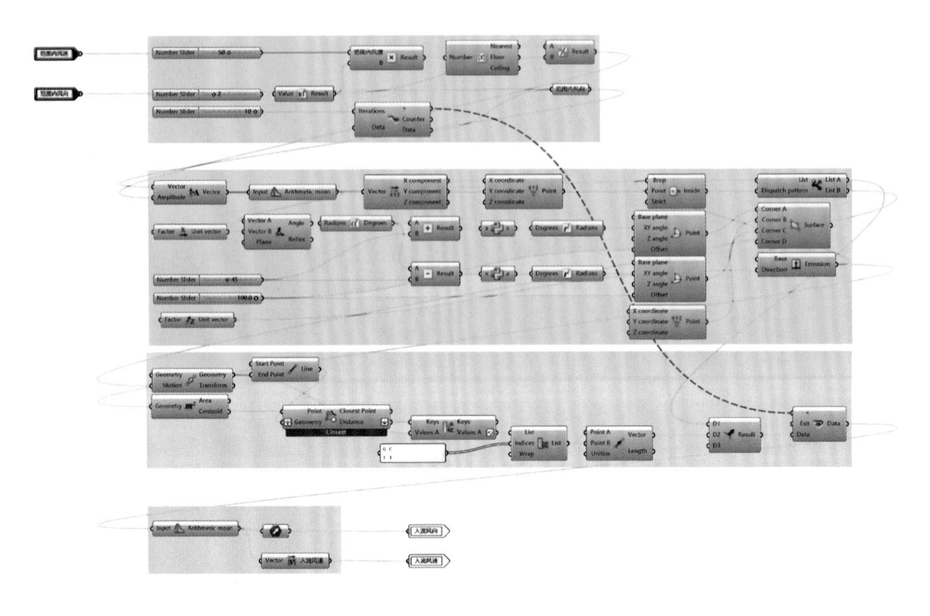

图 4-14　优化矢量平均法 Grasshopper 计算流程图

（图片来源:笔者自绘）

表 4-4　MERRA-2 青岛近十年平均风速及风向

年份	2 m 高度最热季平均风向/(°)	2 m 高度最热季平均风速/(m/s)	10 m 高度最热季平均风向/(°)	10 m 高度最热季平均风速/(m/s)	2 m 高度最冷季平均风向/(°)	2 m 高度最冷季平均风速/(m/s)	10 m 高度最冷季平均风向/(°)	10 m 高度最冷季平均风速/(m/s)
2009	99.03	3.97	113.51	5.06	274.62	5.03	280.51	5.95
2010	91.71	3.34	109.43	4.23	273.64	5.37	282.90	6.47
2011	94.67	3.12	126.35	3.76	281.78	5.69	288.23	6.53
2012	91.62	3.04	134.50	3.09	279.88	5.12	290.20	6.20
2013	90.31	3.26	105.10	3.83	279.86	5.18	273.89	6.23
2014	99.21	3.65	104.78	4.46	281.08	5.27	270.34	6.16
2015	110.43	3.77	95.96	4.58	273.46	5.05	288.75	6.22
2016	110.17	3.21	94.36	4.01	272.76	5.41	289.71	6.10

续表

年份	2 m高度最热季平均风向/(°)	2 m高度最热季平均风速/(m/s)	10 m高度最热季平均风向/(°)	10 m高度最热季平均风速/(m/s)	2 m高度最冷季平均风向/(°)	2 m高度最冷季平均风速/(m/s)	10 m高度最冷季平均风向/(°)	10 m高度最冷季平均风速/(m/s)
2017	109.06	3.48	94.97	4.39	277.29	5.59	277.19	6.73
2018	111.22	3.29	101.13	4.23	272.37	5.74	272.52	6.89
平均值	**100.74**	**3.41**	**108.01**	**4.16**	**276.68**	**5.35**	**281.42**	**6.35**

(资料来源:笔者自绘)

表 4-5　青岛地面气象站近十年平均风速及风向

年份	2 mins滑动平均最热季风向/(°)	2 mins滑动平均最热季风速/(m/s)	10 mins滑动平均最热季风向/(°)	10 mins滑动平均最热季风速/(m/s)	2 mins滑动平均最冷季风向/(°)	2 mins滑动平均最冷季风速/(m/s)	10 mins滑动平均最冷季风向/(°)	10 mins滑动平均最冷季风速/(m/s)
2009	147.08	3.41	147.50	3.39	332.49	4.31	333.48	4.23
2010	170.02	3.21	170.44	3.21	284.30	4.67	288.15	4.67
2011	168.63	3.13	169.15	3.14	319.55	5.23	316.01	5.19
2012	170.43	2.76	170.42	2.68	328.88	5.11	324.79	5.09
2013	169.29	2.96	170.07	2.94	329.77	5.08	329.33	5.07
2014	169.94	3.10	169.58	3.14	308.89	4.82	333.13	4.61
2015	167.86	3.36	168.30	3.31	320.62	5.25	321.27	5.20
2016	167.32	3.00	166.86	2.99	317.01	4.58	308.58	4.65
2017	169.28	3.29	168.90	3.28	325.45	5.20	323.89	5.18
2018	169.56	3.19	169.38	3.18	333.67	5.27	330.57	5.14
平均值	**166.94**	**3.14**	**167.06**	**3.13**	**320.06**	**4.95**	**320.92**	**4.90**

(资料来源:笔者自绘)

从上表中可以看出，MERRA-2 数据在风速平均值（2 m 高度）中与地面气象站数据差别不大，但风向数据均与地面气象站存在 50°～60°的差别，相比较来说，地面气象站数据更接近常年的统计值，而 MERRA-2 数据在地面气象站数据缺失时通常以补充的形式加以采用，且需要根据附近的地面气象站数据进行订正工作后才可使用。

综上所述，本书中城市片区风环境模拟边界条件取最热季风速及风向：3.14 m/s，167°，最冷季风速及风向：4.9 m/s，320°。

第三节　基于参数化软件平台的风环境模拟流程

本书的风环境模拟过程在参数化平台 Grasshopper 上进行，使用 Ladybug Tools 插件组中的风环境模拟插件——Butterfly，该插件已在前面有所介绍，本节主要介绍针对青岛东岸城区典型城市片区的模拟过程。

在进行计算机风环境数值模拟分析时，应用到的核心理论为数值分析和计算流体力学。在模拟过程中，通过微分方程对求解域中流体的流动情况进行描述，然后进行方程求解，确定出数值解，据此得到流场相关数据。本研究在进行模拟时，对模拟条件进行假设：求解域的流场为稳态；其中的气流为不可压缩流体；流体为牛顿流体；流动类型为湍流；求解域中的流体为非等温的，在模拟分析时不用考虑到热环境因素的影响。

根据风环境模拟基本流程，使用 Butterfly 的模拟流程包括前处理、求解运算与后处理三个部分，在进行初步数据处理后，由于该模拟主要对象是判断片区内各街区的风环境评价，以及后续根据评价的形态优化，故需要进一步对各街区的模拟结果进行选取与分析计算。通过 Grasshopper 建立的模拟过程较为复杂，该电池逻辑与模拟流程如图 4-15、图 4-16 所示，其中打包的电池组在图中编号（图 4-17），详细的模拟过程将在其他章节中进行介绍。

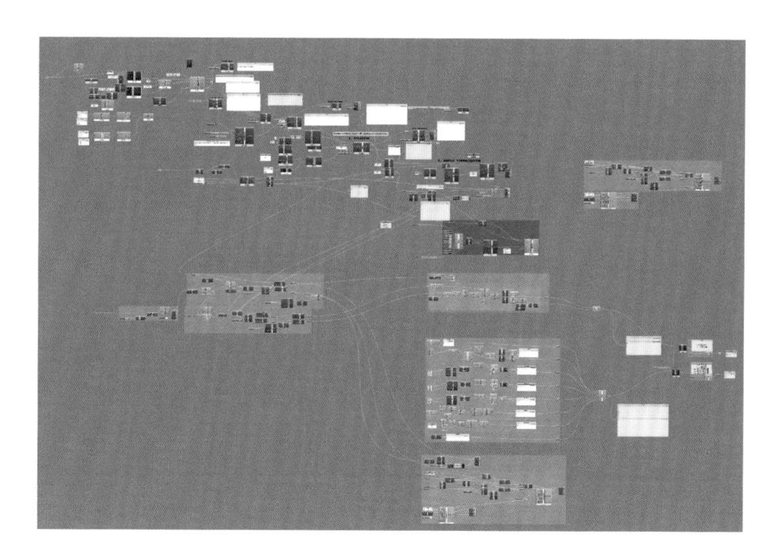

图 4-15 Grasshopper 平台模拟电池逻辑图

（图片来源：笔者自绘）

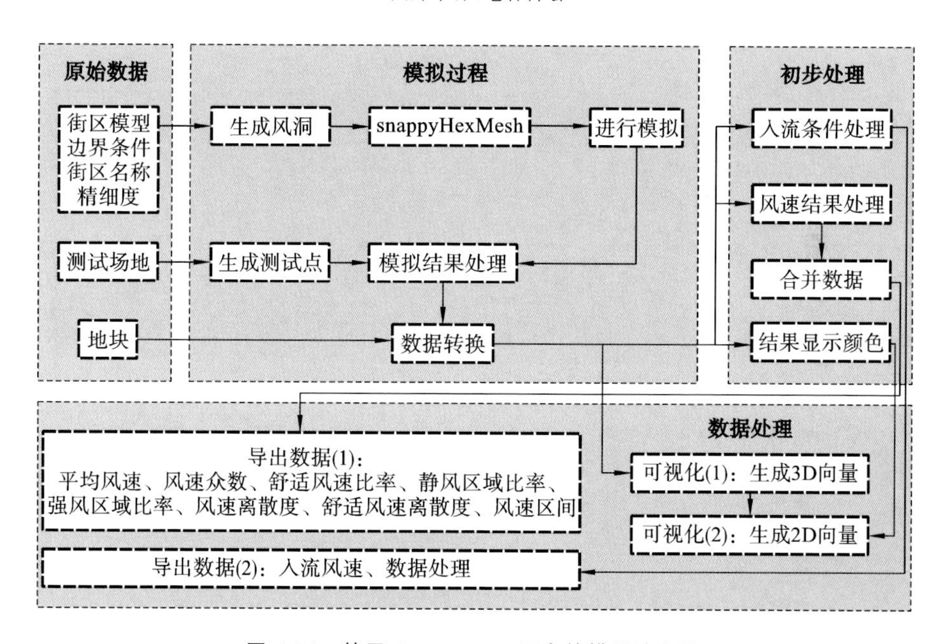

图 4-16 基于 Grasshopper 平台的模拟流程图

（图片来源：笔者自绘）

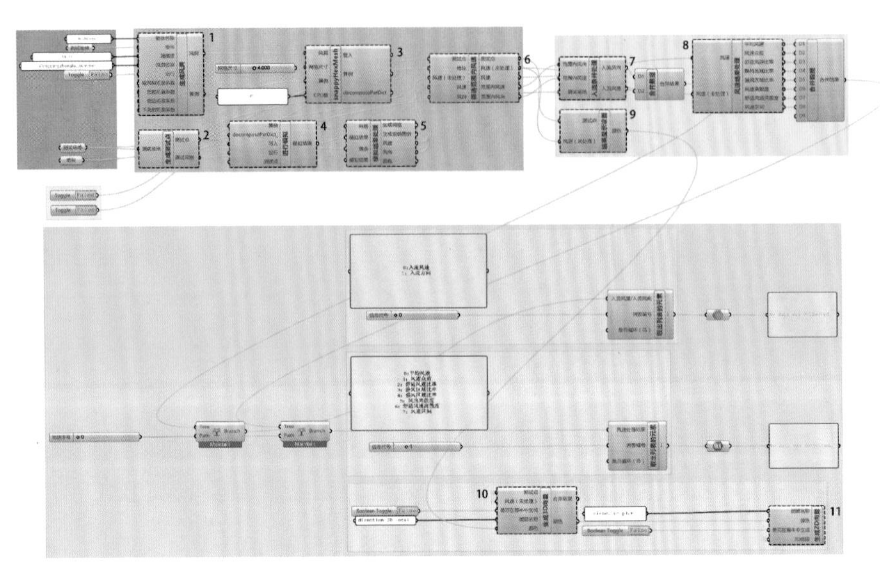

图 4-17　Grasshopper 打包电池组示意图

（图片来源：笔者自绘）

一、前处理

（一）导入模型

导入模型分为两步，第一步需要导入整个待模拟模型，根据该模型进一步生成风洞，划分网格；第二步需要在地形模型的基础上确定人行高度的测试面，从而在测试面上生成测试点阵，以中山路片区为例，该片区模型导入示意图如图 4-18 所示。

（二）生成风洞

以夏季为例，在导入模型后，生成风洞需要将前面运算的边界条件录入风速及风向电池组，其中，风向为笛卡尔坐标系格式，需要将角度转变为笛卡尔坐标值输入，风洞尺寸需要通过风洞参数电池录入四个方向的风洞拓展系数，并双击运行为 True，即可生成风洞（图 4-19）。

（三）生成测试点

生成测试点流程图如图 4-20 所示，将测试地形模型导入后，需要设置测

图 4-18 中山路片区模型导入示意图

（图片来源：笔者自绘）

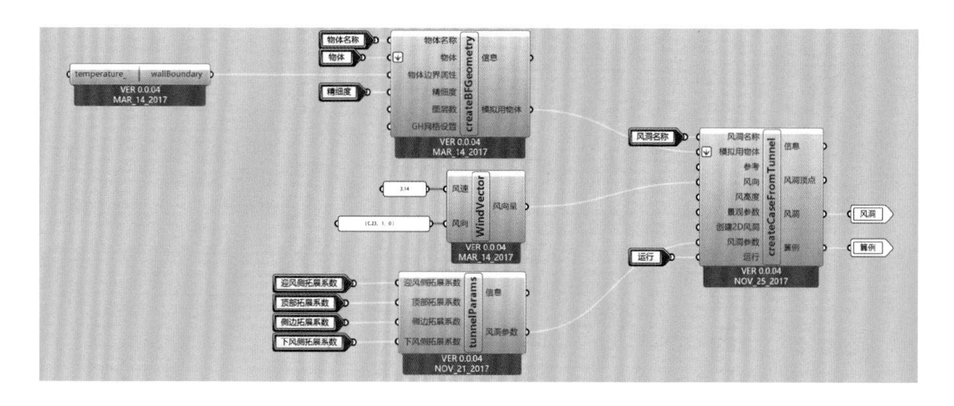

图 4-19 生成风洞流程图

（图片来源：笔者自绘）

试点的生成位置与方向，即人行高度位置，本研究设置通用的人行高度为1.5 m，即在地形基础上升 1.5 m，并设置测试点阵精度为 2 m。

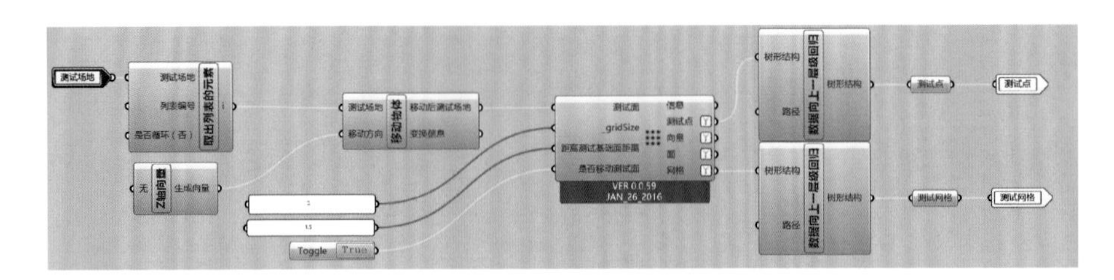

图 4-20　生成测试点流程图

（图片来源：笔者自绘）

（四）网格划分

网格划分流程图如图 4-21 所示，在生成风洞后，网格划分是模拟前的关键步骤，本次模拟设置基础网格尺寸为 4 m，Butterfly 的内核 Openfoam 模拟软件在划分网格时首先使用 Blockmesh 创建简单的六面体网格，然后将网格加密参数设置为（2，2），使用 snappyHexMesh 生成网格。在 snappyHexMesh 步骤需要设置计算机使用的 CPU 核数，本研究使用双 CPU48 核台式工作站进行模拟，系统为 Microsoft Windows10 专业版，但由于使用的 Butterfly04 在 Windows 系统下调用 Openfoam 运行使用了

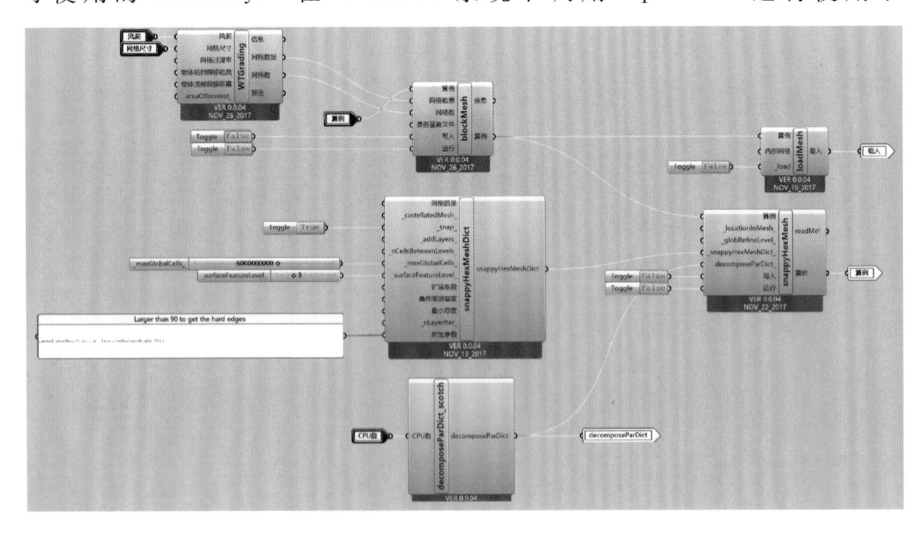

图 4-21　网格划分流程图

（图片来源：笔者自绘）

Virtual Box 虚拟机，该虚拟机允许最大 CPU 数量为 32，故使用了 32 个 CPU 核心来进行网格划分。

网格划分步骤中模型尺度非常大，导致运行时间也很长。三个片区中，最小的中山路片区约运行了 15 小时，最大的浮山后片区运行了 72 小时以上，香港中路片区约运行了 42 小时。

二、模拟运算

模拟运算流程图如图 4-22 所示，模拟运算前应该对比确定出适当的湍流模型，实际的空气流动可划分为层流和湍流，二者的流动模式特征存在明显差异性。城市边界层内空气流动为一种非线性的湍流。Butterfly 插件默认使用标准 k-Epsilon 湍流模型，标准 k-Epsilon 湍流模型在工程设计领域的应用比例最高，不过此模型也存在一定应用局限性。如在分析建筑背风面涡流方面所得结果和测量值存在明显偏差。而相关实验研究也发现，在进行室外风环境模拟计算时，这种方法所得结果的误差很明显，不满足应用要求。Butterfly 提供了三个额外可选用的湍流模型，分别为 RAS、LES 和 Laminar，在 LES 和 RAS 模型中还可以进一步选择，其中 RAS 在不做调整时默认选用 RNG k-Epsilon 模型，根据部分文献的对比研究结果，LES 模型在运算中更加精确，但十分耗时，本研究综合考虑而选择了 RNG k-Epsilon 模型。

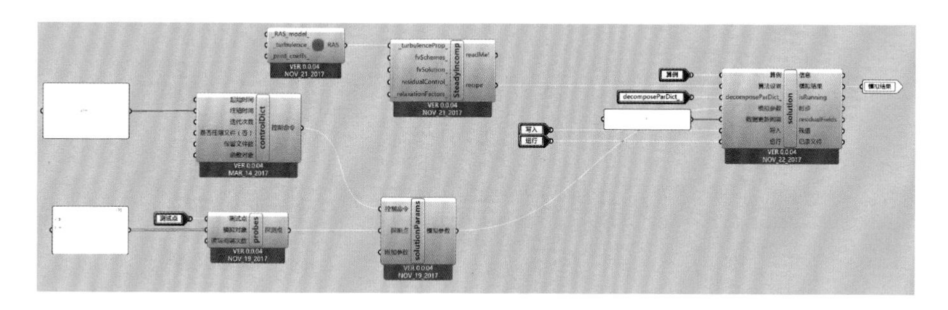

图 4-22 模拟运算流程图

（图片来源：笔者自绘）

在确定迭代次数方面，模拟运算约进行迭代 160 次时，整个残差曲线趋于平稳，故设置 300 次迭代，保证模拟运算的准确性。

整个模拟运算过程由于模型尺度问题，运算耗时也较长，中山路片区耗时约 48 小时，香港中路片区耗时约 3 天，浮山后片区耗时 1 周。

三、后处理

1. 生成片区风速及风向云图

在模拟运算结束后，利用 Ladybug 分析显示插件与 Grasshopper 软件将风速与风向数据可视化，并将可视化生成为实体模型(图 4-23)，导出风速及风向云图。

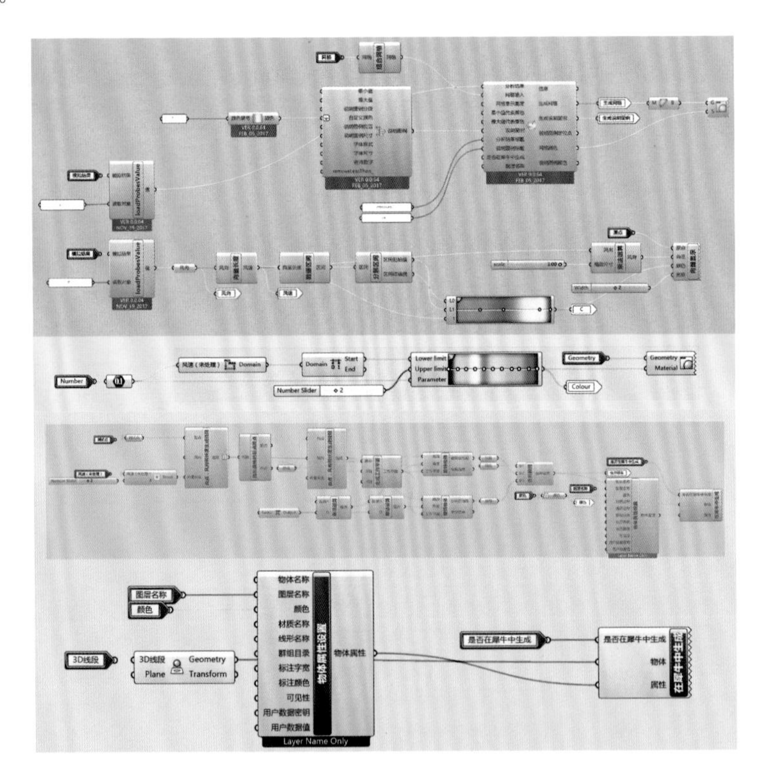

图 4-23　数据可视化流程图

(图片来源：笔者自绘)

2. 街区风环境数据提取

基于各街区风环境质量评价的目的，整个城市片区的风环境模拟结果

数据不能够完成对逐个街区单元的评价，所以需要提取街区边界范围内的风环境模拟数据。

另外，由于各街区均被周边建筑所包围，在周边建筑的影响下对街区进行形态优化时，使用整个青岛城区的边界条件不够准确，需要计算基于大片区风环境模拟结果的街区模拟边界条件，所以需要依照建模域的要求建立各街区的模拟建模域范围，通过本章第一节介绍的建模域确定方法来确定每个街区的建模域，将该范围地块模型与测试点识别导入该电池组，并提取每个街区建模域边界线上的风速及风向数据，为后续各街区模拟边界条件的计算提供数据依据。

街区风环境数据提取流程图如图 4-24 所示。

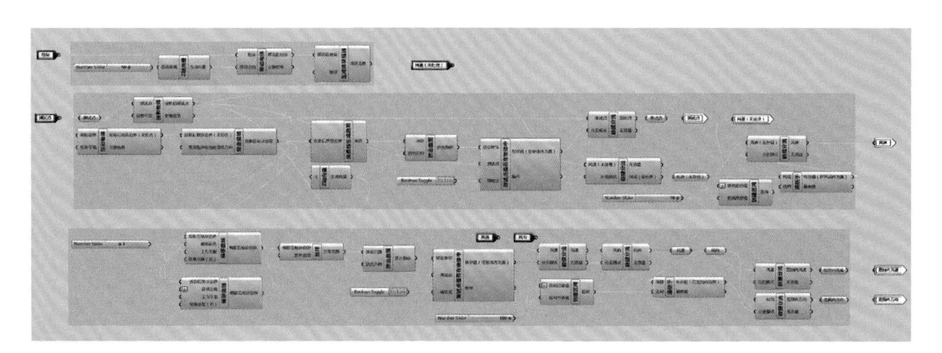

图 4-24　街区风环境数据提取流程图

（图片来源：笔者自绘）

3. 街区风环境指标计算

街区风环境指标计算流程图如图 4-25 所示，依照各街区范围内所提取的最冷季、最热季风速数据，各计算了 8 个评价指标：平均风速、风速众数、舒适风区面积比、静风区面积比、强风区面积比、风速离散度、舒适风速离散度、风速区间，各指标数据范围与计算式见本书第二章第三节内容。

4. 街区边界条件计算

根据提取的街区建模域数据，依然采用本章第二节所述优化矢量平均法来计算各街区的边界条件，计算流程如图 4-26 所示。

依照以上流程即可完成三个城市代表片区的风环境模拟与数据处理，

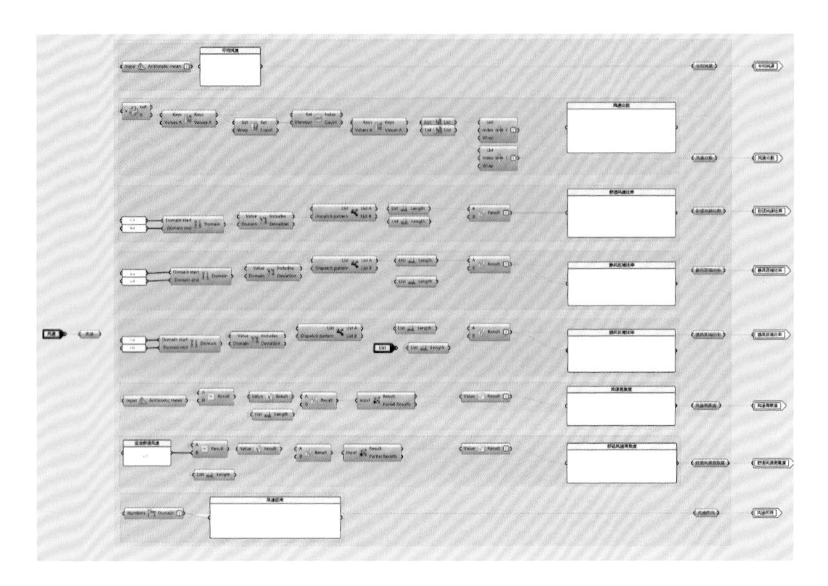

图 4-25　街区风环境指标计算流程图

（图片来源：笔者自绘）

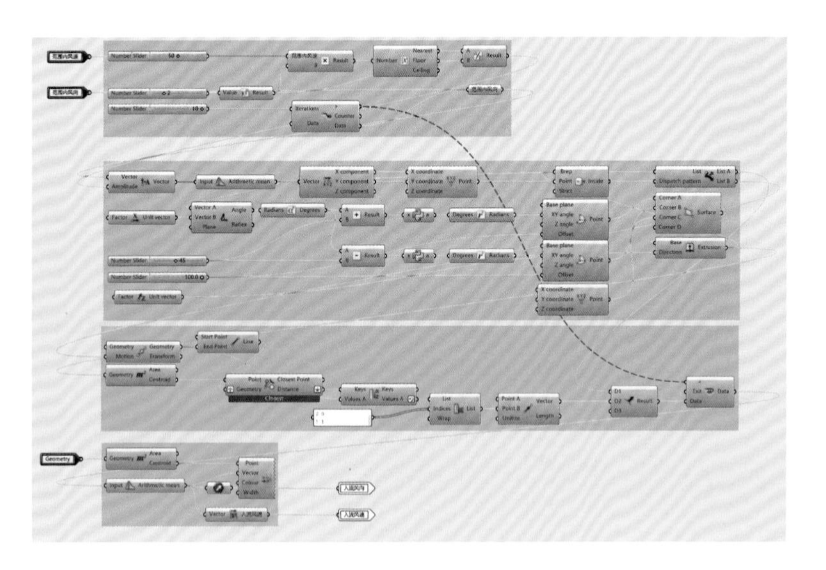

图 4-26　各街区边界条件计算流程图

（图片来源：笔者自绘）

整个模拟过程中涉及的模拟参数设置如表 4-6 所示。

表 4-6　城市风环境模拟参数设置

风洞参数设置		网格参数设置	
风洞尺寸	$L:6H_i+L_i$， $W:6H_i+W_i$， $H:4H_i$	网格尺寸	4 m×4 m
湍流模型	k-Epsilon 模型	过渡比	1.1
流场类型	稳态流场	网格类型	SnappyHexMesh
气流类型	不可压缩流体	细化度	(2,2)
环境参数设置			
风速	最热季:3.14 m/s 最冷季:4.9 m/s	风向	最热季:167° 最冷季:320°

注:H_i 为模拟片区建模域 H 值(H=MAX{区域长度、区域度、单体建筑最大高度}),L_i 为模拟片区建模域长度,W_i 为模拟片区建模域宽度。

(资料来源:笔者自绘)

第四节　模拟结果分析

根据本书第二章第三节对风环境各项评价指标的界定,行人高度舒适风速范围为 1 m/s≤V≤5 m/s,在该风速范围的区域既满足了人的热舒适要求,又处于风舒适的风速阈值以内,被称为舒适风区;静风速范围为 V<1 m/s,在该风速范围的区域由于风速过低易造成体感闷热,空气质量下降等问题,被称为静风区;强风速范围为 V>5 m/s,在该风速范围的区域进行室外活动时会感觉到一定不适,正常活动会受到明显影响,风速超过 7 m/s 则容易出现风灾,故将风速 5 m/s 以上的区域称为强风区。

基于本书对风速舒适区间的划分,在青岛东岸城区三个典型片区整体风速及风向云图和计算数据的基础上,本节分别对三个片区相对重要的评

价指标进行分布图绘制，并将计算指标进一步分级（表 4-7）。

表 4-7　城市风环境各项评价指标分级

平均风速评价				
风环境质量	静风	舒适风	强风	
数据范围/(m/s)	0～1	1～5	＞5	
舒适风区面积比评价				
风环境质量	优	良	差	极差
数据范围/(m/s)	0.9～1	0.7～0.9	0.5～0.7	0～0.5
静风区面积比评价				
风环境质量	优	良	差	极差
数据范围/(m/s)	0～0.1	0.1～0.3	0.3～0.5	＞0.5
风速离散度评价				
风环境质量	优	良	差	
数据范围/(m/s)	0～0.5	0.5～1	＞1	
强风区面积比				
风环境质量	优	良	差	极差
数据范围/(m/s)	0～0.1	0.1～0.2	0.2～0.3	＞0.3

（资料来源：笔者自绘）

一、中山路片区

（一）最热季行人高度风环境评价

1. 总体分布情况

在最热季的模拟条件下，中山路片区行人高度的最大风速为 6.4 m/s，强风主要分布在南侧沿海，从其行人高度风速分布云图来看[图 4-27(a)]，风速超过 5 m/s 的街区主要分布在个别新建高层街区建筑附近。另外，由于中山路片区南端靠近海域，东南方向的海风能够顺利吹进南北走向的道路，

所以较宽阔的南北走向道路风速会较大，该风速会对行人活动产生一定的影响，同时也对院落式街区内部的风速有较好的渗透作用。整体来看，由于南向为开阔海域，中山路片区风速呈现由南向北逐渐降低的趋势，舒适风速主要分布在道路两侧，而院落型街区内部的风速较低，静风区分布较多。

从风向分布云图来看[图 4-27(b)]，中山路片区多数高层建筑附近均出现了角流区，个别存在涡流，地形变化较为明显的位置还出现了集聚，其他区域大多风向分布较为均匀。

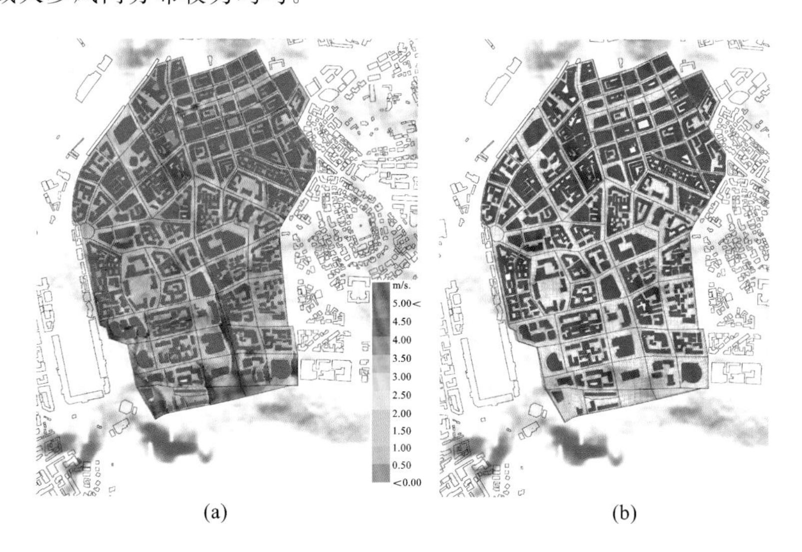

图 4-27　中山路片区最热季风速及风向分布云图

(a) 最热季风速分布云图；(b) 最热季风向分布云图

(图片来源：笔者自绘)

2. 各街区风环境分布情况

经过对各街区风环境数据的提取与计算，整理得出中山路片区各街区最热季风环境模拟指标数据，见附录 C 表 C-1。依照各指标数据，选出了与通风性能较相关的平均风速、舒适风区面积比、静风区面积比、强风区面积比、风速离散度等相关指标，统计画出中山路片区各街区最热季平均风速分布情况如图 4-28 所示，中山路片区各街区最热季风环境指标分布情况如图 4-29 所示。

结合数据结果与分布情况，中山路片区各街区最热季风环境评价如表

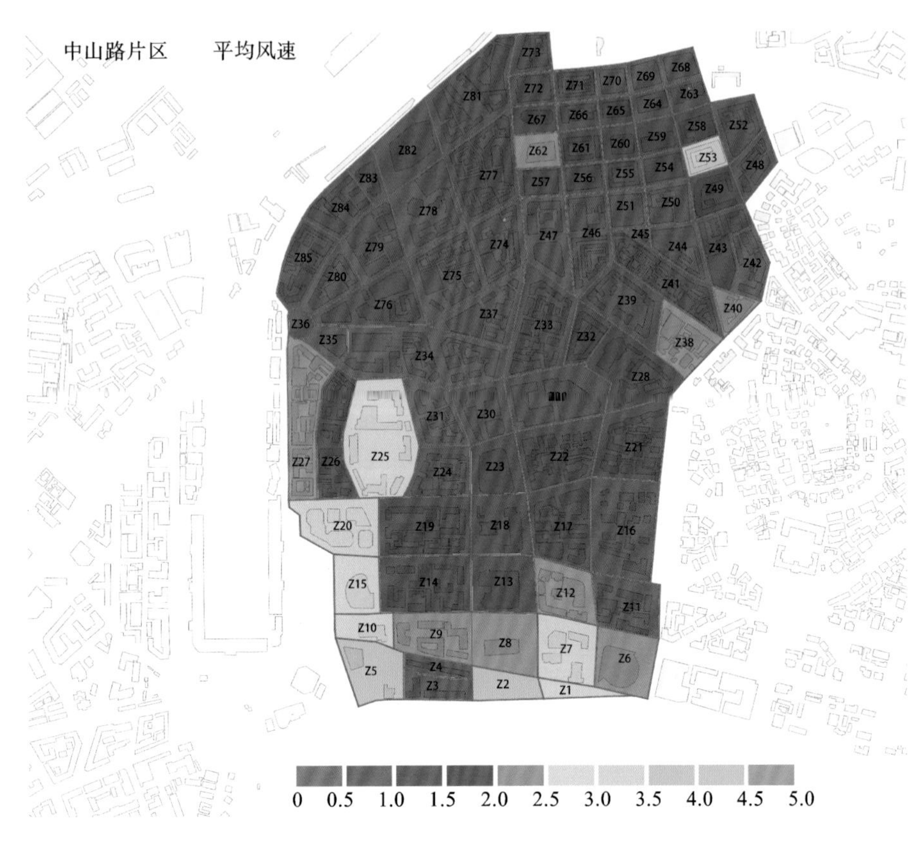

图 4-28 中山路片区各街区最热季平均风速分布情况

（图片来源：笔者自绘）

4-8 所示。

（1）在通风效果层面，虽然大多数街区的平均风速在 1～5 m/s，但中山路片区最热季各街区平均风速整体处于较低的风速区间，舒适风区面积比整体较小，结合舒适风区、静风区一起来看，主要的通风障碍在于片区北侧的低层围合院落式街区，由于被围合式街区包围，其静风区面积比接近 1，最热季基本无风。

（2）由于片区整体风速较小，所以强风区较少，未见较差的强风分布街区。

（3）从风速均匀程度来看，整个片区南侧地块高层建筑街区以及地形起伏较多的街区风速离散度较高，风速平均分布情况较差。

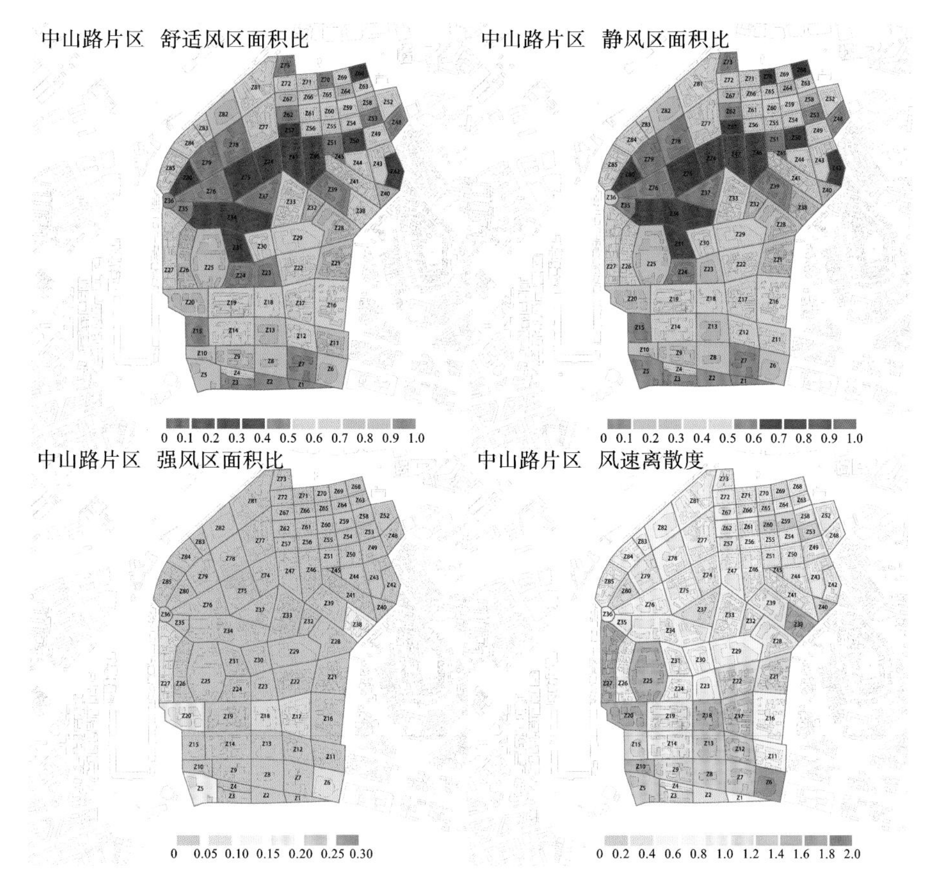

图 4-29　中山路片区各街区最热季风环境指标分布情况

（图片来源：笔者自绘）

表 4-8　中山路片区各街区最热季风环境评价

平均风速评价				
风环境质量	数据范围/(m/s)	街区数量/个	百分比	街区编号
静风	0～1	19	22.35%	Z31，Z34，Z35，Z37，Z42，Z44，Z45，Z46，Z47，Z50，Z51，Z68，Z69，Z70，Z74，Z75，Z78,Z79,Z80

续表

风环境质量	数据范围/(m/s)	街区数量/个	百分比	街区编号
舒适风	1～5	66	77.65%	Z1,Z2,Z3,Z4,Z5,Z6,Z7,Z8,Z9,Z10,Z11,Z12,Z13,Z14,Z15,Z16,Z17,Z18,Z19,Z20,Z21,Z22,Z23,Z24,Z25,Z26,Z27,Z28,Z29,Z30,Z32,Z33,Z36,Z38,Z39,Z40,Z41,Z43,Z48,Z49,Z52,Z53,Z54,Z55,Z56,Z57,Z58,Z59,Z60,Z61,Z62,Z63,Z64,Z65,Z66,Z67,Z71,Z72,Z73,Z76,Z77,Z81,Z82,Z83,Z84,Z85
强风	＞5	0	0.00%	
舒适风区面积比评价				
风环境质量	数据范围/(m/s)	街区数量/个	百分比	街区编号
极差	0～0.5	24	28.24%	Z3,Z24,Z31,Z34,Z35,Z37,Z39,Z42,Z45,Z46,Z47,Z48,Z50,Z51,Z57,Z68,Z70,Z73,Z74,Z75,Z76,Z78,Z79,Z80
差	0.5～0.7	38	44.71%	Z4,Z11,Z12,Z14,Z16,Z17,Z18,Z19,Z22,Z26,Z27,Z29,Z30,Z33,Z36,Z38,Z41,Z43,Z44,Z49,Z52,Z54,Z55,Z56,Z59,Z60,Z61,Z63,Z65,Z66,Z69,Z71,Z72,Z77,Z81,Z83,Z84,Z85
良	0.7～0.9	17	20.00%	Z5,Z6,Z8,Z9,Z10,Z13,Z20,Z21,Z23,Z25,Z28,Z32,Z40,Z58,Z64,Z67,Z82
优	0.9～1	6	7.06%	Z1,Z2,Z7,Z15,Z53,Z62
静风区面积比评价				
风环境质量	数据范围/(m/s)	街区数量/个	百分比	街区编号
优	0～0.1	8	9.41%	Z1,Z2,Z5,Z7,Z15,Z20,Z53,Z62

续表

风环境质量	数据范围/(m/s)	街区数量/个	百分比	街区编号
良	0.1～0.3	16	18.82%	Z6，Z8，Z9，Z10，Z13，Z21，Z23，Z25，Z28，Z32，Z38，Z40，Z58，Z64，Z67，Z82
差	0.3～0.5	37	43.53%	Z4，Z11，Z12，Z14，Z16，Z17，Z18，Z19，Z22，Z26，Z27，Z29，Z30，Z33，Z36，Z41，Z43，Z44，Z49，Z52，Z54，Z55，Z56，Z59，Z60，Z61，Z63，Z65，Z66，Z69，Z71，Z72，Z77，Z81，Z83，Z84，Z85
极差	>0.5	24	28.24%	Z3，Z24，Z31，Z34，Z35，Z37，Z39，Z42，Z45，Z46，Z47，Z48，Z50，Z51，Z57，Z68，Z70，Z73，Z74，Z75，Z76，Z78，Z79，Z80
风速离散度评价				
风环境质量	数据范围/(m/s)	街区数量/个	百分比	街区编号
优	0～0.5	17	20.00%	Z2，Z34，Z35，Z37，Z44，Z45，Z46，Z47，Z68，Z69，Z70，Z71，Z72，Z74，Z78，Z79，Z80
良	0.5～1	46	54.12%	Z1，Z4，Z11，Z14，Z16，Z19，Z23，Z24，Z26，Z28，Z29，Z30，Z31，Z32，Z33，Z36，Z39，Z41，Z42，Z43，Z48，Z49，Z50，Z51，Z52，Z54，Z55，Z56，Z57，Z58，Z61，Z62，Z63，Z64，Z65，Z66，Z67，Z73，Z75，Z76，Z77，Z81，Z82，Z83，Z84，Z85
差	>1	22	25.88%	Z3，Z5，Z6，Z7，Z8，Z9，Z10，Z12，Z13，Z15，Z17，Z18，Z20，Z21，Z22，Z25，Z27，Z38，Z40，Z53，Z59，Z60

（资料来源：笔者自绘）

(二)最冷季行人高度风环境评价

1. 总体分布情况

在最冷季的模拟条件下,中山路片区行人高度的最大风速为 8.4 m/s,南侧位于高层建筑边角部有超过 7 m/s 的强风,从其行人高度风速分布云图来看[图 4-30(a)],风速超过 5 m/s 的街区依然主要分布在个别新建高层街区建筑附近,沿中间道路偏北部有较强的风渗透进入,片区东南沿海部分强风较少,西侧高层建筑附近有一片明显强风分布。整体来看,中山路片区最冷季静风较最热季偏少,但强风有所增加,舒适风区面积比有所增大。

从风向分布云图来看[图 4-30(b)],同最热季相近,中山路片区多数高层建筑附近仍存在角流区,个别存在涡流,地形变化较为剧烈的位置也出现了集聚,其他区域大多风向分布较为均匀。

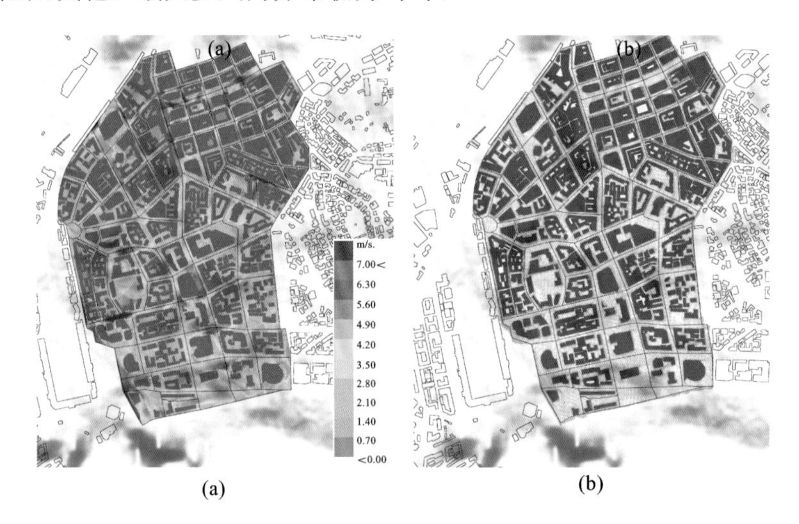

图 4-30 中山路片区最冷季风速及风向分布云图

(a) 最冷季风速分布云图;(b) 最冷季风向分布云图

(图片来源:笔者自绘)

2. 各街区风环境分布情况

中山路片区各街区最冷季风环境模拟指标数据见附录 C 表 C-2。中山路片区各街区最冷季平均风速分布情况如图 4-31 所示,中山路片区各街区最冷季风环境指标分布情况如图 4-32 所示。

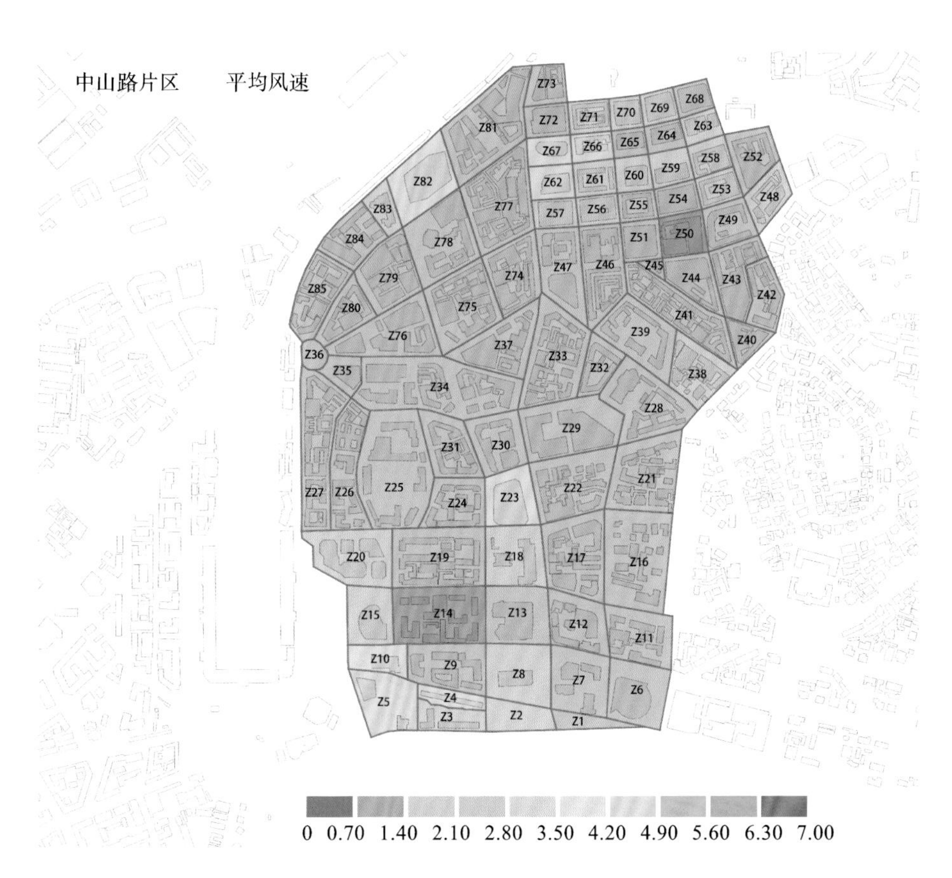

图 4-31　中山路片区各街区最冷季平均风速分布情况

（图片来源：笔者自绘）

结合数据结果与分布图，中山路片区各街区最冷季风环境评价如表 4-9 所示。

（1）从通风层面来看，中山路片区各街区最冷季平均风速较最热季大，但从平均风速来看，大多仍处于较低的风速区间，舒适风区面积比整体良好。

（2）随着平均风速提高，强风区面积比呈现较大变化，出现了 8 个街区强风区面积比较高，均为高层建筑街区。

（3）高层和地形较复杂的街区，风速离散度也较高，风速平均分布情况较差。

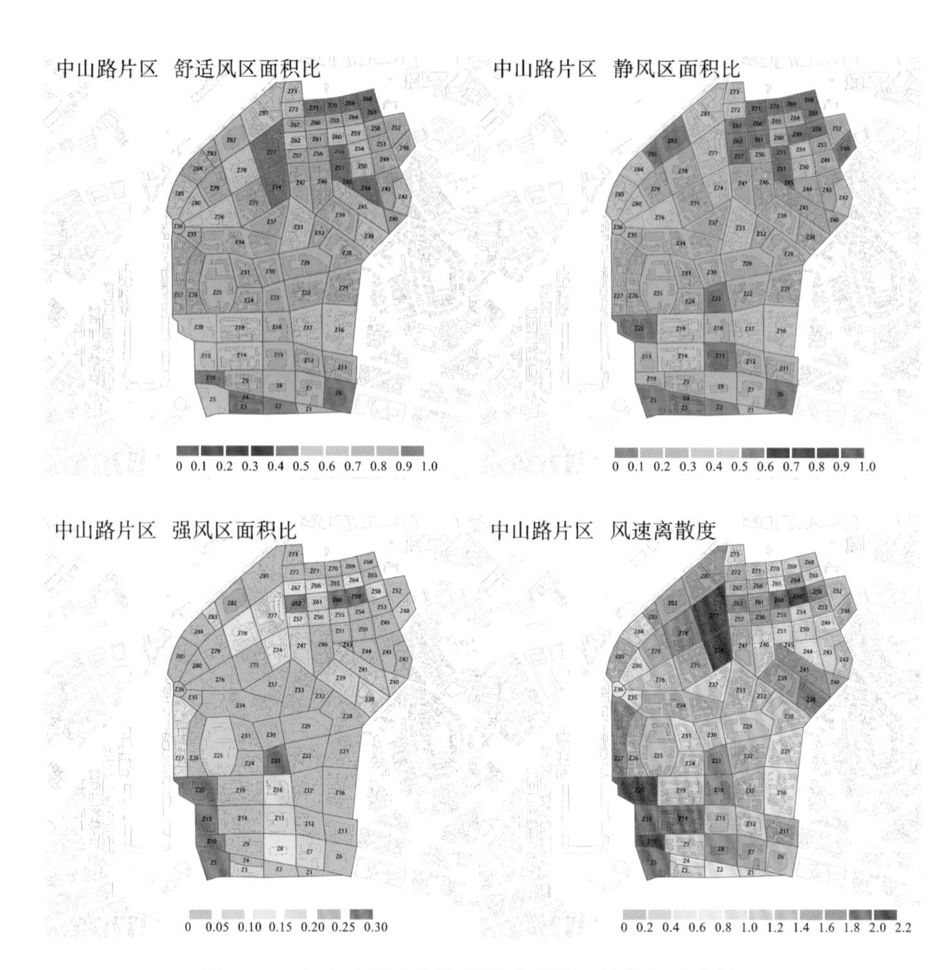

图 4-32 中山路片区各街区最冷季风环境指标分布情况

（图片来源：笔者自绘）

表 4-9 中山路片区各街区最冷季风环境评价

平均风速评价				
风环境质量	数据范围/(m/s)	街区数量/个	百分比	街区编号
静风	0～1	0	0.00%	

续表

风环境质量	数据范围/(m/s)	街区数量/个	百分比	街区编号
舒适风	1～5	85	100.00%	Z1,Z2,Z3,Z4,Z5,Z6,Z7,Z8,Z9,Z10,Z11,Z12,Z13,Z14,Z15,Z16,Z17,Z18,Z19,Z20,Z21,Z22,Z23,Z24,Z25,Z26,Z27,Z28,Z29,Z30,Z31,Z32,Z33,Z34,Z35,Z36,Z37,Z38,Z39,Z40,Z41,Z42,Z43,Z44,Z45,Z46,Z47,Z48,Z49,Z50,Z51,Z52,Z53,Z54,Z55,Z56,Z57,Z58,Z59,Z60,Z61,Z62,Z63,Z64,Z65,Z66,Z67,Z68,Z69,Z70,Z71,Z72,Z73,Z74,Z75,Z76,Z77,Z78,Z79,Z80,Z81,Z82,Z83,Z84,Z85
强风	>5	0	0.00%	—
舒适风区面积比评价				
风环境质量	数据范围/(m/s)	街区数量/个	百分比	街区编号
极差	0～0.5	3	3.53%	Z10,Z74,Z77
差	0.5～0.7	23	27.06%	Z5,Z14,Z15,Z16,Z17,Z19,Z20,Z33,Z38,Z41,Z42,Z50,Z54,Z59,Z60,Z62,Z72,Z73,Z76,Z78,Z80,Z81,Z85
良	0.7～0.9	47	55.29%	Z1,Z7,Z8,Z9,Z11,Z12,Z13,Z18,Z21,Z22,Z23,Z24,Z25,Z26,Z27,Z28,Z29,Z30,Z31,Z32,Z34,Z35,Z36,Z37,Z39,Z40,Z43,Z44,Z46,Z47,Z48,Z49,Z52,Z53,Z56,Z57,Z58,Z61,Z64,Z65,Z66,Z67,Z75,Z79,Z82,Z83,Z84
优	0.9～1	12	14.12%	Z2,Z3,Z4,Z6,Z45,Z51,Z55,Z63,Z68,Z69,Z70,Z71

续表

静风区面积比评价				
风环境质量	数据范围/(m/s)	街区数量/个	百分比	街区编号
优	0～0.1	26	30.59%	Z2,Z3,Z4,Z5,Z6,Z13,Z20,Z23,Z45,Z48,Z51,Z55,Z57,Z58,Z59,Z61,Z62,Z63,Z66,Z67,Z68,Z69,Z70,Z71,Z82,Z83
良	0.1～0.3	42	49.41%	Z1,Z7,Z8,Z9,Z10,Z11,Z12,Z15,Z18,Z21,Z22,Z24,Z25,Z26,Z27,Z28,Z29,Z30,Z31,Z32,Z34,Z35,Z36,Z37,Z38,Z39,Z40,Z41,Z43,Z44,Z46,Z47,Z49,Z52,Z53,Z56,Z60,Z64,Z65,Z75,Z78,Z79
差	0.3～0.5	17	20.00%	Z14,Z16,Z17,Z19,Z33,Z42,Z50,Z54,Z72,Z73,Z74,Z76,Z77,Z80,Z81,Z84,Z85
极差	>0.5	0	0.00%	—
强风区面积比评价				
风环境质量	数据范围/(m/s)	街区数量/个	百分比	街区编号
优	0～0.1	63	74.12%	Z1,Z2,Z3,Z4,Z6,Z7,Z9,Z11,Z12,Z13,Z14,Z16,Z17,Z19,Z21,Z22,Z24,Z25,Z26,Z28,Z29,Z30,Z31,Z32,Z33,Z34,Z35,Z36,Z37,Z39,Z40,Z41,Z42,Z43,Z44,Z45,Z46,Z47,Z48,Z49,Z50,Z51,Z52,Z53,Z54,Z55,Z56,Z61,Z63,Z65,Z68,Z69,Z70,Z71,Z72,Z73,Z75,Z76,Z79,Z80,Z81,Z84,Z85
良	0.1～0.2	13	15.29%	Z8,Z18,Z27,Z38,Z57,Z58,Z64,Z66,Z67,Z74,Z77,Z78,Z83
差	0.2～0.3	6	7.06%	Z15,Z20,Z23,Z59,Z60,Z82
极差	>0.3	3	3.53%	Z5,Z10,Z62

续表

风速离散度评价				
风环境质量	数据范围/(m/s)	街区数量/个	百分比	街区编号
优	0～0.5	0	0.00%	—
良	0.5～1	23	27.06%	Z2,Z4,Z14,Z16,Z21,Z31,Z35,Z36,Z43,Z44,Z45,Z46,Z49,Z50,Z51,Z54,Z63,Z65,Z69,Z70,Z73,Z80,Z84
差	>1	62	72.94%	Z1,Z3,Z5,Z6,Z7,Z8,Z9,Z10,Z11,Z12,Z13,Z15,Z17,Z18,Z19,Z20,Z22,Z23,Z24,Z25,Z26,Z27,Z28,Z29,Z30,Z32,Z33,Z34,Z37,Z38,Z39,Z40,Z41,Z42,Z47,Z48,Z52,Z53,Z55,Z56,Z57,Z58,Z59,Z60,Z61,Z62,Z64,Z66,Z67,Z68,Z71,Z72,Z74,Z75,Z76,Z77,Z78,Z79,Z81,Z82,Z83,Z85

（资料来源：笔者自绘）

综合中山路片区各街区最热季与最冷季的风环境评价数据分析，最热季主要问题在于围合度较高的街区通风，高层建筑可以缓解片区通风问题，同时也会导致风速分布不均；最冷季除高层建筑街区存在强风以及风速离散度过高的问题外，传统建筑风貌街区大多在舒适风分布较好的范围内。

二、香港中路片区

（一）最热季行人高度风环境评价

1. 总体分布情况

在最热季的模拟条件下，香港中路片区行人高度的最大风速为 6.9 m/s，从行人高度风速分布云图来看[图 4-33(a)]，较大风速街区主要分布在较为开阔的城市公共空间或城市道路。与中山路片区相似，该片区南端靠近海域，东南方向的海风能顺利吹进南北走向的道路，同时加上高层建筑的作用，所以较宽阔的南北走向道路会有较大风速，加强了对街区内部空间的渗透。整体来看，由于南向为开阔海域，片区风速呈现由南向北逐渐降低的趋势，较低风速出现在东北侧密度较高的居住街区内。

从风向分布云图看来[图 4-33(b)]，香港中路片区由于主要是高层建筑

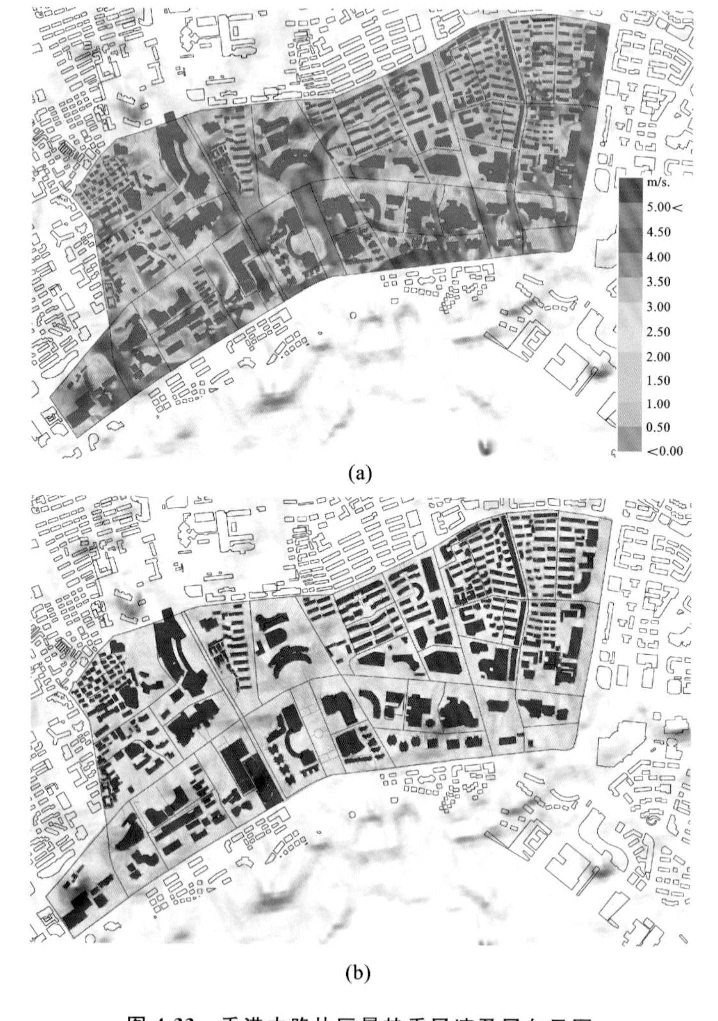

图 4-33　香港中路片区最热季风速及风向云图

(a) 最热季风速分布云图；(b) 最热季风向分布云图

(图片来源：笔者自绘)

群构成的空间环境，加上宽马路、大广场，高层建筑的风环境特征比较明显。

2. 各街区风环境分布情况

经过对各街区风环境数据的提取与计算，整理得出香港中路片区各街区最热季风环境模拟指标数据，见附录C表C-3。香港中路片区各街区最热季平均风速分布情况如图4-34所示，香港中路片区各街区最热季风环境指标分布情况如图4-35所示。

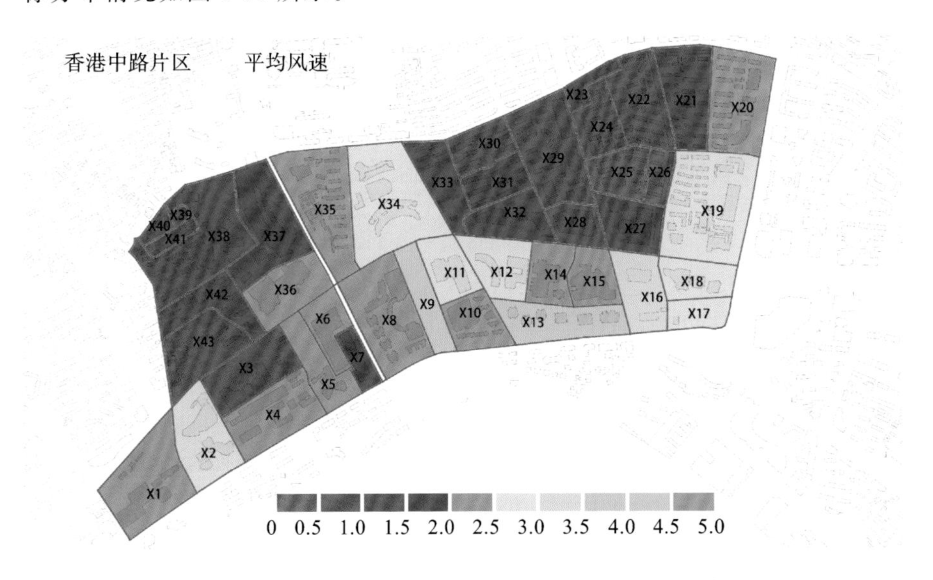

图4-34　香港中路片区各街区最热季平均风速分布情况

（图片来源：笔者自绘）

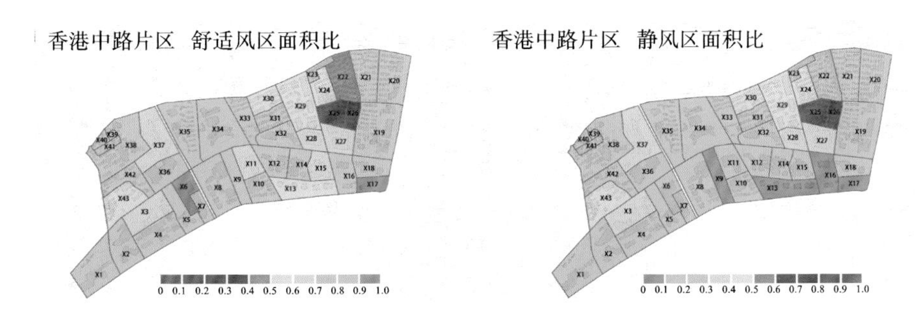

图4-35　香港中路片区各街区最热季风环境指标分布情况

（图片来源：笔者自绘）

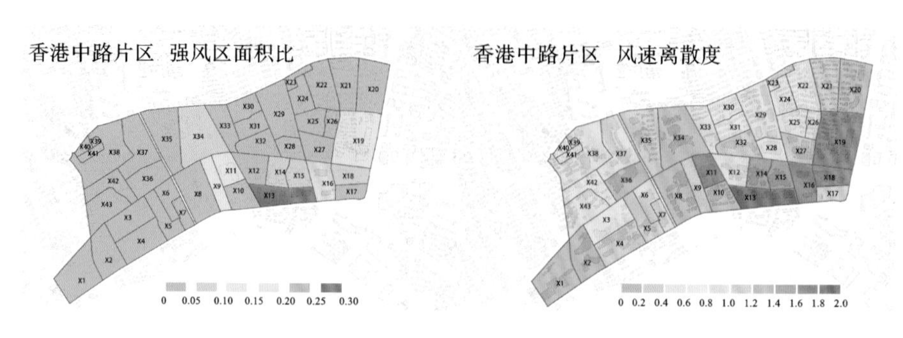

续图 4-35

结合数据结果，香港中路片区各街区最热季风环境评价如表 4-10 所示。

（1）在通风效果层面，香港中路片区最热季舒适风区整体分布良好，静风区主要分布在地块东北部建筑密度较大的住宅范围内。宽阔的城市公共空间和城市道路可以为街区带来较好的风渗透作用。

（2）最热季强风的分布较好，仅在沿海一线有 1 个街区强风区指标较差。

（3）从风速均匀程度来看，香港中路片区由于以高层、超高层建筑为主，各街区风速离散度指标较中山路片区略差。

表 4-10　香港中路片区各街区最热季风环境评价

平均风速评价				
风环境质量	数据范围/(m/s)	街区数量/个	百分比	街区编号
静风	0～1	2	4.65%	X25,X26
舒适风	1～5	41	95.35%	X1,X2,X3,X4,X5,X6,X7,X8,X9,X10,X11,X12,X13,X14,X15,X16,X17,X18,X19,X20,X21,X22,X23,X24,X27,X28,X29,X30,X31,X32,X33,X34,X35,X36,X37,X38,X39,X40,X41,X42,X43
强风	>5	0	0.00%	—

续表

舒适风区面积比评价				
风环境质量	数据范围/(m/s)	街区数量/个	百分比	街区编号
极差	0～0.5	3	6.98%	X22,X25,X26
差	0.5～0.7	11	25.58%	X3,X11,X13,X15,X24,X27,X28,X29,X30,X37,X43
良	0.7～0.9	27	62.79%	X1,X2,X4,X5,X7,X8,X9,X10,X12,X14,X16,X18,X19,X20,X21,X23,X31,X32,X33,X34,X35,X36,X38,X39,X40,X41,X42
优	0.9～1	2	4.65%	X6,X17
静风区面积比评价				
风环境质量	数据范围/(m/s)	街区数量/个	百分比	街区编号
优	0～0.1	5	11.63%	X5,X9,X13,X16,X17
良	0.1～0.3	27	62.79%	X1,X2,X4,X6,X7,X8,X10,X11,X12,X14,X15,X18,X19,X20,X21,X23,X31,X32,X33,X34,X35,X36,X38,X39,X40,X41,X42,X44,X45
差	0.3～0.5	8	18.60%	X3,X24,X27,X28,X29,X30,X37,X43
极差	>0.5	3	6.98%	X22,X25,X26
风速离散度评价				
风环境质量	数据范围/(m/s)	街区数量/个	百分比	街区编号
优	0～0.5	3	6.98%	X24,X25,X26
良	0.5～1	18	41.86%	X3,X6,X7,X12,X22,X23,X28,X29,X30,X31,X33,X37,X38,X39,X40,X41,X42,X43

续表

风环境质量	数据范围/(m/s)	街区数量/个	百分比	街区编号
差	>1	22	51.16%	X1,X2,X4,X5,X8,X9,X10,X11,X13,X14,X15,X16,X17,X18,X19,X20,X21,X27,X32,X34,X35,X36

(资料来源:笔者自绘)

(二)最冷季行人高度风环境评价

1. 总体分布情况

在最冷季的模拟条件下,香港中路片区行人高度的最大风速为 10 m/s,从行人高度风速分布云图来看[图 4-36(a)],大面积区域风速超过 5 m/s,城市公共空间与道路依然是主要的通风渠道,该风速会对这个片区的行人带来较差的舒适度,甚至影响正常的行走。

从风向分布云图来看[图 4-36(b)],高层建筑的密集分布以及城市广场给该片区带来了大量的角流、涡流以及风的集聚效应。

2. 各街区风环境分布情况

经过对各街区风环境数据的提取与计算,整理得出香港中路片区各街区最冷季风环境模拟指标数据,见附录 C 表 C-4。香港中路片区各街区最冷季平均风速分布情况如图 4-37 所示,香港中路片区各街区最冷季风环境指标分布情况如图 4-38 所示。

结合数据结果与分布图,香港中路片区各街区最冷季风环境评价如表 4-11 所示。

(1) 结合舒适风区与强风区分布情况来看,香港中路片区整体较大的风速使各街区大多处在风速较高的强风区,尤其是沿海一线高层、超高层建筑街区,舒适风区主要分布在北侧的居住街区内。

(2) 香港中路片区最冷季静风区分布情况较好,仅有 1 个街区静风区面积比指标较差。

(3) 从风速均匀程度来看,冬季强风和高层、超高层建筑街区为该片区带来了较差的风速离散度,大多数街区风速离散度较高。

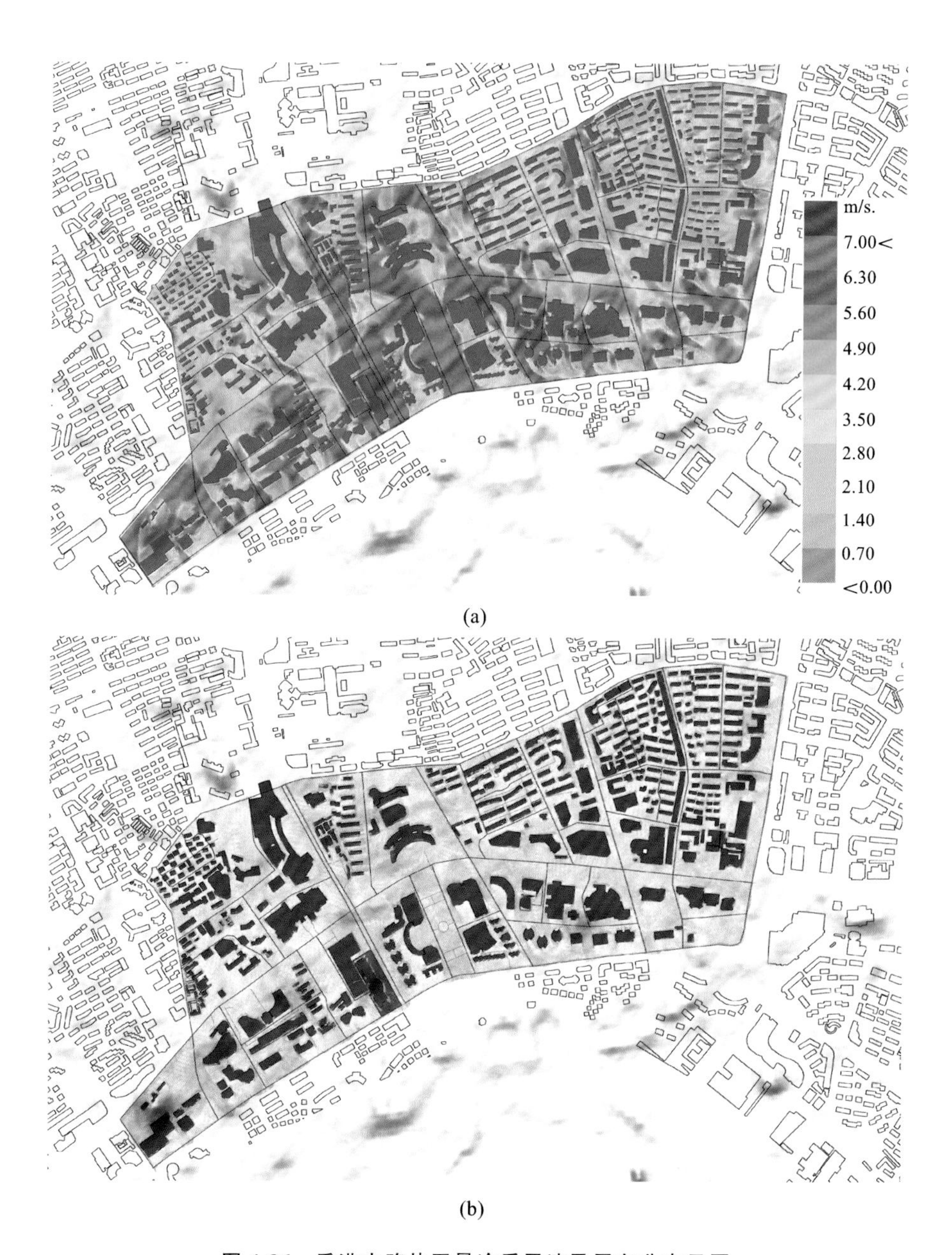

图 4-36 香港中路片区最冷季风速及风向分布云图

(a) 最冷季风速分布云图;(b) 最冷季风向分布云图

(图片来源:笔者自绘)

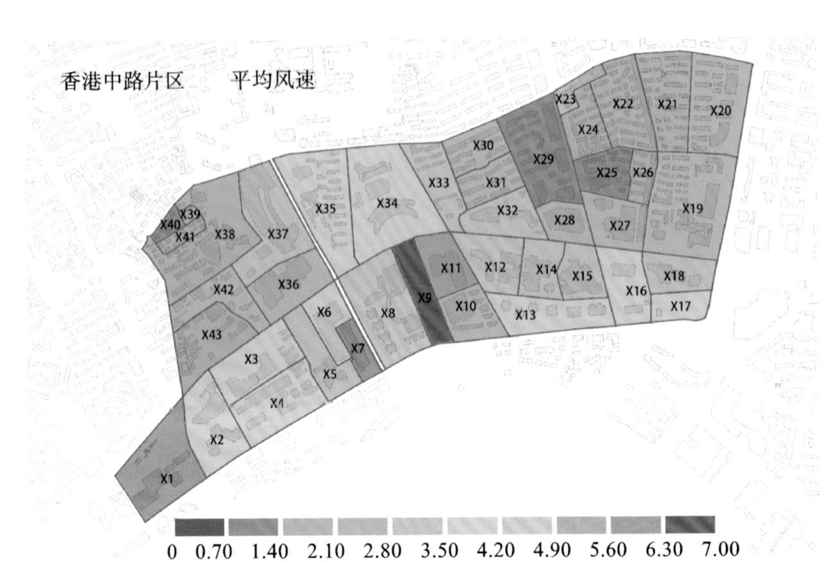

图 4-37　香港中路片区各街区最冷季平均风速分布情况

（图片来源：笔者自绘）

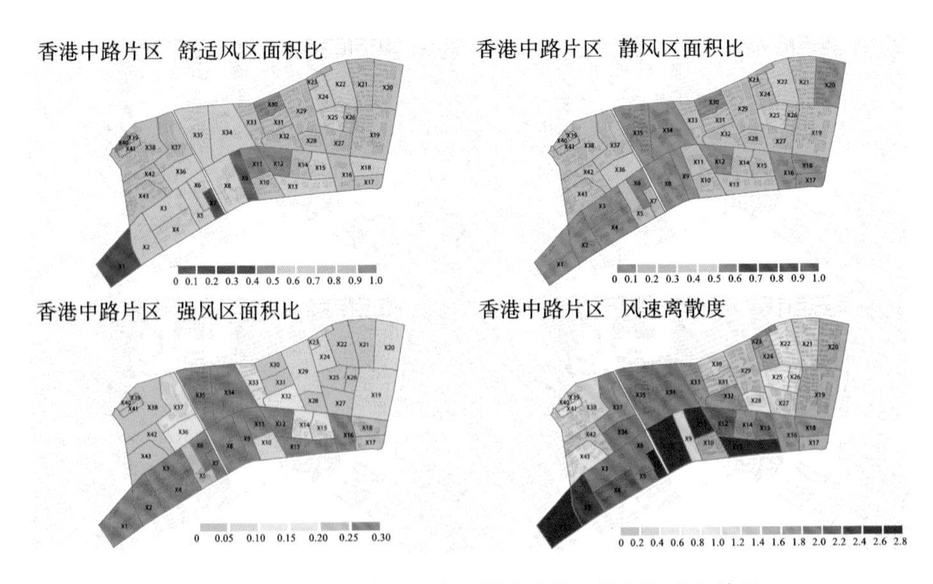

图 4-38　香港中路片区各街区最冷季风环境指标分布情况

（图片来源：笔者自绘）

表 4-11　香港中路片区各街区最冷季风环境评价

平均风速评价				
风环境质量	数据范围/(m/s)	街区数量/个	百分比	街区编号
静风	0～1	1	2.33%	X40
舒适风	1～5	39	90.70%	X2,X3,X4,X5,X6,X8,X10,X11,X12,X13,X14,X15,X16,X17,X18,X19,X20,X21,X22,X23,X24,X25,X26,X27,X28,X29,X30,X31,X32,X33,X34,X35,X36,X37,X38,X39,X41,X42,X43
强风	>5	3	6.98%	X1,X7,X9
舒适风区面积比评价				
风环境质量	数据范围/(m/s)	街区数量/个	百分比	街区编号
极差	0～0.5	6	13.95%	X1,X7,X9,X11,X12,X40
差	0.5～0.7	16	37.21%	X2,X3,X4,X5,X6,X8,X13,X15,X18,X22,X24,X25,X34,X35,X36,X39
良	0.7～0.9	20	46.51%	X10,X14,X16,X17,X19,X20,X21,X23,X26,X27,X28,X29,X31,X32,X33,X37,X38,X41,X42,X43
优	0.9～1	1	2.33%	X30
静风区面积比评价				
风环境质量	数据范围/(m/s)	街区数量/个	百分比	街区编号
优	0～0.1	16	37.21%	X1,X2,X3,X4,X6,X7,X8,X9,X12,X16,X17,X18,X20,X30,X34,X35
良	0.1～0.3	22	51.16%	X5,X10,X11,X13,X14,X15,X19,X21,X23,X24,X26,X27,X28,X29,X31,X32,X33,X37,X38,X41,X42,X43

续表

风环境质量	数据范围/(m/s)	街区数量/个	百分比	街区编号
差	0.3～0.5	4	9.30%	X22,X25,X36,X39
极差	>0.5	1	2.33%	X40
强风区面积比评价				
风环境质量	数据范围/(m/s)	街区数量/个	百分比	街区编号
优	0～0.1	19	44.19%	X10,X19,X20,X21,X22,X24,X25,X26,X27,X28,X29,X30,X31,X38,X39,X40,X41,X42,X43
良	0.1～0.2	7	16.28%	X14,X15,X23,X32,X33,X36,X37
差	0.2～0.3	7	16.28%	X2,X5,X13,X16,X17,X18,X35
极差	>0.3	10	23.26%	X1,X3,X4,X6,X7,X8,X9,X11,X12,X34
风速离散度评价				
风环境质量	数据范围/(m/s)	街区数量/个	百分比	街区编号
优	0～0.5	2	4.65%	X39,X40
良	0.5～1	6	13.95%	X22,X25,X26,X28,X41,X43
差	>1	35	81.40%	X1,X2,X3,X4,X5,X6,X7,X8,X9,X10,X11,X12,X13,X14,X15,X16,X17,X18,X19,X20,X21,X23,X24,X27,X29,X30,X31, X32, X33, X34, X35, X36, X37,X38,X42

（资料来源：笔者自绘）

综合香港中路片区最热季与最冷季的风环境评价数据分析，最热季多数街区通风良好，能够满足散热的需要，但风速离散度较高；最冷季多数街区均存在风速较高、强风区面积比过大的问题，风速离散度也在较高的水平。

三、浮山后片区

(一) 最热季行人高度风环境评价

1. 总体分布情况

在最热季的模拟条件下，浮山后片区行人高度的最大风速为 7.7 m/s，从行人高度风速分布云图来看[图 4-39(a)]，较大风速街区主要分布在东南

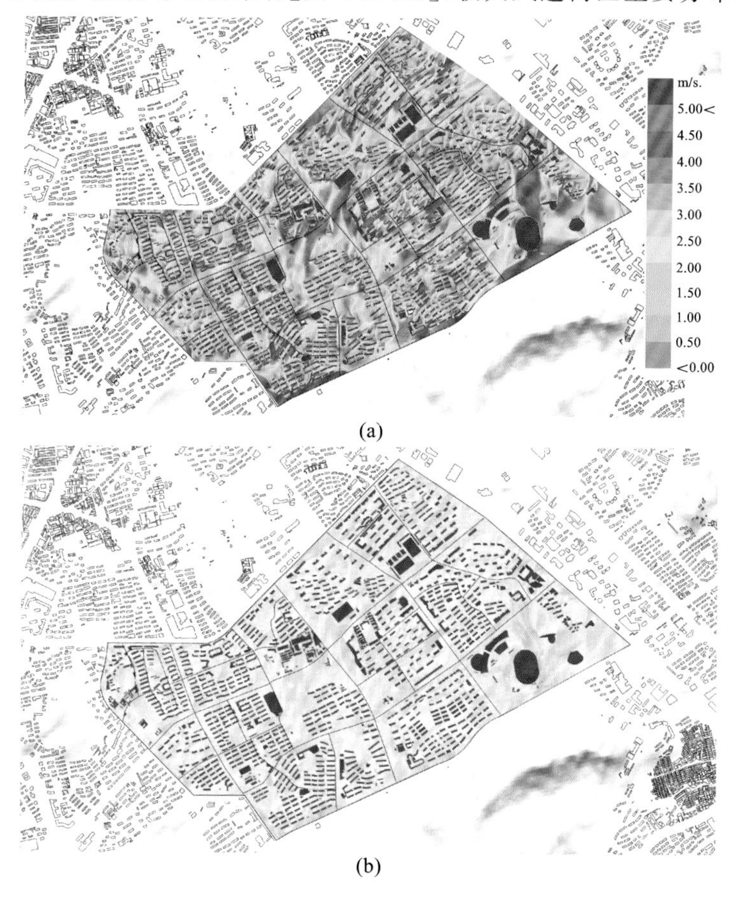

图 4-39 浮山后片区最热季风速及风向云图

(a) 最热季风速分布云图；(b) 最热季风向分布云图

(图片来源：笔者自绘)

方向体育场地块内，该地块主要由板式住宅组成，南侧靠近浮山，地形要素会对整体地块的风环境分布造成一定影响。风速在板式住宅区域内分布不够均匀，在宽阔道路与较大尺度的开放空间分布不均匀现象更加严重，从风向云图来看也基本对应[图 4-39(b)]。较小风速出现在西南侧和东北侧密度较高的居住街区内。

2. 各街区风环境分布情况

经过对各街区风环境数据的提取与计算，整理得出浮山后片区各街区最热季风环境模拟指标数据，见附录 C 表 C-5。浮山后片区各街区最热季平均风速分布情况如图 4-40 所示，浮山后片区各街区最热季风环境指标分布情况如图 4-41 所示。

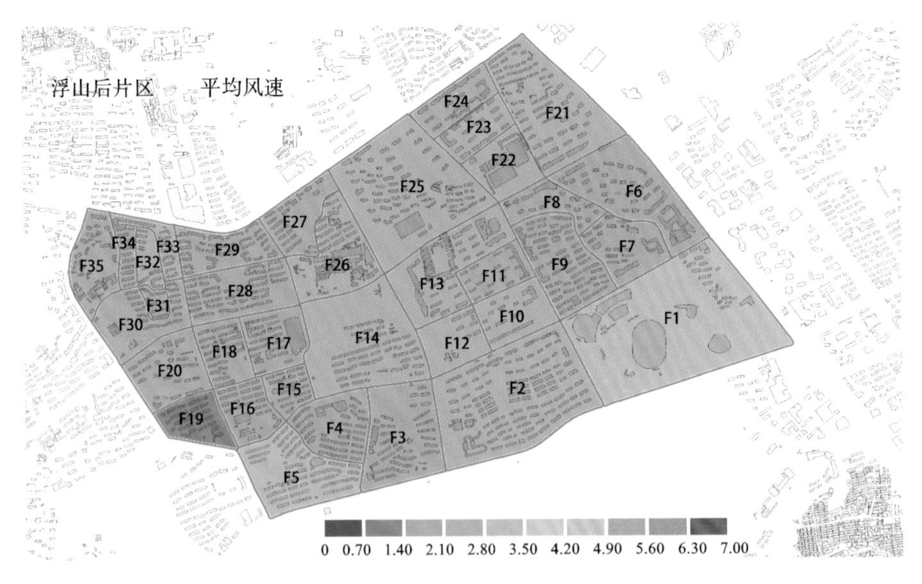

图 4-40　浮山后片区各街区最热季平均风速分布情况

(图片来源:笔者自绘)

结合数据结果与分布情况，浮山后片区各街区最热季风环境评价如表 4-12所示。

(1) 在通风效果层面，浮山后片区最热季舒适风区整体分布较好，静风主要分布在地块东北和西南区域较高建筑密度的街区内。宽阔的城市公共空间和城市道路可以为街区带来较好的风渗透作用。

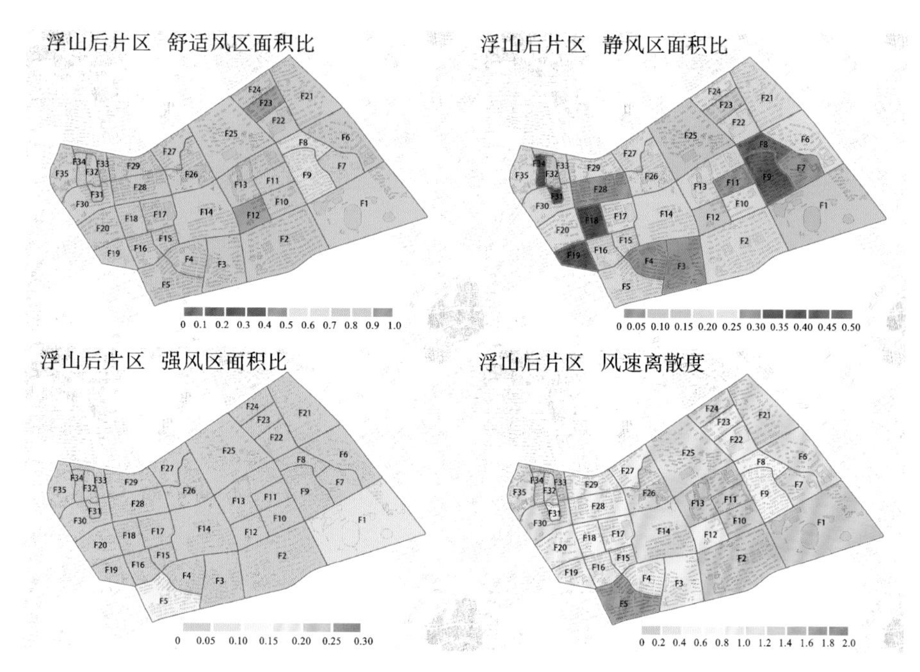

图 4-41　浮山后片区各街区最热季风环境指标分布情况

（图片来源：笔者自绘）

（2）最热季强风区面积比评价指标也较好，无街区存在过大强风区面积比。

（3）从风速分布均匀程度来看，浮山后片区多数街区风速离散度大于1。

表 4-12　浮山后片区各街区最热季风环境评价

平均风速评价				
风环境质量	数据范围/(m/s)	街区数量/个	百分比	街区编号
静风	0～1	0	0.00%	—
舒适风	1～5	35	100.00%	F1，F2，F3，F4，F5，F6，F7，F8，F9，F10，F11，F12，F13，F14，F15，F16，F17，F18，F19，F20，F21，F22，F23，F24，F25，F26，F27，F28，F29，F30，F31，F32，F33，F34，F35
强风	>5	0	0.00%	—

续表

舒适风区面积比评价				
风环境质量	数据范围/(m/s)	街区数量/个	百分比	街区编号
极差	0～0.5	0	0.00%	—
差	0.5～0.7	8	22.86%	F7,F8,F9,F11,F18,F19,F31,F34
良	0.7～0.9	25	71.43%	F1,F2,F3,F4,F5,F13,F14,F15,F17,F20,F21,F22,F24,F25,F26,F28,F29,F32,F33,F35
优	0.9～1	2	5.71%	F12,F23
静风区面积比评价				
风环境质量	数据范围/(m/s)	街区数量/个	百分比	街区编号
优	0～0.1	3	8.57%	F1,F12,F23
良	0.1～0.3	26	74.29%	F2,F3,F4,F5,F6,F7,F10,F11,F13,F14,F15,F16,F17,F20,F21,F22,F24,F25,F26,F27,F28,F29,F30,F32,F34,F35
差	0.3～0.5	6	17.14%	F8,F9,F18,F19,F31,F33
极差	>0.5	0	0.00%	—
风速离散度评价				
风环境质量	数据范围/(m/s)	街区数量/个	百分比	街区编号
优	0～0.5	0	0.00%	—
良	0.5～1	17	48.57%	F3,F4,F8,F9,F12,F15,F16,F17,F18,F19,F20,F22,F23,F27,F28,F29,F31
差	>1	18	51.43%	F1,F2,F5,F6,F7,F10,F11,F13,F14,F21,F24,F25,F26,F30,F32,F33,F34,F35

（资料来源：笔者自绘）

（二）最冷季行人高度风环境评价

1. 总体分布情况

在最冷季的模拟条件下，浮山后片区行人高度的最大风速为 10 m/s，从行人高度风速分布云图来看[图 4-42(a)]，较大面积区域风速超过 5 m/s，城市

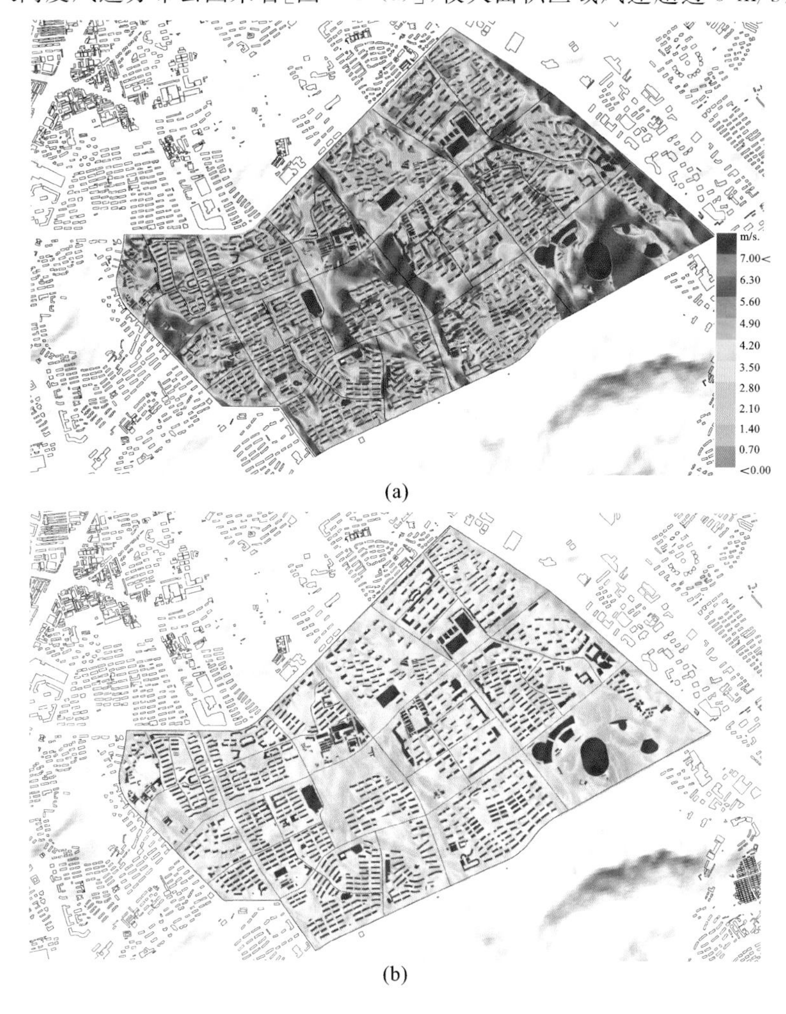

图 4-42　浮山后片区最冷季风速及风向分布云图

(a)最冷季风速分布云图；(b)最冷季风向分布云图

(图片来源：笔者自绘)

公共空间、未开发用地以及城市道路依然是主要的通风渠道，该风速会对这个片区的行人带来较差的舒适度，甚至影响正常的行走。但居住街区由于围合度相对较大，阻挡了一部分寒风进入，所以，深入街区内部的风速相对较小。从风向分布云图看来，个别高层住区室外环境存在一定的角流、涡流以及风的集聚效应。

2. 各街区风环境分布情况

经过对各街区风环境数据的提取与计算，整理得出浮山后片区最冷季各街区风环境模拟指标数据，见附录C表C-6。浮山后片区各街区最冷季平均风速分布情况如图4-43所示，浮山后片区各街区最冷季风环境指标分布情况如图4-44所示。

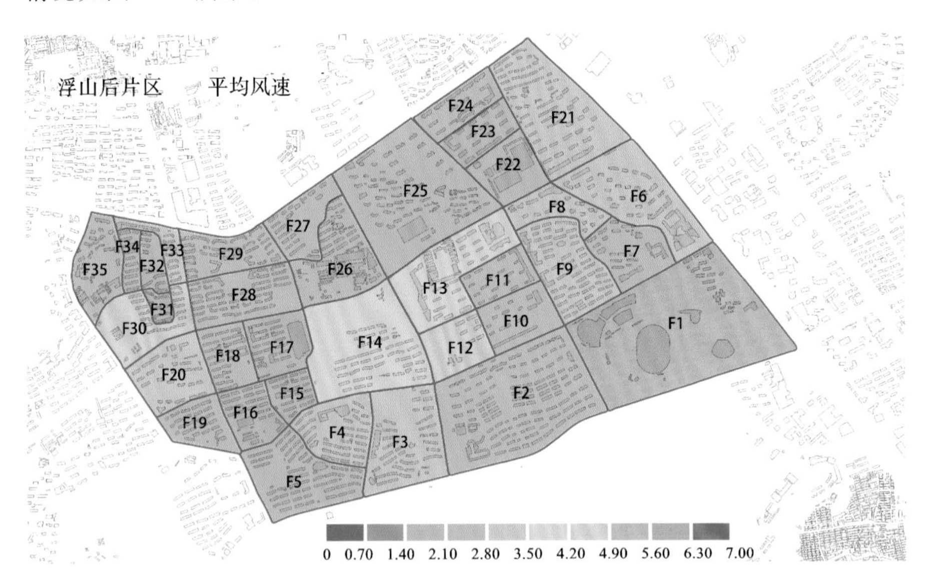

图4-43　浮山后片区各街区最冷季平均风速分布情况

（图片来源：笔者自绘）

结合数据结果与分布情况，浮山后片区各街区最冷季风环境评价如表4-13所示。

（1）结合舒适风区与强风区分布情况来看，浮山后片区强风区面积比大的街区较香港中路片区少，一半以上的街区舒适风区面积比良好。

（2）浮山后片区最冷季静风区分布情况较好，个别街区存在0.1～0.2

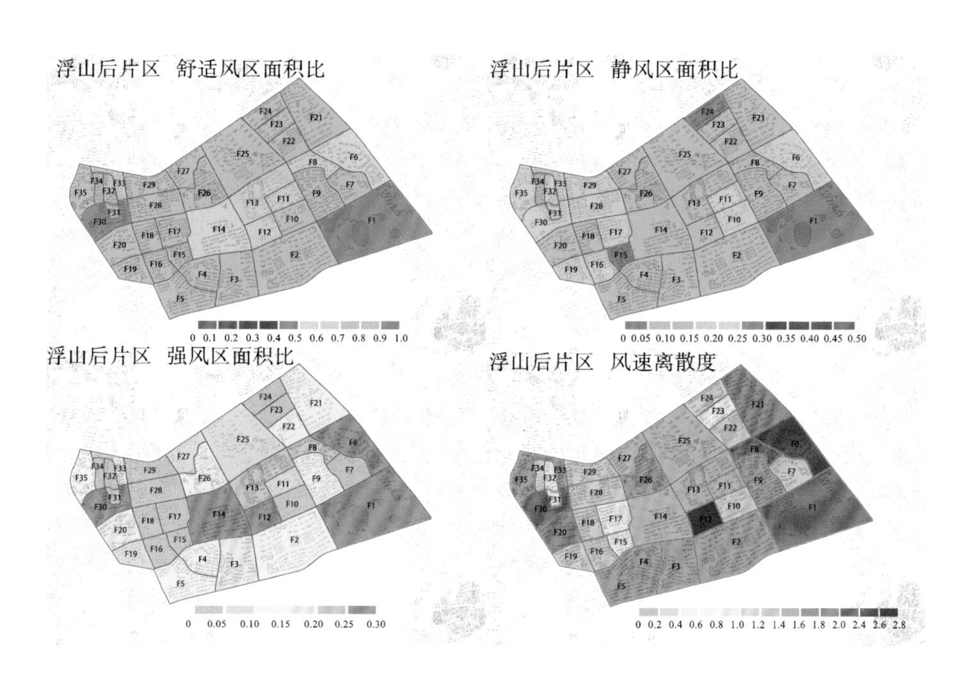

图 4-44　浮山后片区各街区最冷季风环境指标分布情况

（图片来源：笔者自绘）

的静风区面积比，但所有街区静风区面积比均在 0.3 以下。

（3）从风速均匀程度来看，浮山后片区街区的风速离散度普遍较高，尤其是强风区面积比较大的街区，其风速离散度通常也处于较高的水平。

表 4-13　浮山后片区各街区最冷季风环境评价

平均风速评价				
风环境质量	数据范围/(m/s)	街区数量/个	百分比	街区编号
静风	0～1	0	0.00%	—
舒适风	1～5	34	97.14%	F2, F3, F4, F5, F6, F7, F8, F9, F10, F11, F12, F13, F14, F15, F16, F17, F18, F19, F20, F21, F22, F23, F24, F25, F26, F27, F28, F29, F30, F31, F32, F33, F34, F35
强风	>5	1	2.86%	F1

续表

舒适风区面积比评价				
风环境质量	数据范围/(m/s)	街区数量/个	百分比	街区编号
极差	0～0.5	2	5.71%	F1,F30
差	0.5～0.7	7	20.00%	F6,F8,F11,F12,F13,F14,F33
良	0.7～0.9	26	74.29%	F2,F3,F4,F5,F7,F9,F10,F15,F16,F17,F18,F19,F20,F21,F22,F23,F24,F25,F26,F27,F28,F29,F31,F32,F34,F35
优	0.9～1	0	0.00%	—
静风区面积比评价				
风环境质量	数据范围/(m/s)	街区数量/个	百分比	街区编号
优	0～0.1	8	22.86%	F1,F3,F7,F12,F13,F14,F22,F30
良	0.1～0.3	27	77.14%	F2,F4,F5,F6,F8,F9,F10,F11,F15,F16,F17,F18,F19,F20,F21,F23,F24,F25,F26,F27,F28,F29,F31,F32,F33,F34,F35
差	0.3～0.5	0	0.00%	—
极差	>0.5	0	0.00%	—
强风区面积比				
风环境质量	数据范围/(m/s)	街区数量/个	百分比	街区编号
优	0～0.1	18	51.43%	F7,F10,F11,F15,F16,F17,F18,F19,F22,F23,F24,F25,F27,F28,F29,F31,F32,F34
良	0.1～0.2	10	28.57%	F2,F3,F4,F5,F9,F20,F21,F26,F33,F35
差	0.2～0.3	3	8.57%	F6,F8,F13
极差	>0.3	3	3.53%	Z5,Z10,Z62

续表

风速离散度评价				
风环境质量	数据范围/(m/s)	街区数量/个	百分比	街区编号
优	0～0.5	0	0.00%	—
良	0.5～1	5	14.29%	F15,F17,F23,F31,F32
差	>1	30	85.71%	F1,F2,F3,F4,F5,F6,F7,F8,F9,F10,F11,F12,F13,F14,F16,F18,F19,F20,F21,F22,F24,F25,F26,F27,F28,F29,F30,F33,F34,F35

（资料来源：笔者自绘）

综合浮山后片区最热季与最冷季的行人高度风环境评价数据分析，最热季多数街区通风良好，能够满足散热的需要，个别居住街区存在静风区面积比较大，整体存在风速离散度较高的问题；最冷季多数街区舒适风区面积比占比良好，个别街区存在强风区面积比过大，多数街区存在风速离散度较高的问题。

第五节　本章小结

基于前述对风环境模拟方法、评价方法的阐述以及对模拟工具的选用，本章针对青岛东岸城区代表城市片区的风环境进行了模拟与评价，主要有如下结论。

(1) 确定了风环境数值模拟的基本流程，阐述了在风环境数值模拟之前需要确保模型尽量精确地刻画城市空间，确定合适的建模区域，依据地形为前处理模块，提供准确的地形模型作为生成测试点的依据，确定边界条件。

(2) 在对模拟计算区域的确定中，通过对多项模拟规程中要求的对比，明确了本书计算域的界定方法：计算域水平方向边界至研究域边界均取 $3H$ 的距离，垂直方向以模型底边为基准向上高度取 $3H$，向下高度取 $1H$，$H=$

Max{区域长度、区域度、单体建筑最大高度}。

(3) 以青岛东岸城区为例，根据气象数据获取到模拟评价，通过对青岛国家级地面气象站、MERRA-2 卫星再分析数据及腾讯宜出行数据的研究域分析，确定了基于人主要活动时间的计算机风环境数值模拟边界条件。

(4) 阐述了基于 Butterfly 插件的城市片区风环境模拟与指标计算方法，并研究了利用城市片区的模拟结果对每个街区的评价指标数据及边界条件数据的提取与计算方法。

(5) 对城市片区整体风环境以及街区单元的风环境进行了评价，得出院落型街区(中山路片区)主要问题在于最热季围合度较高的街区通风问题；柱、点型街区(香港中路片区)最热季多数街区通风良好，但最冷季强风区过多，两季的风速离散度均较高；条型街区(浮山后片区)主要问题较为分散，个别街区存在最热季静风区、最冷季强风区面积比较大的问题，多数街区风速离散度较高。

第五章　城市街区风环境评价与多目标形态优化设计平台搭建及验证

前述内容对城市街区风环境评价与形态生成方法架构进行了研究，确定了城市街区形态的多目标优化设计方法框架。以青岛东岸城区为例，对我国城市街区形态特征及分类进行了研究，基于案例城市选取了三个代表城市片区；基于街区分类，对选取的代表城市片区进行了风环境模拟，对街区风环境进行了评价，提取并计算了每个街区建模域的边界条件。基于上述理论研究和基础研究，本章将整合搭建城市街区风环境评价与多目标形态优化设计平台，为街区形态设计和研究提供多目标优化设计工具。

本章主要围绕针对风环境评价的城市街区多目标形态设计优化平台的编制开发和案例验证展开。提出基于 Grasshopper 平台的参数化方案设计优化平台的框架，根据优化目标和要求设置了三个模块，分别为形态生成模块、风环境评价模块、性能优化模块，利用 Grasshopper 平台搭载的原生电池、第三方插件及 GHPython 计算机语言，搭建高效可靠的模块化插件程序；在插件程序和前述对城市街区形态与风环境评价研究的基础上，选取案例街区检验优化插件程序。

第一节　方法基本逻辑构建

街区形态生成设计就是在符合一定设计规则条件下建立的方案集合中，根据相关要求和标准进行对比，确定出符合要求的形态方案解集。由此，提出了方案设计优化平台的三个功能模块：形态生成模块、风环境评价模块和性能优化模块，优化平台框架流程图如图 5-1 所示。

优化平台在进行架构设计时选择了模块化模式，以此来更好地满足任务处理要求。在处理时，首先，形态生成模块基于 Rhino & Grasshopper 参数化软件平台构建，记录定量与变量，搭载生成不同街区形态的逻辑信息，对各类型街区都可以高效地建模。其次，风环境评价模块搭载 Butterfly 模拟插

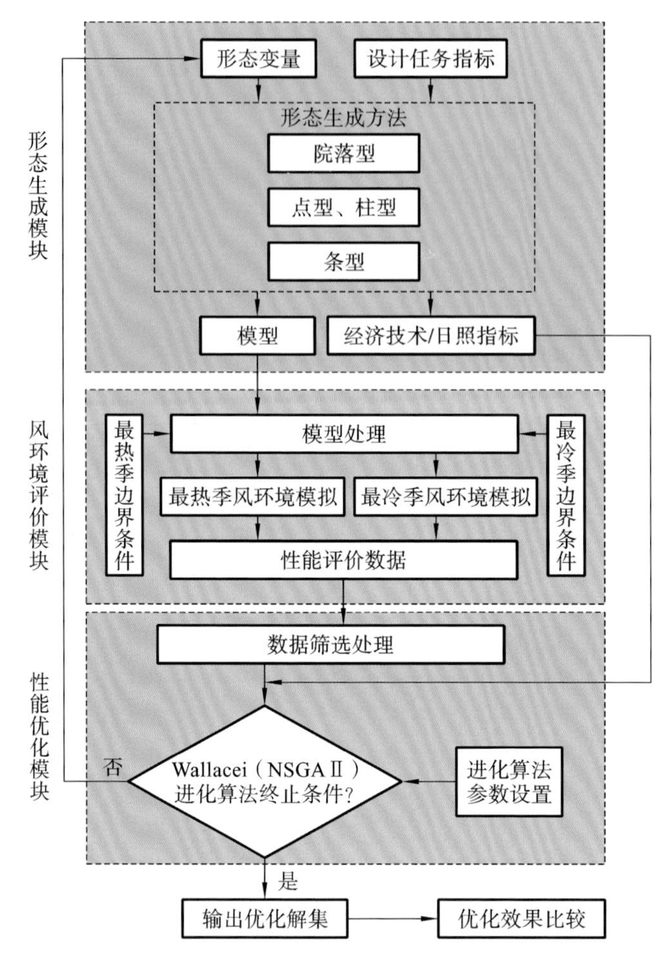

图 5-1 优化平台框架流程图

（图片来源：笔者自绘）

件，模拟最冷季与最热季风环境，并通过计算，确定出相关优化目标的评价信息。该模块在各种评价需求情况下都可以有效地处理，有较高的适应性。最后，采用基于 NSGA-Ⅱ算法的性能优化模块计算输出优化解集。该模块在多目标情况下也可以方便快捷地进行优化，对各类型优化需求都能很好地适应。

根据以上对各功能模块的描述，基于三种街区类型的不同特征，利用 Grasshopper 参数化平台可以建立起相对应的三类街区形态特征生成优化

平台(图 5-2)。三个平台基于不同的形态特征,具有各自相对应的形态生成方法以及评价目标,同时具备相同的风环境评价模块与性能优化模块,故可以通过梳理与整合,将其合并为适用性更强的设计平台(图 5-3),以下将分节对该平台进行详细解释。本书建立的这种插件平台框架可以准确地进行

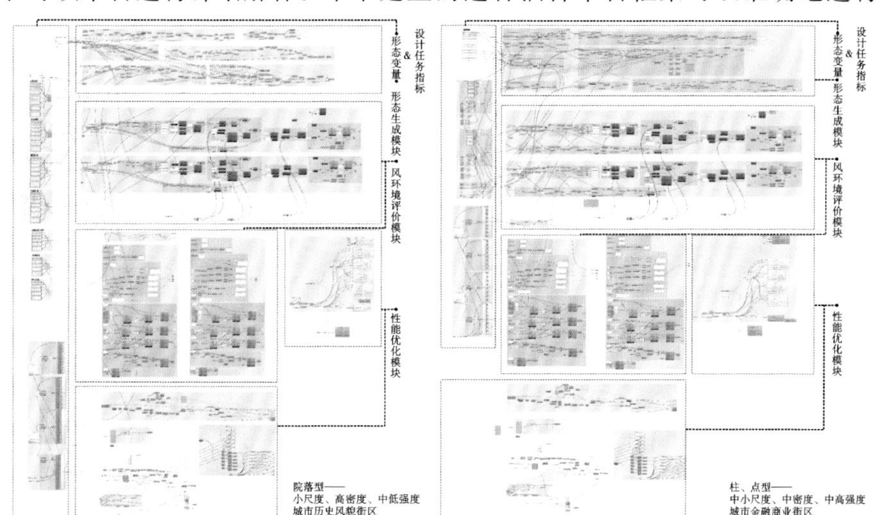

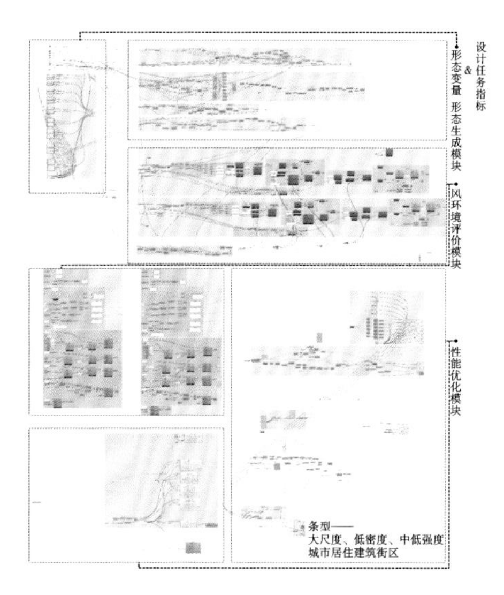

图 5-2　不同街区形态特征的优化平台

(图片来源:笔者自绘)

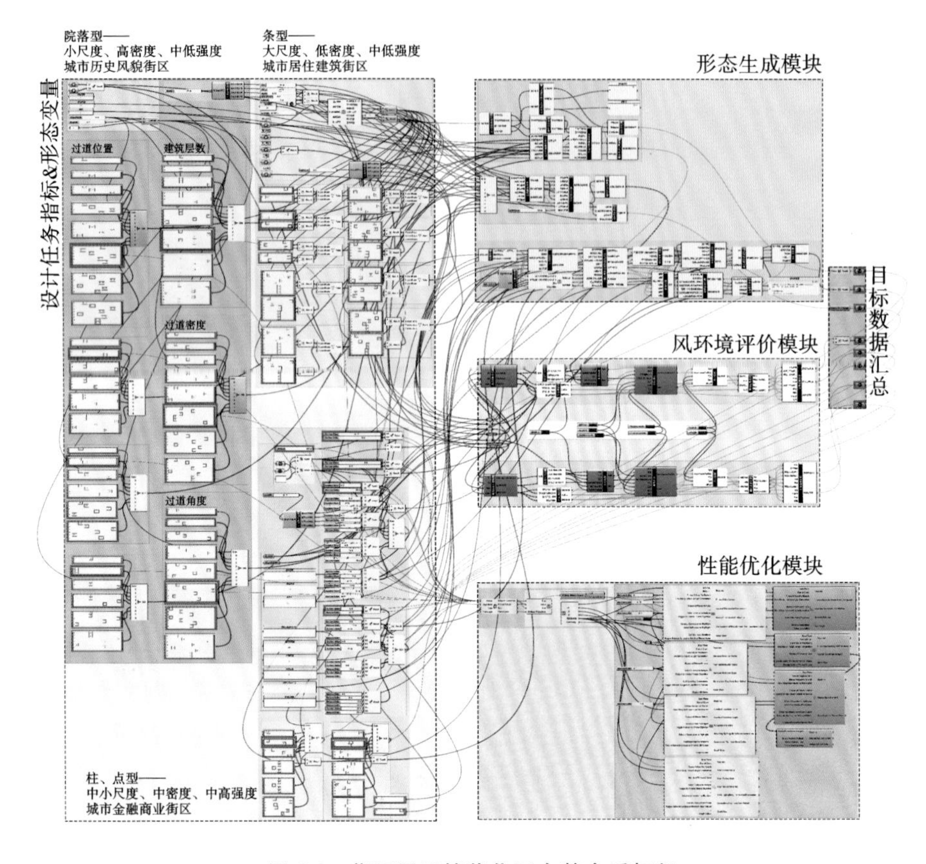

图 5-3　街区风环境优化平台整合后框架

（图片来源：笔者自绘）

风环境评价，同时在设计优化方面的适应性高，能够对功能进一步拓展，为城市设计提供支持，具有较好的应用价值。

第二节　形态生成模块

一、模块基本工作流程

形态生成模块在使用过程中主要的作用是根据相关输入参数对形态进

行逻辑生成，从而确定出方案形态模型，对相关形态指标数据进行输出。形态生成模块需要首先处理输入的参数，然后进行形态生成，最后进行指标偏差检测后输出处理结果，根据前文三个典型街区类型的街区形态构成特征，建立起相对应的三种街区形态生成方法，该模块基本工作流程如图 5-4 所示。

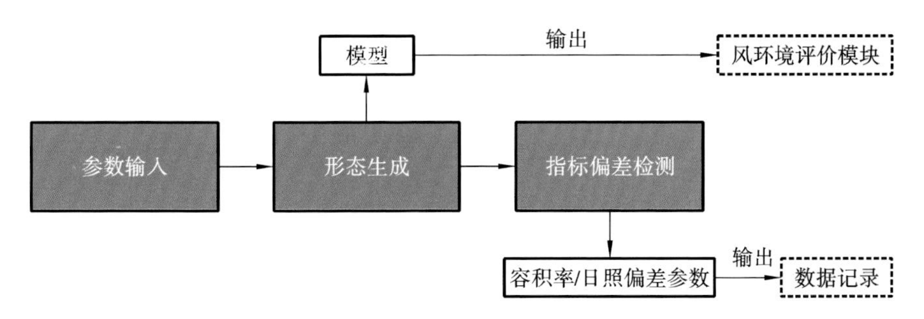

图 5-4　形态生成模块基本工作流程图

（图片来源：笔者自绘）

其中，在参数输入步骤中，将参数分为两类，定量（设计任务指标）与形态变量。定量又分为模型参数、设计任务参数与标准规范参数三类；形态变量即形态生成过程中的可变参数，通过该可变参数可生成符合设计任务指标的多种方案模型。

基于参数的输入，根据第三章对街区的分类，通过三种不同的形态生成逻辑，可分别产生多种对应不同的方案模型。在方案模型生成后，其相关形态指标与设计任务指标相比会产生一定的误差（容积率、日照），为保证该误差不会对方案形态产生影响，在输出模型至风环境评价模块的同时，会将该指标的偏差值进行筛选判断，剔除不符合规范要求的方案，将相关值输出至数据汇总，作为一项方案形态的优化目标。以下将对三种典型街区类型的形态生成方法进行分项讲解。

二、参数输入

参数输入步骤中，参数输入方式根据参数类型的不同而有所区别：模型参数如建模域、街区边界内建筑形体、地形等，通过 Grasshopper 平台将 Rhino 模型导入；数值数据如建筑高度、层数、角度、数量等，通过 Number

Slider、panel 等方式输入。各类型街区参数输入内容如图 5-5 所示。

院落型街区(历史风貌街区)主要形态特征以街区边界围合建筑和院内建筑两部分组成,在参数输入时除了常规模型、容积率等指标参数外,需要输入街区外边界建筑数量即街区出入口的数量、院落数量等作为形态控制项,形态变量需要根据以上参数生成多种街区形态方案。

柱、点型街区(商业街区)主要形态特征以高层塔楼建筑和裙房两部分组成,在参数输入时除了常规参数外,需要在网格尺寸确定的基础上输入高层建筑的数量、层数、层高和裙房的层数,以及街区内空地的数量等作为形态控制项,形态变量需要根据以上参数生成多种街区形态方案。

条型街区(居住街区)主要形态特征以板式建筑为主,在参数输入时除常规参数外,需要依照相关日照规范确定研究地区的日照时间,在无日照时数要求的我国南方地区则输入 0,建筑的间距由消防间距和退线距离来确定。

三、形态生成

形态生成步骤是形态生成模块的核心关键步骤,街区的形态生成关键在于建立三种街区分类的形态逻辑,以输入参数作为素材,通过参数化软件平台提供的一系列原生电池实现该逻辑,建立起符合街区形态特征的模型。

1. 基本生成逻辑

根据前文对各类型街区的参数输入与形态基本特征的介绍,在参数输入的基础上,可将三种街区的形态构建逻辑归纳如下。

(1) 院落型街区。

院落型街区在建筑形体上主要由街区边界的外围建筑和内院建筑组成,首先依照红线范围和退线距离生成外围建筑,并依照输入的出入口数量将外围建筑切割;然后将外围建筑围合的院落用内院建筑切割出所输入的内院数量,并将建筑抬升;最后通过出入口位置、院落内建筑角度、出入口角度等变量控制生成多种街区建筑形态,院落型街区基本生成逻辑如图 5-6 所示。

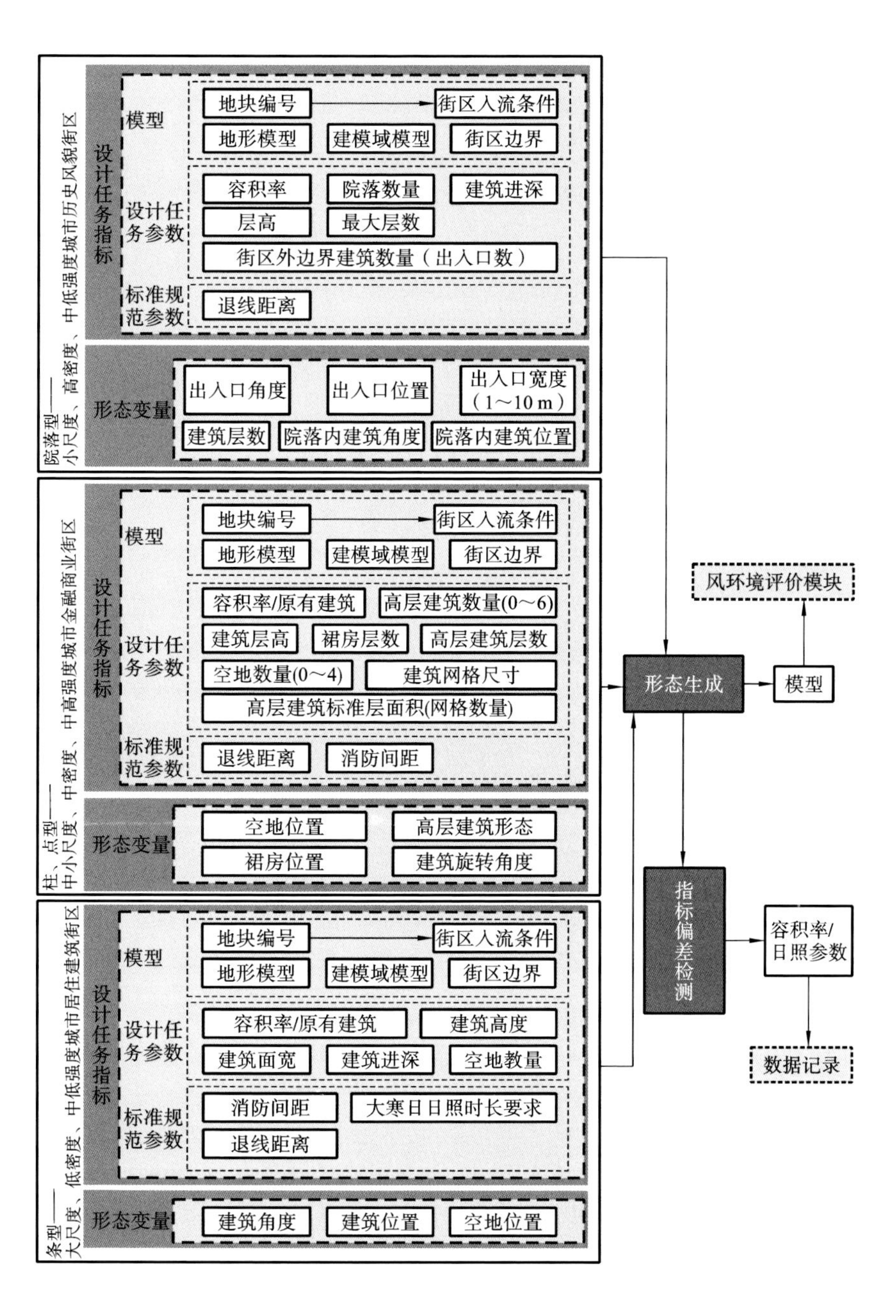

图 5-5　各类型街区参数输入内容

（图片来源：笔者自绘）

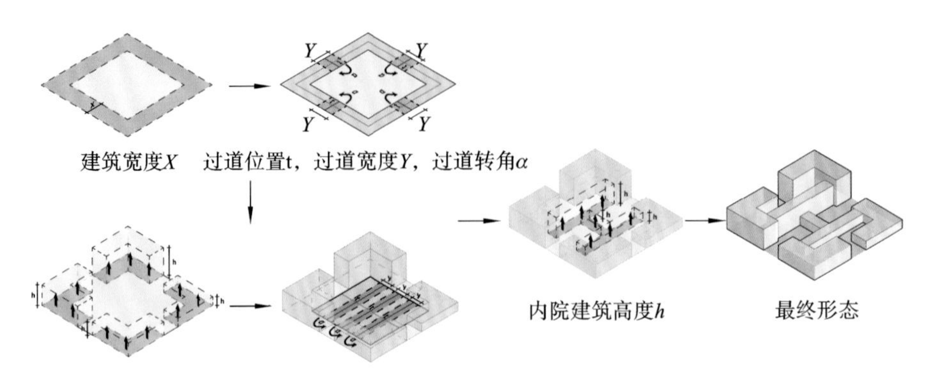

图 5-6 院落型街区基本生成逻辑

（图片来源：笔者自绘）

（2）柱、点型街区。

柱、点型街区主要形态特征以高层塔楼建筑和裙房为主，在生成过程中，首先依照退线距离确定建筑控制线，依据输入的网格尺寸在建筑控制线范围内生成网格；然后根据输入的高层建筑标准层面积和高层建筑数量、层数生成高层建筑；最后通过输入的容积率计算出建筑面积，减去高层建筑面积即可算出裙房所占面积，依照该面积生成裙房，通过高层建筑位置、裙房位置和层数等变量控制生成多种街区形态，柱、点型街区基本生成逻辑如图5-7所示。

（3）条型街区。

条型街区主要形态特征以板式建筑为主，在生成过程中，根据退线距离、建筑层数、建筑数量、消防间距、空地数量在街区范围内生成网格，在网格中点处随机生成建筑，条型街区基本生成逻辑如图5-8所示。

由于我国大部分城市均有最低日照时数要求，为保证居住街区形态符合规范要求，因此在形态生成过程中，考虑形态对于地区日照时数要求的满足情况，运用了传统的日照圆锥曲面法，在形态生成过程中加入日照检查模块，筛选方案是否符合日照规范要求（图5-9）。

2．模块编制与指标计算方法

基于以上形态模型生成逻辑，针对三种街区类型形态特征，运用

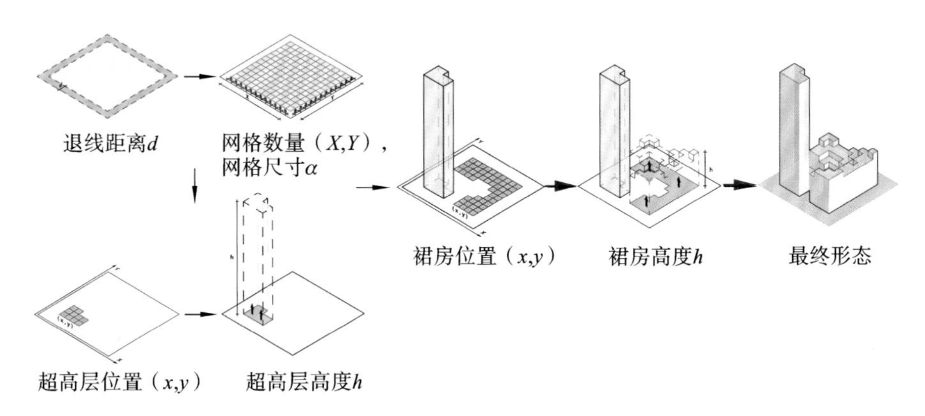

图 5-7　柱、点型街区基本生成逻辑

（图片来源：笔者自绘）

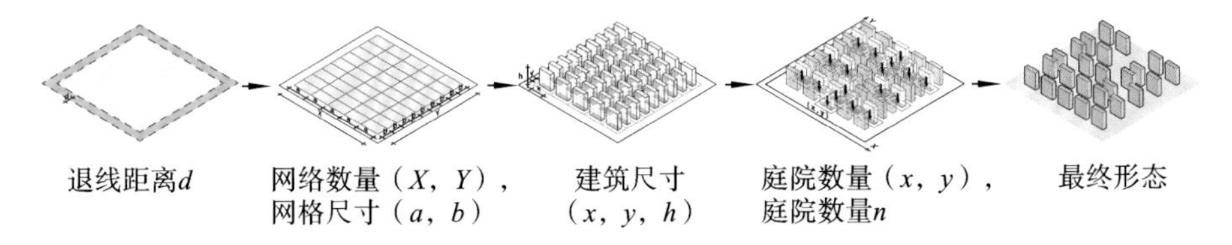

图 5-8　条型街区基本生成逻辑

（图片来源：笔者自绘）

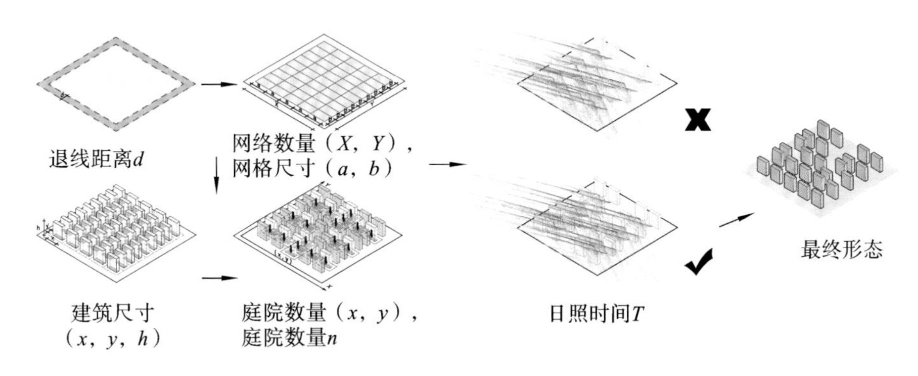

图 5-9　日照要求限制下条型街区基本生成逻辑

（图片来源：笔者自绘）

Grasshopper 平台的各类运算器编制建立街区形态生成子模块，本书将复杂的三种街区类型形态模型生成与数据运算流程整理后如图 5-10 所示。

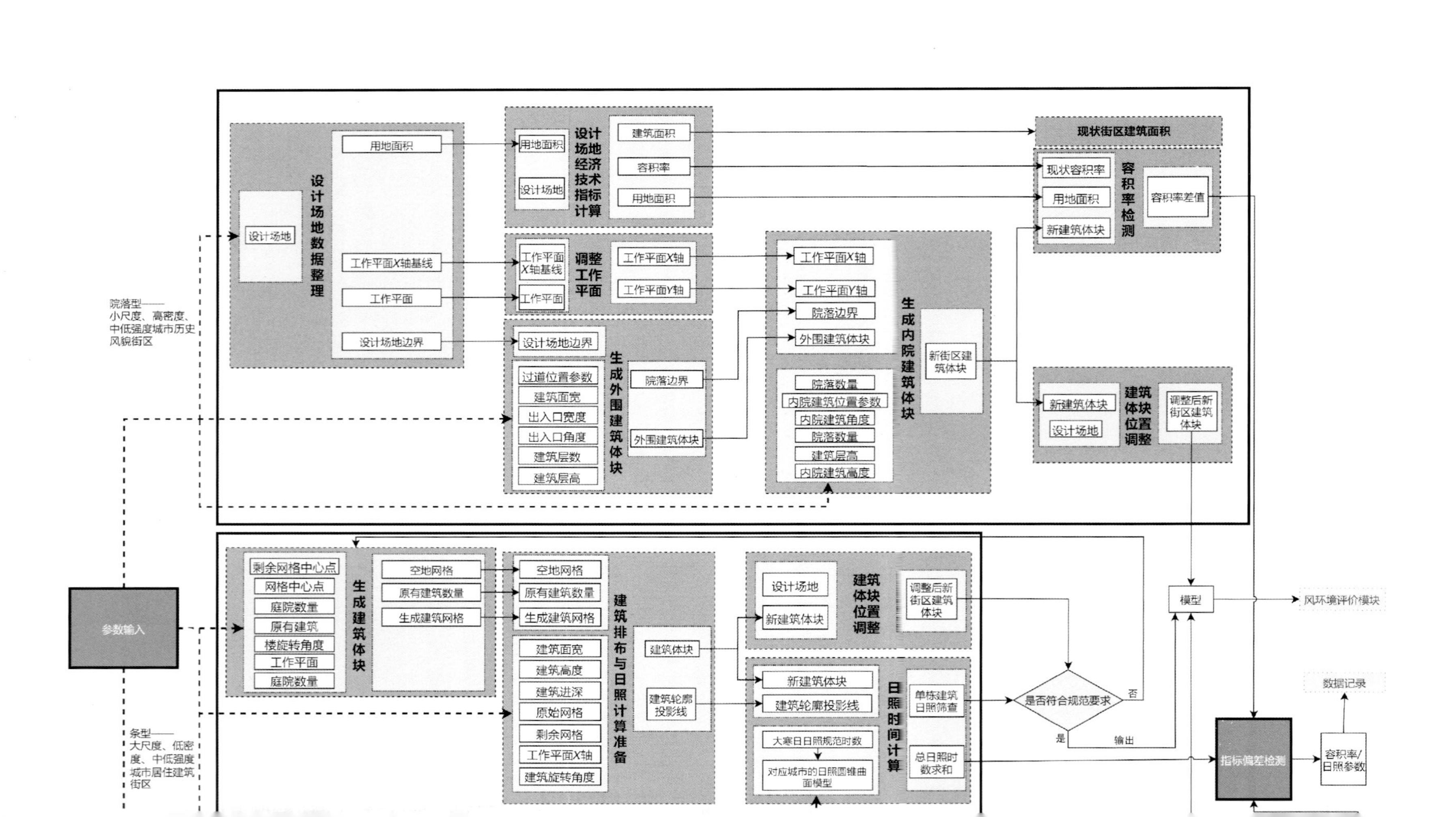

参数输入
院落型——
小尺度、高密度、
中低强度城市历史
风貌街区
条型——
大尺度、低密度、中低强度城市居住建筑街区
设计场地数据整理
设计场地
用地面积
工作平面X轴基线
工作平面
设计场地边界
设计场地经济技术指标计算
用地面积
设计场地
建筑面积
容积率
用地面积
调整工作平面
工作平面X轴基线
工作平面
工作平面X轴
工作平面Y轴
生成外围建筑体块
设计场地边界
过道位置参数
建筑面宽
出入口宽度
出入口角度
建筑层数
建筑层高
院落边界
外围建筑体块
生成内院建筑体块
工作平面X轴
工作平面Y轴
院落边界
外围建筑体块
院落数量
内院建筑位置参数
内院建筑角度
院落数量
建筑层高
内院建筑高度
新街区建筑体块
现状街区建筑面积
容积率检测
现状容积率
用地面积
新建筑体块
容积率差值
建筑体块位置调整
新建筑体块
设计场地
调整后新街区建筑体块
生成建筑体块
剩余网格中心点
网格中心点
庭院数量
原有建筑
楼旋转角度
工作平面
庭院数量
空地网格
原有建筑数量
生成建筑网格
建筑排布与日照计算准备
空地网格
原有建筑数量
生成建筑网格
建筑面宽
建筑高度
建筑进深
原始网格
剩余网格
工作平面X轴
建筑旋转角度
建筑体块
建筑轮廓投影线
建筑体块位置调整
设计场地
新建筑体块
调整后新街区建筑体块
日照时间计算
新建筑体块
建筑轮廓投影线
大寒日日照规范时数
对应城市的日照圆锥曲面模型
单栋建筑日照筛查
总日照时数求和
是否符合规范要求
否
是
输出
模型
风环境评价模块
指标偏差检测
容积率/日照参数
数据记录

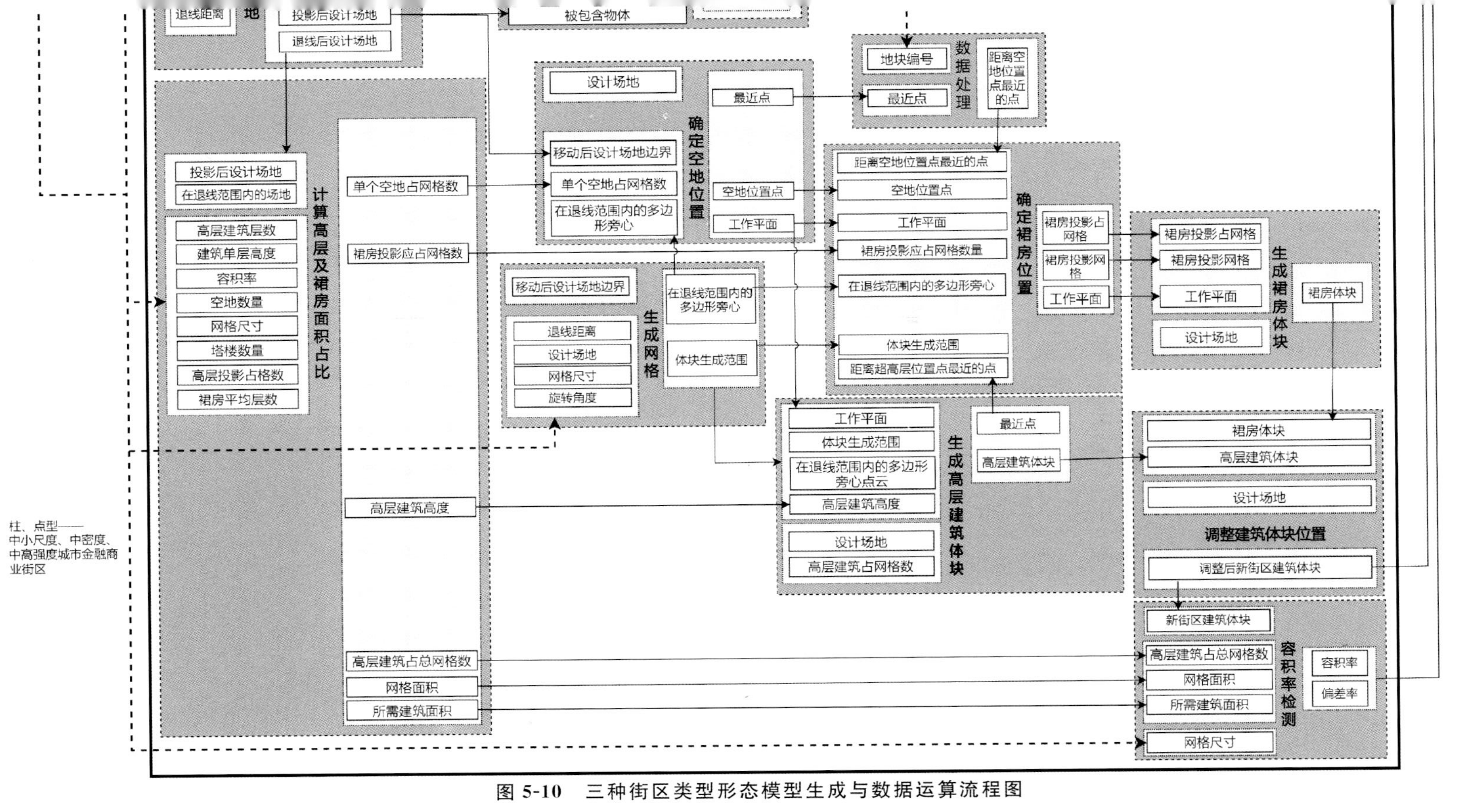

图 5-10　三种街区类型形态模型生成与数据运算流程图

（图片来源：笔者自绘）

（1）院落型街区。

①模型生成。

院落型街区在形态模型生成过程中主要由设计场地数据整理、设计场地经济技术指标计算、调整工作平面、生成外围建筑体块、生成内院建筑体块、建筑体块位置调整、生成方案容积率检测七个步骤组成。

院落型街区形态模型生成的核心步骤是首先依据设计场地边界与外围建筑相关的输入参数生成外围建筑体块，并用所需建筑面积减去生成的外围建筑面积，得到内院建筑面积，然后根据内院建筑相关的输入参数生成内院建筑体块，最后根据地形调整建筑位置后，输出街区形态模型。

②相关参数。

在院落型街区形态模型生成的过程中，需要在多项参数控制下确定各阶段的建筑角度与尺寸，院落型街区形态数据控制流程如图 5-11 所示。

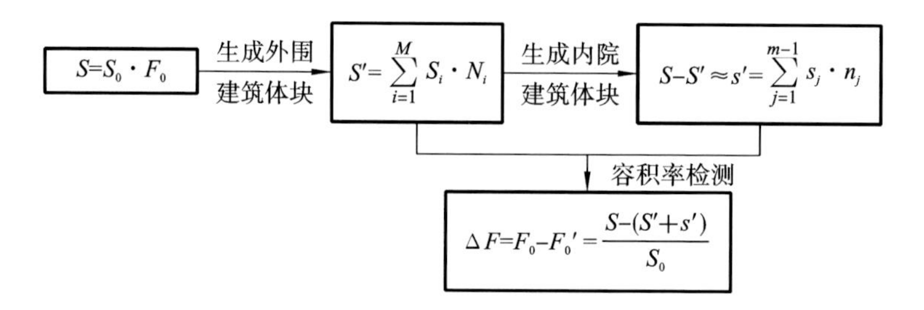

图 5-11　院落型街区形态数据控制流程

（图片来源：笔者自绘）

图中，S_0：街区用地面积；F_0：目标容积率；S：目标总建筑面积；S'：沿街区边界外围建筑面积；S_i：第 i 栋外围建筑占地面积；N_i：第 i 栋外围建筑层数；M：建筑栋数（街区出入口数）；s'：院落内建筑面积；s_j：第 j 栋院落内占地面积；n_j：第 j 栋院落内建筑层数；m：院落数量；ΔF：容积率偏差值；F_0'：新生成街区容积率。

在容积率差值求解部分，如果为新建街区，需要用任务书要求的容积率减去生成方案容积率，得出容积率差值；如果是维持原有方案容积率做出优化，则将原有模型导入设计场地经济技术指标计算模块，进行现状容积率的计算，再求得容积率差值，求得的容积率差值作为优化目标导出并记录数据。

③形态生成过程验证。

以青岛中山路片区 Z74 街区为例，将该街区信息参数输入后（表 5-1），街区形态模型生成过程如图 5-12 所示。

表 5-1　Z74 街区输入参数

街区编号	建筑进深	院落数量	外围建筑数量（出入口数）	退线距离	容积率	层高	最大层数
Z74	8 m	3	5	6 m	2.10	4 m	4

（资料来源：笔者自绘）

（2）柱、点型街区。

①模型生成。

柱、点型街区在形态模型生成过程中主要由调整场地、计算高层及裙房面积占比、确定空地位置、生成网格、生成高层建筑体块、确定裙房位置、生成裙房体块、调整建筑体块位置、容积率检测九个步骤组成。

柱、点型街区形态模型生成的关键步骤是首先依据设计场地边界与退线距离、网格大小等输入参数，在场地内生成网格；然后根据输入的空地数量在网格中随机排布空地位置，取场地内网格与空地位置交集，删除空地对应位置网格，依据网格大小与高层建筑网格数量生成高层网格，取高层网格与剩余网格的并集，高层网格依据高层建筑高度抬升，剩余网格为裙房网格，最后依据裙房高度与容积率限制随机抬升，输出街区形态模型。

②相关参数。

在柱、点型街区形态模型生成的过程中，其形态数据控制流程如图 5-13 所示。

图中，S_0：街区用地面积；F_0：目标容积率；S：目标总建筑面积；s：单个网格面积；N：生成的总网格数；m：空地数量；a_i：第 i 个空地的网格数；n：高层建筑数量；b_j：第 j 栋高层建筑所占网格数；c：裙房所占网格数；S_1：空地占地面积；S_2：高层建筑面积；S_3：裙房建筑面积；l_j：第 j 栋高层建筑层数；l_k：第 k 个裙房网格层数；ΔF：容积率偏差值；$F_0{}'$：新生成街区容积率。

在容积率差值求解部分，新建街区或方案优化的处理方式与院落型街

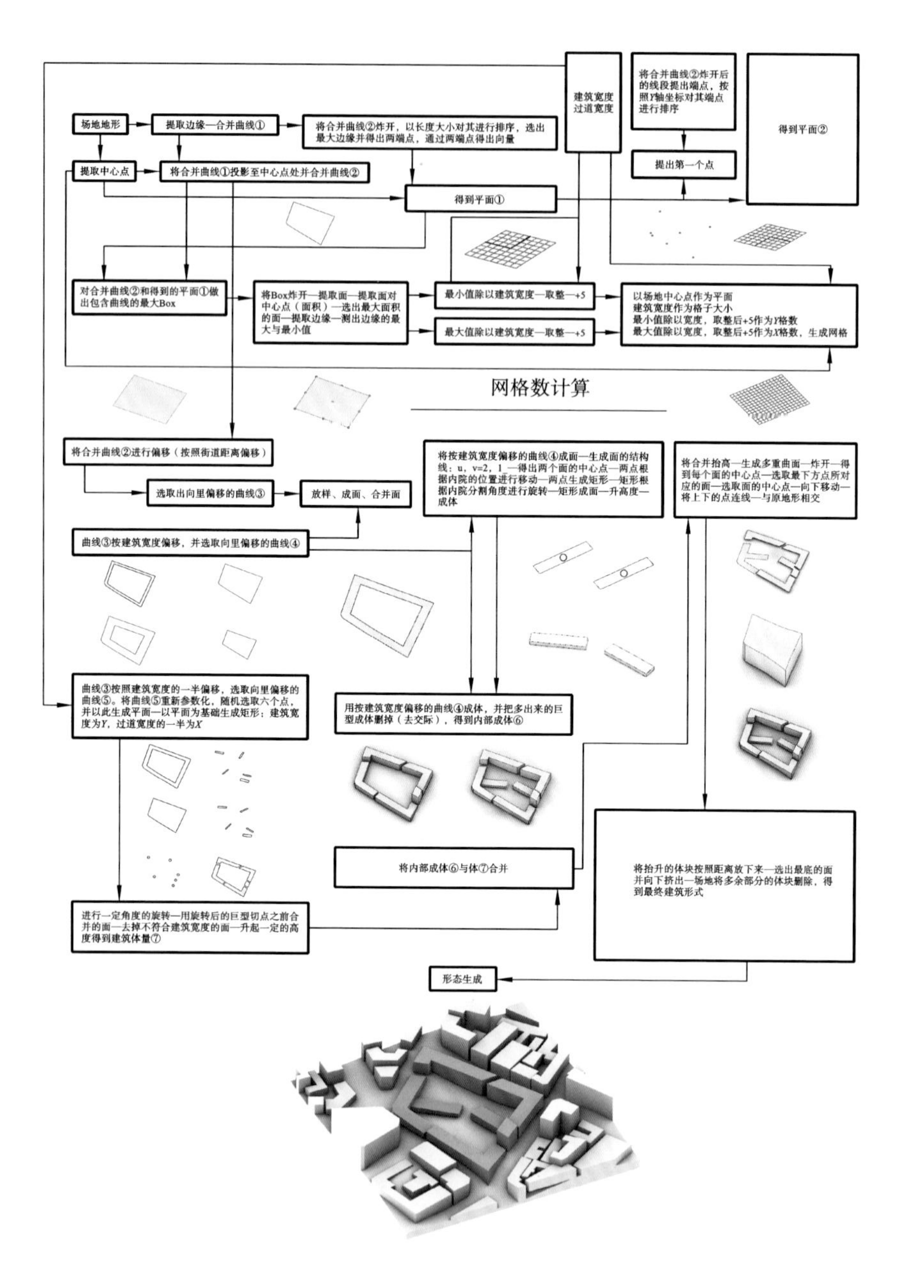

图 5-12　Z74 街区形态模型生成过程

（图片来源：笔者自绘）

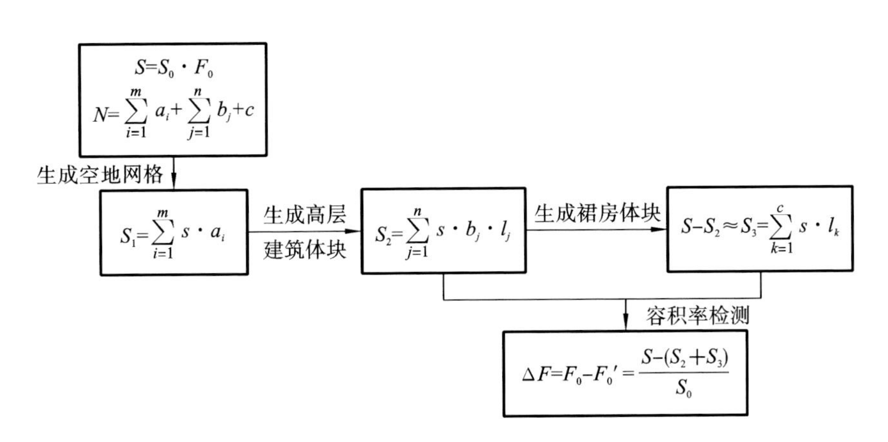

图 5-13 柱、点型街区形态数据控制流程

（图片来源：笔者自绘）

区相同。

③形态生成过程验证。

以青岛香港中路片区 X7 街区为例，将该街区信息参数输入后（表 5-2），街区形态模型生成过程如图 5-14 所示。

表 5-2 X7 街区输入参数

街区编号	高层建筑数量	建筑层高	空地数量	退线距离	容积率	裙房最大层数	高层建筑层数	网格尺寸	高层建筑网格数	消防间距
X7	1	4 m	3	15 m	5.03	4	30	10 m×10 m	10	9 m

（表格来源：笔者自绘）

（3）条型街区。

①模型生成。

条型街区在形态模型生成过程中主要由生成建筑体块、建筑排布与日照计算准备、建筑体块位置调整、日照时间计算、日照时数验证五个步骤组成。

条型街区形态模型生成的关键步骤是首先依据设计输入参数生成符合

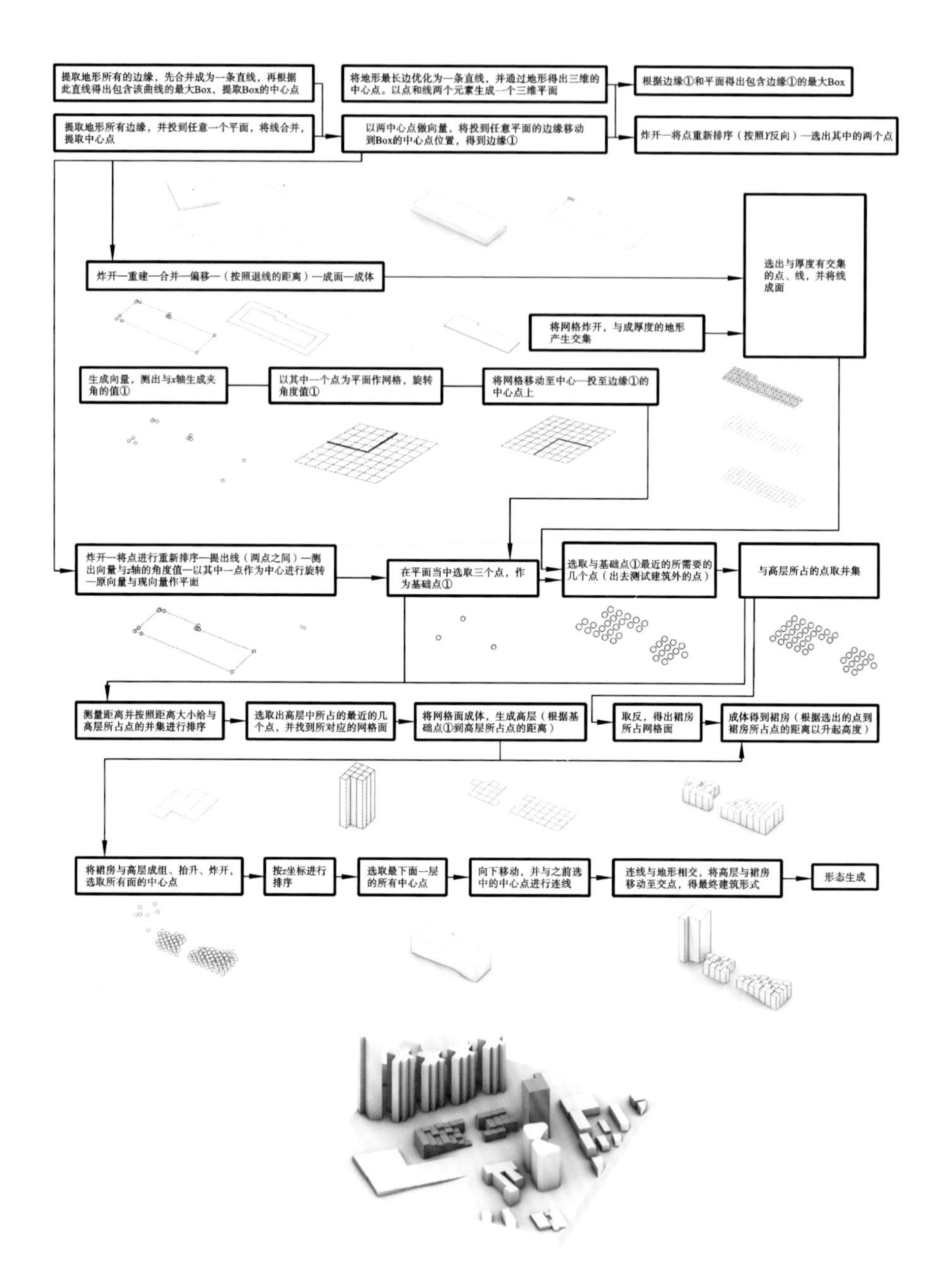

图 5-14　X7 街区形态模型生成过程

（图片来源：笔者自绘）

容积率要求的住宅数量，并依照场地、住宅建筑数量和空地数量生成网格；然后根据网格与建筑旋转角度，让建筑在网格内随机排布与旋转，生成形态模型，进行进一步的日照时间验证。

②相关参数。

在条型街区形态模型生成的过程中，运用了传统的日照圆锥曲面法检查模型。日照圆锥曲面法主要对一天内太阳的空间运行轨迹进行模拟，确定出太阳和被测点各时刻的矢量光线关系，从而确定出一天中各时刻的光线矢量，并组合起来建立起曲面。根据日照设计标准和规范，日照标准日检测为冬至日和大寒日，前者有效时间为 9:00—15:00，共计 6 小时(如图 5-15 蓝线部分)；大寒日有效时间为 8:00—16:00，共计 8 小时(如图 5-15 红线部分)。在实际设计时，主要是基于城市所处区域的纬度信息进行分区，将国内城市日照要求划分为Ⅰ到Ⅵ区。

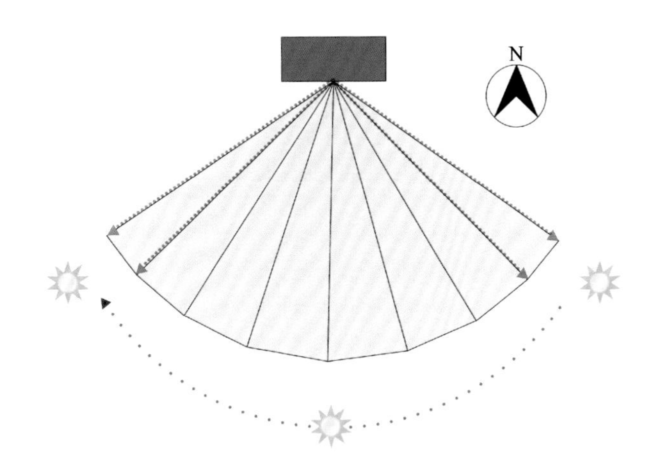

图 5-15　日照计算时间示意图

(图片来源：笔者自绘)

目前日照圆锥曲面法计算模型可从多种软件中获取，再导入 Rhino 软件中进行进一步计算。我国不同地区规定的有效日照标准不统一，可按照日照时数分为三个档次，即不低于大寒日日照时数 2 h，不低于大寒日日照时数 3 h，不低于冬至日日照时数 1 h。本书以青岛为例，根据《青岛市城乡规划管理技术规定》，住宅建筑大寒日日照时数为最低 2 h，使用天正建筑软件生成青岛日照圆锥曲面模型图（图 5-16）。

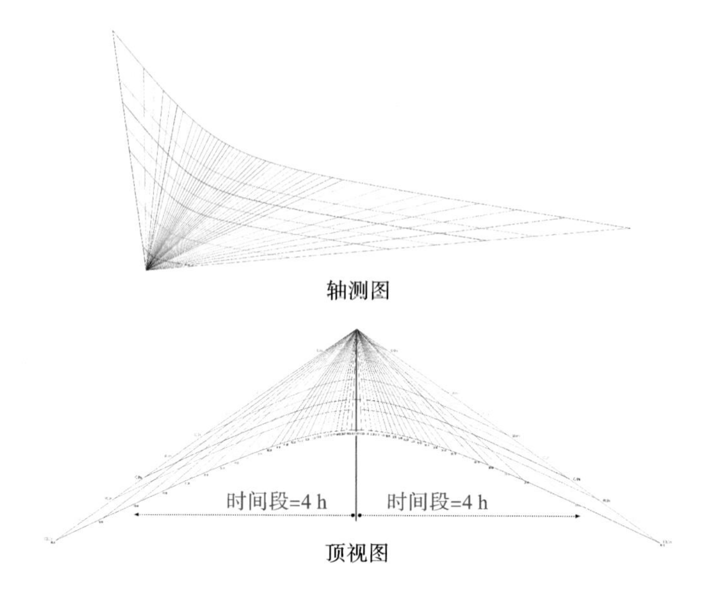

图 5-16　青岛日照圆锥曲面模型图

（图片来源：笔者自绘）

计算日照时数关键的过程是求解建筑物与日照圆锥曲面的交点，即建筑物各面与圆锥曲面的交点。基于街区形态生成的三维模型，若日照光被前排建筑遮挡，则计算出建筑物与圆锥曲面交点对应的方位角，再计算出对应的时角，从而得出具体遮挡时间，最终将计算总时间与遮挡时间相减，即可得出该建筑的日照时数。该方法能够适应建筑物在不同地形高度的情况，计算结果较为精确（图 5-17）。

在条型街区形态模型生成过程中，日照时数的数据控制流程如图 5-18 所示。

日照时数的数据控制主要分为两部分，首先需要每栋建筑日照时数均不能低于规范要求，若低于规范要求则重新进行形态生成；其次在每栋建筑日照时数大于等于规范要求的前提下，进一步计算地块内所有建筑的日照总时数并进行数据记录。作为多目标优化过程中的一项优化指标，筛选日

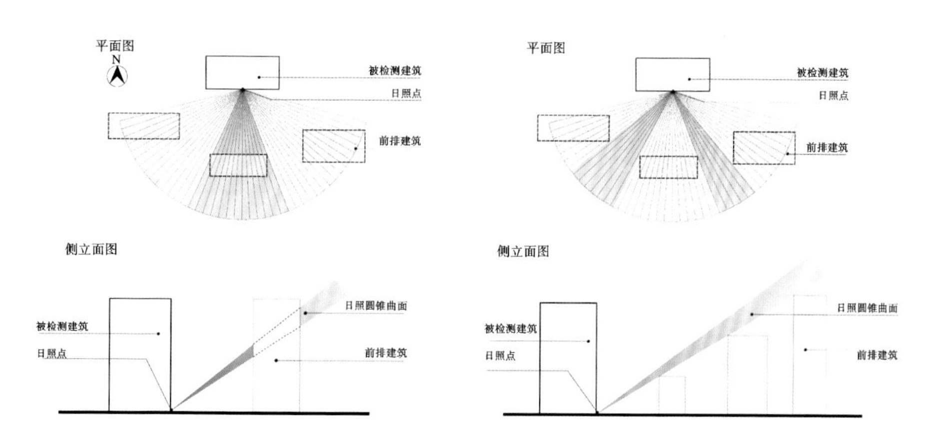

图 5-17　日照时数计算方法示意图

（图片来源：笔者自绘）

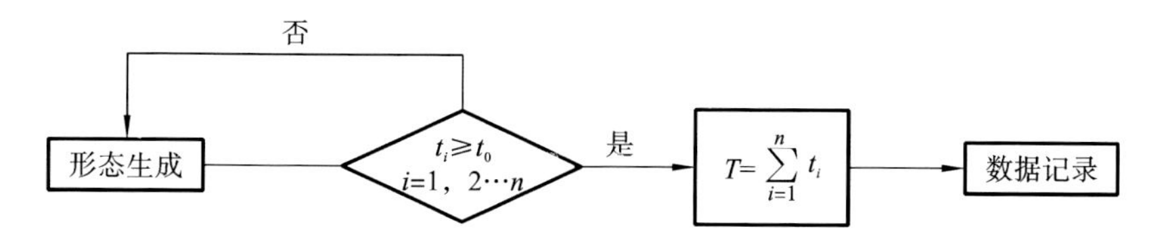

图 5-18　日照时数的数据控制流程

（图片来源：笔者自绘）

照条件更优的建筑排布方式。

③形态生成过程验证。

以浮山后片区 F11 街区为例，将该街区信息参数输入后（表 5-3），街区形态模型生成过程如图 5-19 所示。

表 5-3　F11 街区输入参数

街区编号	日照时长要求	建筑高度	空地数量	退线距离	容积率	建筑面宽	建筑进深	消防间距
F11	2 h	54 m	4	15 m	2.12	40 m	12 m	13 m

（资料来源：笔者自绘）

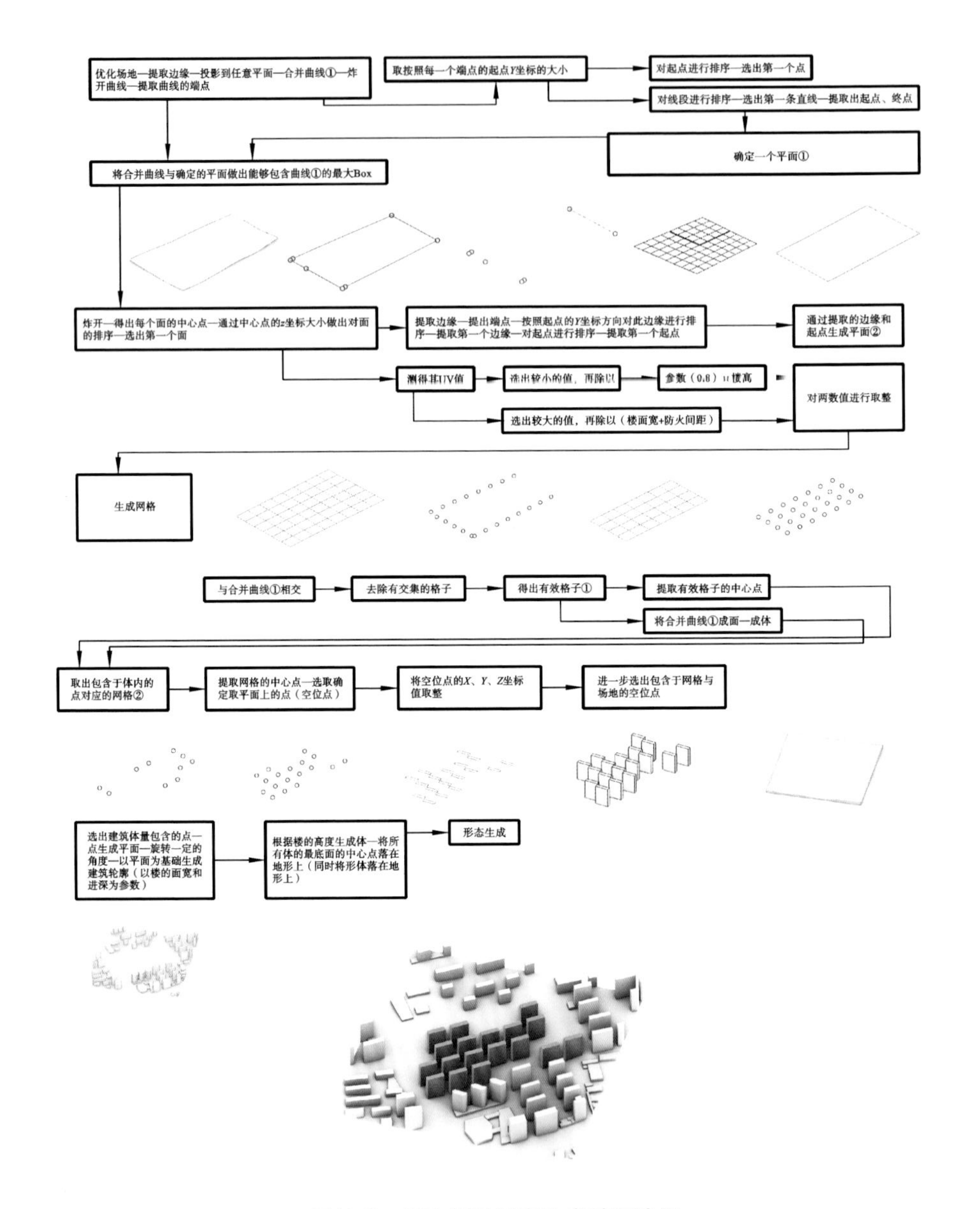

图 5-19　F11 街区形态生成过程验证

（图片来源：笔者自绘）

第三节　风环境评价模块

一、模块基本工作流程

风环境评价模块承担了设计平台的风环境模拟与数据计算工作，主要功能是根据风环境评价指标，依据边界条件对街区形态生成模块结果进行风环境评价，获得街区形态方案的评价指标参数并输出给性能优化模块。风环境评价模块工作流程如图 5-20 所示。其中模拟过程与第四章区域风环境模拟评价类似，对应的处理流程包括参数输入、前处理、模拟运算与后处理等环节。由于在风环境计算评价时需要对最热季与最冷季的风环境指标进行综合评价，故该模块包含了两个风环境模拟部分，分别对最热季与最冷季风环境进行模拟。

二、参数输入

参数输入包含了两部分，第一部分是模型部分，需要将街区模型中的地形模型、建筑形态模型以及建模域范围均地及建筑模型分别导入，以便于形成测试面和进行模型调整工作；第二部分是将街区最热季和最冷季的风速条件输入，结合模型进行下一步调整工作。

三、风环境模拟

风环境模拟过程基本与前述第四章流程相近，在该节仅阐述不同的部分，其余模拟过程不再赘述。

（1）模型调整。

每个街区的边界条件各不相同，在前处理调整模型时采取了风洞方位不变而依据边界条件调节模型角度的方法，以 X7 街区最热季边界条件为例，风速 3.17 m/s，风向(0.96,0.28,0)，保持风洞方位为(0,1,0)不变，将模型进行旋转(图 5-21)，使模型与风洞方位一致，并输入风速。

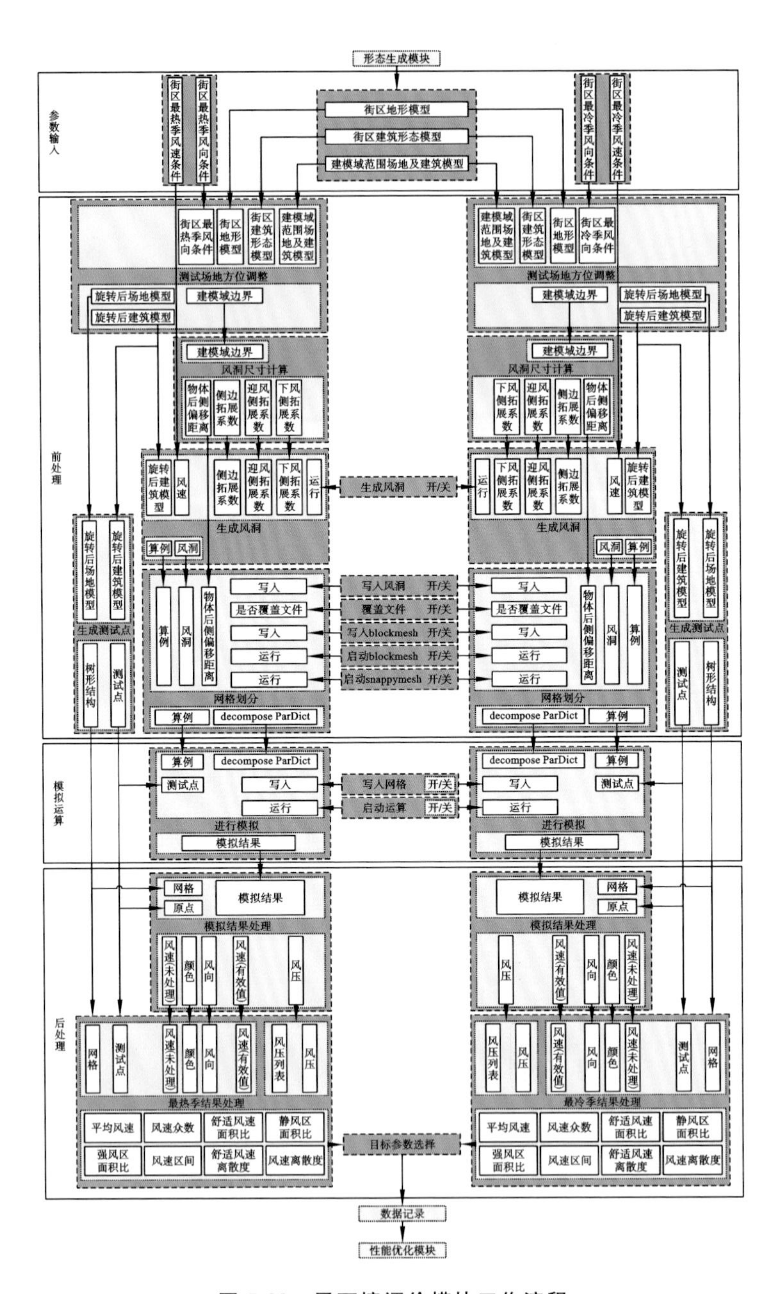

图 5-20 风环境评价模块工作流程

（图片来源：笔者自绘）

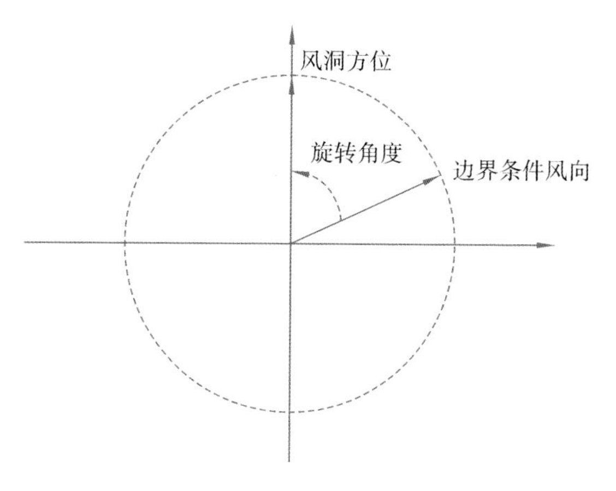

图 5-21　模型旋转调整示意图

（图片来源：笔者自绘）

（2）指标计算。

在后处理过程中，对每个季节 8 项指标进行了计算，分别是平均风速、风速众数、舒适风区面积比、静风区面积比、强风区面积比、风速区间、风速离散度、舒适风速离散度，计算时可以依照各街区现状风环境的不足对这些指标进行选择，作为目标参数记录、转换并导入性能优化模块，指标计算方法见本书第二章与第四章内容。

第四节　性能优化模块

一、模块基本工作流程

性能优化模块在运行过程中主要的作用是基于街区风环境现状，选择待优化目标，针对风环境对街区形态进行多目标寻优，图 5-22 为性能优化模块工作流程。在多目标寻优工具中输入算法参数；调用形态生成模块生成

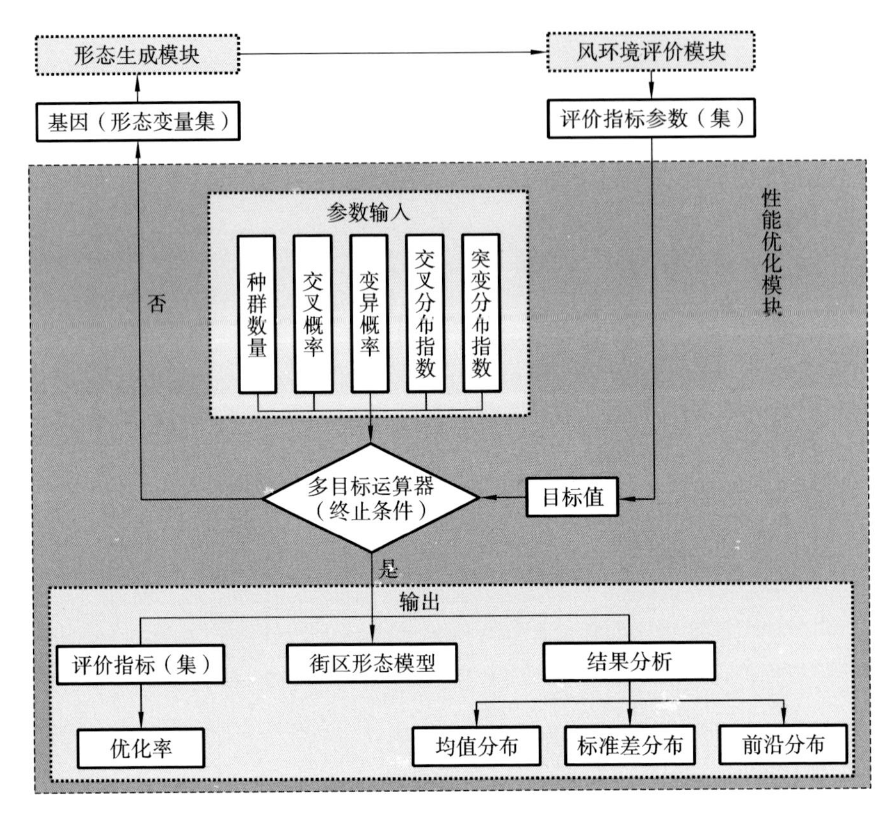

图 5-22　性能优化模块工作流程

（图片来源：笔者自绘）

待评价方案，调用风环境评价模块计算各方案的风环境评价指标；选择风环境评价指标并将其处理为目标值，录入寻优运算器存储，再由寻优运算器根据目标值采用多目标进化算法对街区形态参数进行调节，持续迭代优化街区形态，直到符合相应终止条件，建立帕累托优化解集，并对各方案的效果进行评价。

二、算法寻优

根据本书第二章第五节对算法与工具的选择，确定 Wallacei 插件为寻优计算子模块的核心运算器，采用 NSGA-Ⅱ进化算法。

利用 Wallacei 插件作为寻优计算的核心运算器，通过红线将形态变量参数运算器（基因池）与 Genes 端口连接，通过蓝线将目标参数与 Objectives 端口连接（图 5-23）。运算器存储的值是风环境评价指标参数的目标值，在存储前需要对风环境评价指标参数进行处理才能进行寻优，在该平台中，将风环境评价数据分为三类，分别是最大值优化目标、最小值优化目标和绝对值最小值（0）优化目标。

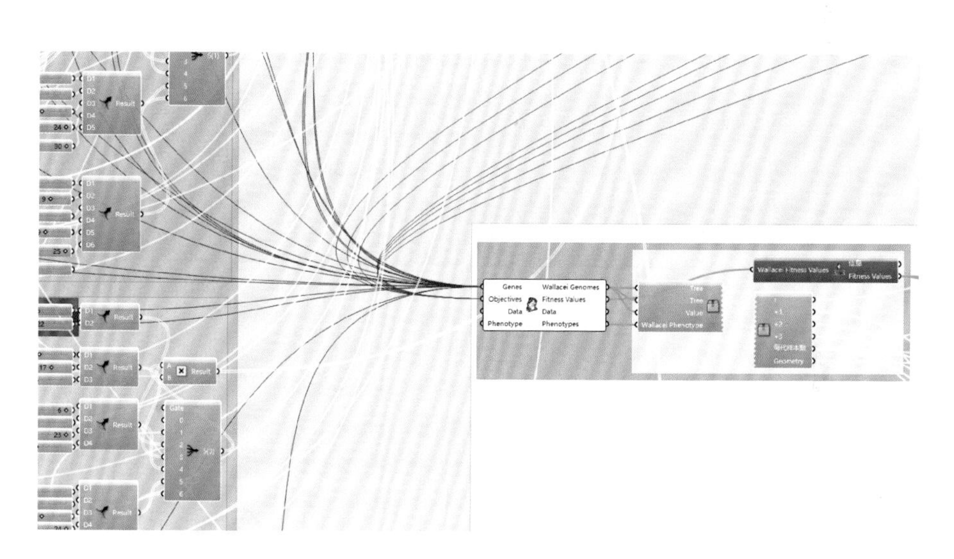

图 5-23　Wallacei 运算器连接方式

（图片来源：笔者自绘）

Wallacei 插件在进行多目标寻优过程中，通过风环境评价指标衡量街区方案的风环境性能，依照目标项对各类形态变量进行适应性调整，同时反映街区形态是否符合目标要求。

三、优化评价方法

本书通过优化率来定量评价街区风环境的优化性能，具体方法如公式(5.1)所示。

$$R=\frac{X_{G\cdot i}-X_0}{X_0}\times 100\% \tag{5.1}$$

式中，R 为优化率，$X_{G\cdot i}$ 为第 G 代 Pareto 优化方案集的第 i 个解的性能评价指标，X_0 为待优化方案或初代方案的性能评价指标，优化率和对应的优化程度存在正相关关系，优化率高则反映出性能指标与理想目标更接近。

第五节　街区风环境优化平台验证

本节以本书第三章和第四章对青岛东岸城区街区形态和风环境的研究为基础，选取三个典型城市片区中的街区为案例，设置多组优化验证实验，用于检验该平台的性能以及各模块协同的流畅度。统计分析确定出优化方案各目标值的优化率，并计算得到不同代相应目标指标的均值和标准差值变化趋势，验证平台的性能。

一、案例街区选取

依照第三章对青岛东岸城区的街区特征梳理，以及第四章对该地区代表片区的风环境模拟，抽选出具有典型形态特征并在风环境评价指标上具有代表问题的街区，具体如下。

1. 院落型街区

中山路片区主要以院落型为典型形态特征的街区形式构成，由于其高密度以及高围合度的形态特征，导致整个片区最热季平均风速较小，舒适风区面积比较小，但同时也使得最冷季强风区较少。故在该片区内选取了 Z24 街区和 Z74 街区作为院落型街区风环境优化的验证对象，院落型街区案例现状相关信息如图 5-24 所示。

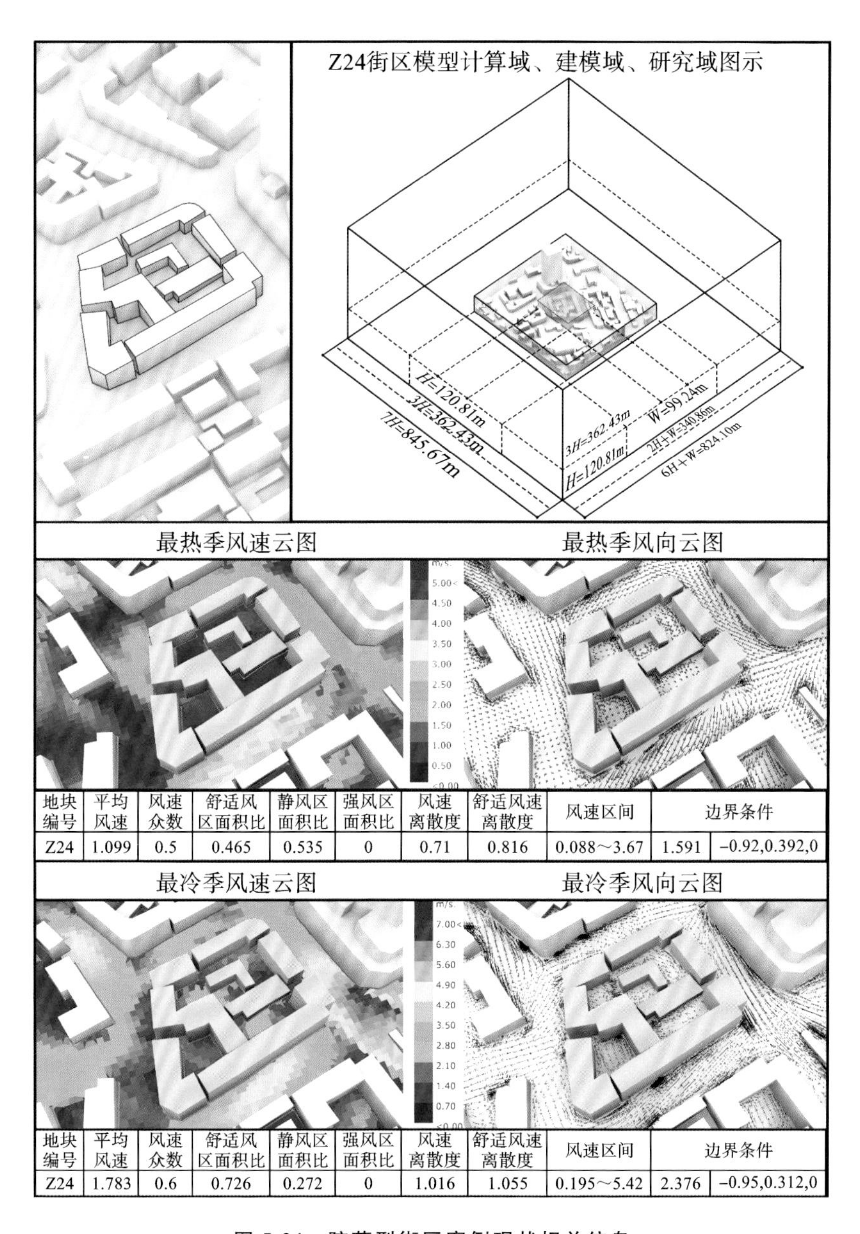

地块编号	平均风速	风速众数	舒适风区面积比	静风区面积比	强风区面积比	风速离散度	舒适风速离散度	风速区间	边界条件	
Z24	1.099	0.5	0.465	0.535	0	0.71	0.816	0.088～3.67	1.591	−0.92,0.392,0

地块编号	平均风速	风速众数	舒适风区面积比	静风区面积比	强风区面积比	风速离散度	舒适风速离散度	风速区间	边界条件	
Z24	1.783	0.6	0.726	0.272	0	1.016	1.055	0.195～5.42	2.376	−0.95,0.312,0

图 5-24　院落型街区案例现状相关信息

（图片来源：笔者自绘）

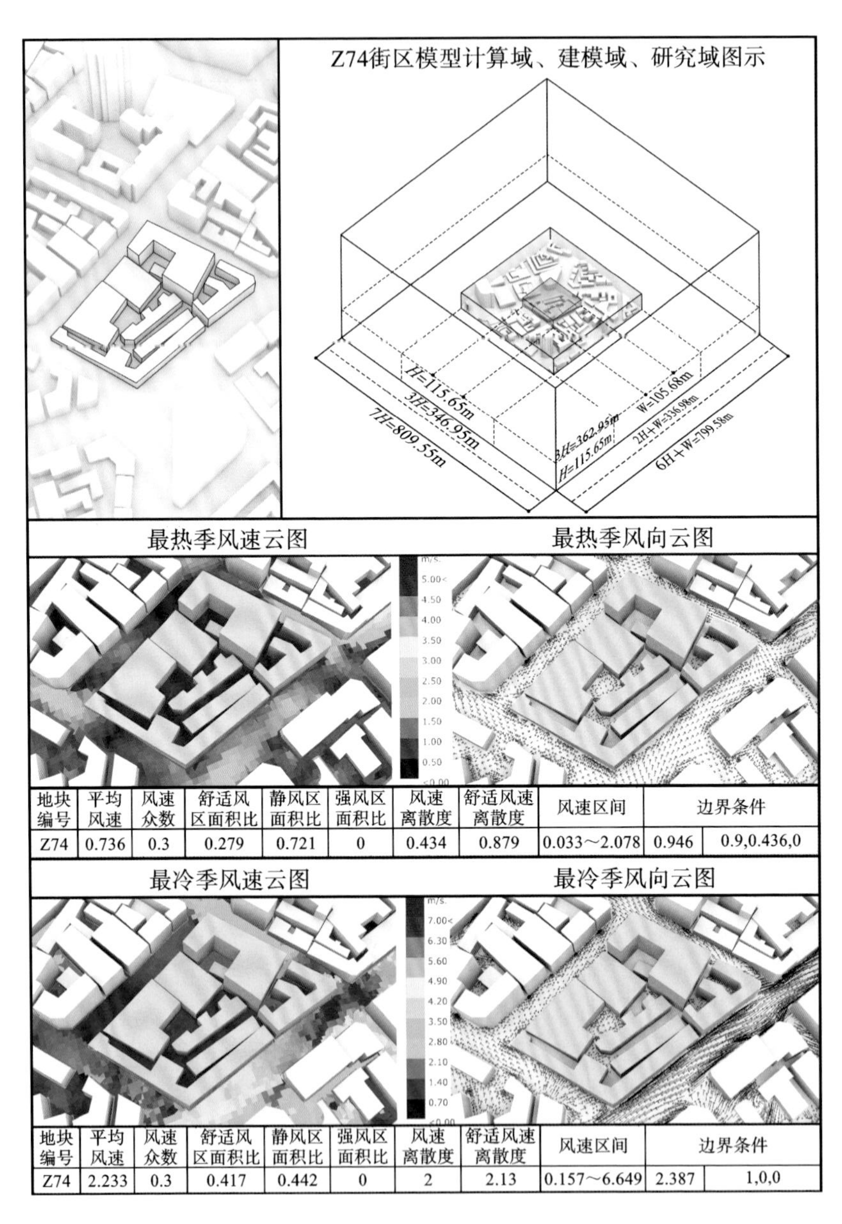

地块编号	平均风速	风速众数	舒适风区面积比	静风区面积比	强风区面积比	风速离散度	舒适风速离散度	风速区间	边界条件	
Z74	0.736	0.3	0.279	0.721	0	0.434	0.879	0.033～2.078	0.946	0.9,0.436,0

地块编号	平均风速	风速众数	舒适风区面积比	静风区面积比	强风区面积比	风速离散度	舒适风速离散度	风速区间	边界条件	
Z74	2.233	0.3	0.417	0.442	0	2	2.13	0.157～6.649	2.387	1,0,0

续图 5-24

2. 柱、点型街区

香港中路片区主要以柱、点型为典型形态特征的街区形式构成,大多街区是以单栋高层建筑+裙房或多栋高层建筑+裙房的形态体现。由于其高容积率、高高度、宽马路的特征,多数街区最热季通风良好,但导致了整个片区最冷季强风区面积较大,较多地块存在较大的强风区面积比,造成最冷季行人不舒适的感受,同时部分包含多栋高层建筑的街区也会存在最热季平均风速较小,舒适风区面积比较小的情况。结合以上特点,在该片区内选取了单栋高层建筑 X7 街区和多栋高层建筑 X15 街区作为柱、点型街区风环境优化的验证对象,柱、点型街区案例现状相关信息如图 5-25 所示。

3. 条型街区

浮山后片区主要以条型为典型形态特征的街区形式构成,大多数街区是以板式高层或板式多层住宅建筑的形态体现,少数街区存在点式建筑,主要表现为大尺度地块、低建筑密度的特征。该片区多数街区最热季通风良好,但也存在通风不良的街区。结合街区和风环境现状特征,在该片区内选取了高层建筑群 F11 街区和多层建筑群 F19 街区作为条型街区风环境优化的验证对象,条型街区案例现状相关信息如图 5-26 所示。

二、相关参数设置

1. 案例相关参数

案例相关参数包括形态输入参数和风环境模拟边界条件参数,参考形态生成模块和风环境评价模块参数输入步骤,院落型街区案例,柱、点型街区案例,条型街区案例输入参数具体分别如表 5-4、表 5-5、表 5-6 所示。

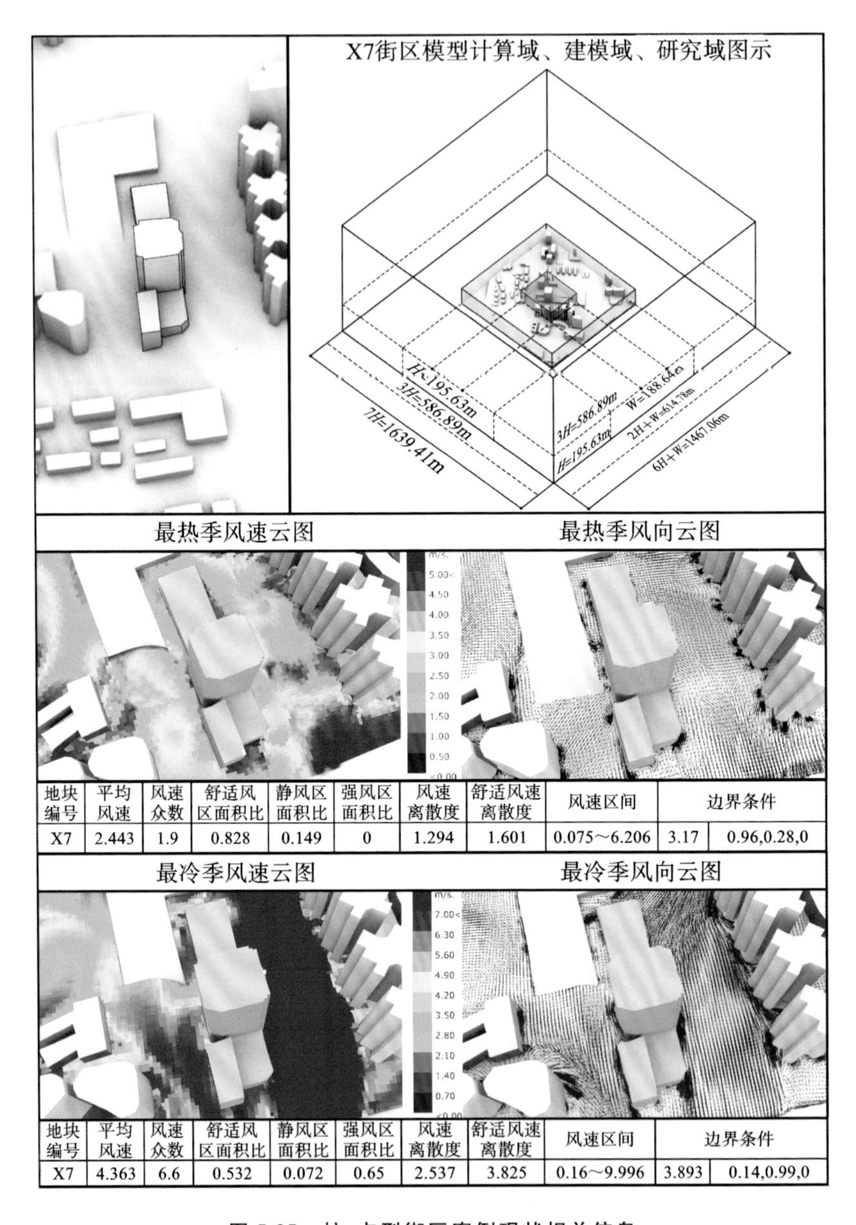

地块编号	平均风速	风速众数	舒适风区面积比	静风区面积比	强风区面积比	风速离散度	舒适风速离散度	风速区间	边界条件	
X7	2.443	1.9	0.828	0.149	0	1.294	1.601	0.075～6.206	3.17	0.96,0.28,0

地块编号	平均风速	风速众数	舒适风区面积比	静风区面积比	强风区面积比	风速离散度	舒适风速离散度	风速区间	边界条件	
X7	4.363	6.6	0.532	0.072	0.65	2.537	3.825	0.16～9.996	3.893	0.14,0.99,0

图 5-25　柱、点型街区案例现状相关信息

（图片来源：笔者自绘）

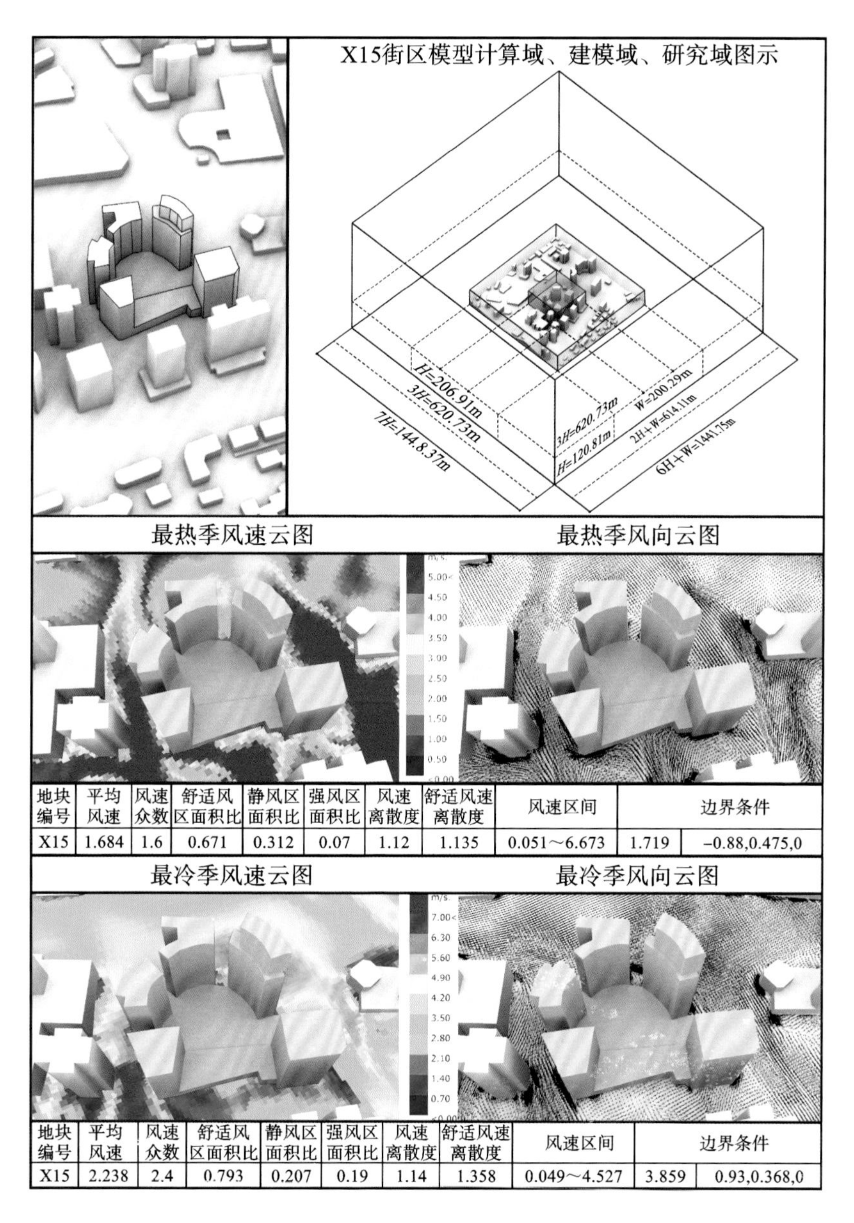

地块编号	平均风速	风速众数	舒适风区面积比	静风区面积比	强风区面积比	风速离散度	舒适风速离散度	风速区间	边界条件	
X15	1.684	1.6	0.671	0.312	0.07	1.12	1.135	0.051～6.673	1.719	−0.88,0.475,0

地块编号	平均风速	风速众数	舒适风区面积比	静风区面积比	强风区面积比	风速离散度	舒适风速离散度	风速区间	边界条件	
X15	2.238	2.4	0.793	0.207	0.19	1.14	1.358	0.049～4.527	3.859	0.93,0.368,0

续图 5-25

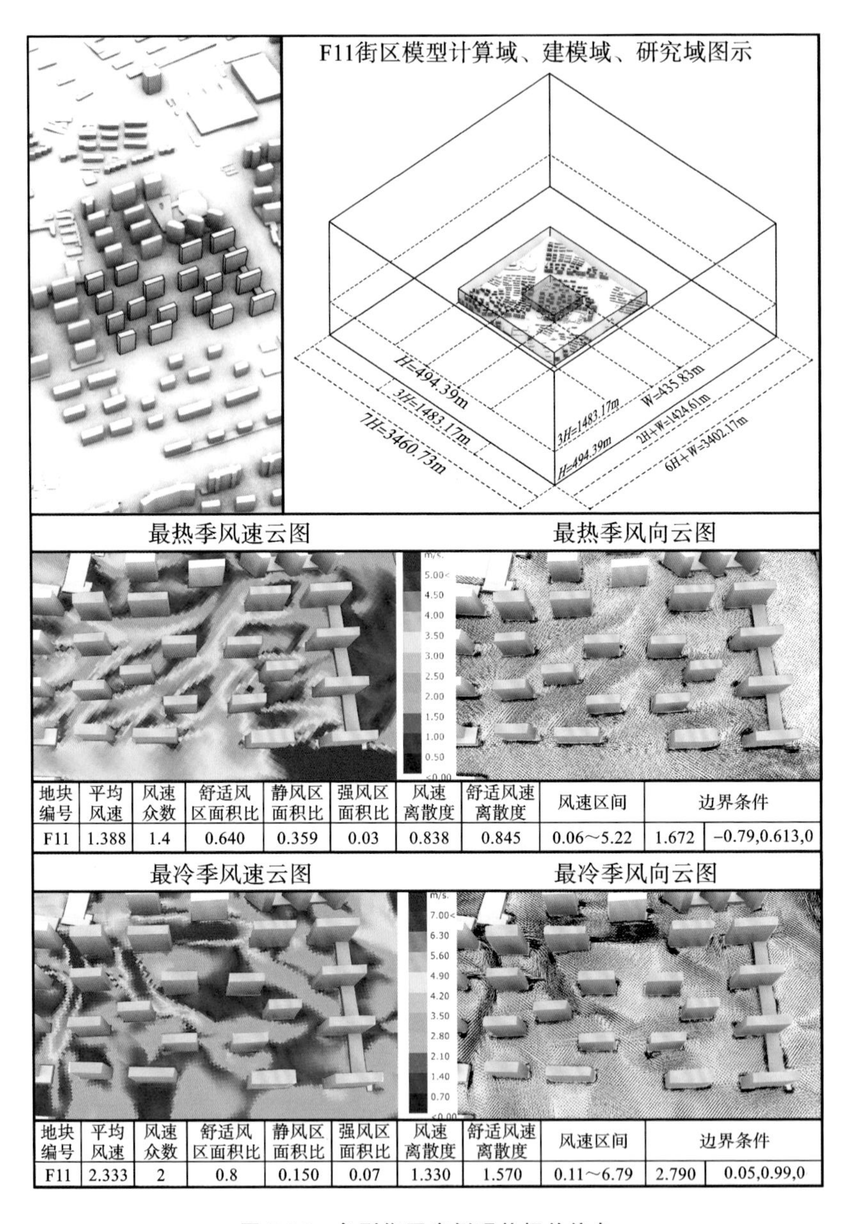

地块编号	平均风速	风速众数	舒适风区面积比	静风区面积比	强风区面积比	风速离散度	舒适风速离散度	风速区间	边界条件	
F11	1.388	1.4	0.640	0.359	0.03	0.838	0.845	0.06～5.22	1.672	−0.79,0.613,0

地块编号	平均风速	风速众数	舒适风区面积比	静风区面积比	强风区面积比	风速离散度	舒适风速离散度	风速区间	边界条件	
F11	2.333	2	0.8	0.150	0.07	1.330	1.570	0.11～6.79	2.790	0.05,0.99,0

图 5-26　条型街区案例现状相关信息

（图片来源：笔者自绘）

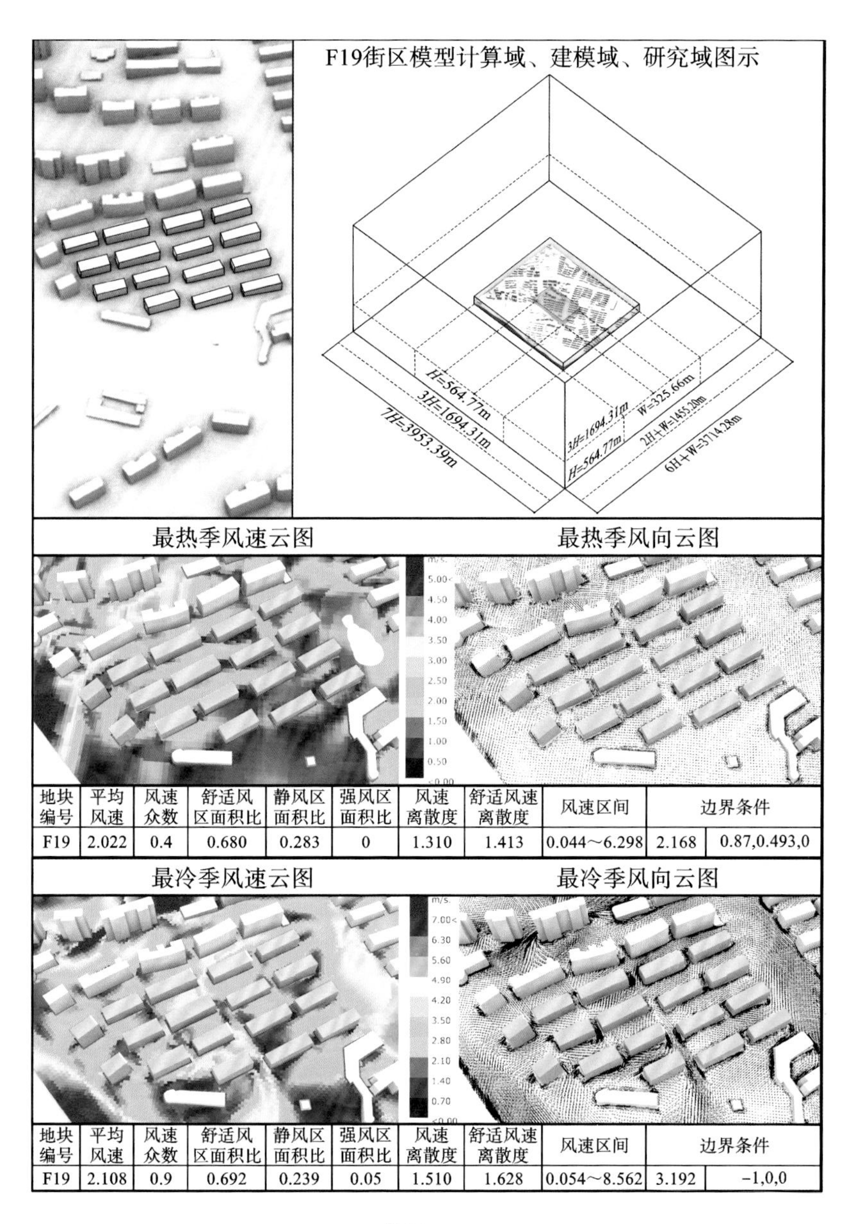

地块编号	平均风速	风速众数	舒适风区面积比	静风区面积比	强风区面积比	风速离散度	舒适风速离散度	风速区间	边界条件	
F19	2.022	0.4	0.680	0.283	0	1.310	1.413	0.044～6.298	2.168	0.87,0.493,0

地块编号	平均风速	风速众数	舒适风区面积比	静风区面积比	强风区面积比	风速离散度	舒适风速离散度	风速区间	边界条件	
F19	2.108	0.9	0.692	0.239	0.05	1.510	1.628	0.054～8.562	3.192	−1,0,0

续图 5-26

表 5-4 院落型街区案例输入参数

街区编号	建筑进深	院落数量	外围建筑数量（出入口数）	退线距离	容积率	层高	最大层数	边界条件（最热季、最冷季）
Z24	8 m	3	5	6 m	2.04	4 m	5	1.591 m/s, (−0.92,0.392,0) 2.376 m/s, (−0.95,0.312,0)
Z74	8 m	3	5	6 m	2.10	4 m	4	0.946 m/s, (0.9,0.436,0) 2.387 m/s, (1,0,0)

（资料来源：笔者自绘）

表 5-5 柱、点型街区案例输入参数

街区编号	高层建筑数量	建筑层高	空地数量	退线距离	容积率	裙房最大层数	高层建筑层数	网格尺寸	高层网格数	消防间距	边界条件（最热季、最冷季）
X7	1	4 m	3	15 m	5.03	4	30	10 m*10 m	10	9 m	3.17 m/s, (0.96,0.28,0) 3.89 m/s, (0.14,0.99,0)
X15	5	4 m	2	15 m	6.62	6	30	10 m*10 m	10	13 m	1.71 m/s, (−0.88,0.475,0) 3.85 m/s, (0.93,0.368,0)

（资料来源：笔者自绘）

表 5-6　条型街区案例输入参数

街区编号	日照时长要求	建筑高度	空地数量	退线距离	容积率	建筑面宽	建筑进深	消防间距	边界条件（最热季、最冷季）
F11	大寒日 2 h	54 m	4	15 m	2.12	40 m	12 m	13 m	1.67 m/s，(−0.79,0.613,0) 2.79 m/s，(0.05,0.99,0)
F19	大寒日 2 h	14 m	2	10 m	1.12	40 m	12 m	6 m	2.16 m/s，(0.87,0.493,0) 3.19 m/s，(−1,0,0)

（资料来源：笔者自绘）

2. 算法寻优相关参数设置

(1) 目标项。

根据以上 6 个地块的风环境模拟结果，选取的目标项为以下 6 项。

①容积率偏差率(院落型，柱、点型街区)/总日照时数(条型街区)。

②最热季舒适风区面积比。

③最热季静风区面积比。

④最热季风速离散度。

⑤最冷季强风区面积比。

⑥最冷季风速离散度。

以上目标分别对应案例中的目标编号 1-6。

(2) 算法参数设置。

种群规模会明显地影响到收敛时间，不同的目标函数情况下，影响水平也存在明显差异。本书在进行算法寻优参数设置时，将种群规模确定为 20，50 代时结束迭代，交叉概率为 0.9，变异概率为 0.1，交叉分布指数为 20，变异分布指数为 20。

三、优化结果分析

1. 院落型街区

院落型街区本身尺度较小，Z24 地块与 Z74 地块优化时间均在 60 小时以内。

图 5-27 左边展示了案例街区的 6 个目标优化过程解分布情况及最优解进化过程。最优解在中期与前期呈现出了大幅度的震荡，随着进化过程的继续，在 15 代前后，各目标标准差值呈现了逐步下降的趋势，均值呈现相互脱离朝向目标分布的趋势；在 40 代后，各目标标准差值呈现平稳，均值中目标 1(容积率)与目标 6(最冷季风速离散度)在 25 代即呈现平稳状态；而目标 5(最冷季强风区面积比)在院落型街区的寻优过程中一直呈现 0 的状态，可以认定所有方案在最冷季均无强风区。因此，可以认为 6 个目标基本收敛。

图 5-27 右边展示了案例街区各种群标准差值进化过程，可以看到除目标 5 外所有目标均在进化过程中有明显的数据质量提升的趋势。

图 5-28 所示为院落型街区案例优化最后一代最优解模型及数据，可以看出每个目标在大多解中都有一定的优化率。其中目标 1 与目标 2 优化率较高，Z74 地块甚至达到了近 200%，其他目标大多优化率在 20%～40%，而 Z74 地块中有三个解(14、15、16)的目标 6 中出现了较高的风速离散度，优化率为负值，说明在该代中仍存在不够理想的形态方案，可能计算机需要更长的时间寻找筛选最优解。

2. 柱、点型街区

优化时间主要与地块尺度有关，X7 地块的优化时间为 82 小时，X15 地块为 141 小时。

从图 5-29 左边可以看出，两个地块的最优解在进化过程中目标 2(最热季舒适风区面积比)与目标 5(最冷季强风区面积比)呈现了较稳定的分布趋势，其他目标在中期之前均呈现出了大幅度的震荡，随着进化过程的继续，在 30 代前后，X7 地块与 X15 地块各目标标准差值呈现了逐步下降

的趋势，在45代呈现平稳；而均值中，X7地块目标1(容积率)在45代呈现平稳状态，其他目标在35代呈现平稳，X15地块目标1、4、6在40代以后呈现平稳，其他目标在30代前后呈现平稳；在整个优化过程中可以认为6个目标基本收敛。

图5-29右边展示了案例街区各种群标准差值进化过程，根据各目标在种群中的优化进程，可以看出所有目标均在进化过程中有明显的数据质量提升的趋势。

图5-30所示为柱、点型街区案例优化最后一代最优解模型及数据，可以看出，在柱、点型街区中，每个目标在大多解中都有一定的优化率。其中目标3与目标5优化率最高，即最热季静风区面积比和最冷季的强风区面积比，但在X7地块中有四个解(0、2、3、17)的目标2、3中也出现了优化率为负值的情况。

3. 条型街区

F11地块与F19地块的优化时间分别为204小时与172小时。

从图5-31左边可以看出，两个地块的最优解在进化过程中各目标均呈现出了进化趋势，在中期之前表现出了较大幅度的震荡。随着进化过程的继续，在25代前后，F11地块各目标标准差值呈现了逐步下降的趋势，在45代左右趋于平稳；F19地块则变化较大，最热季舒适风区面积比在前5代就出现了非常大的变化，随后则在小范围浮动，其他目标也出现了前期有较大震荡而后期趋向平稳的特征，在整个优化过程中可以认为6个目标基本收敛。

图5-31右边所示与其他地块相同，所有目标均在进化过程中有明显的数据质量提升的趋势。

图5-32所示为条型街区案例优化最后一代最优解模型及数据，与柱、点型街区类似，最热季静风区面积比和最冷季强风区面积比的优化率最高，最热季舒适风区面积比也提升到了较高的标准，风速离散度大多控制在了1左右。

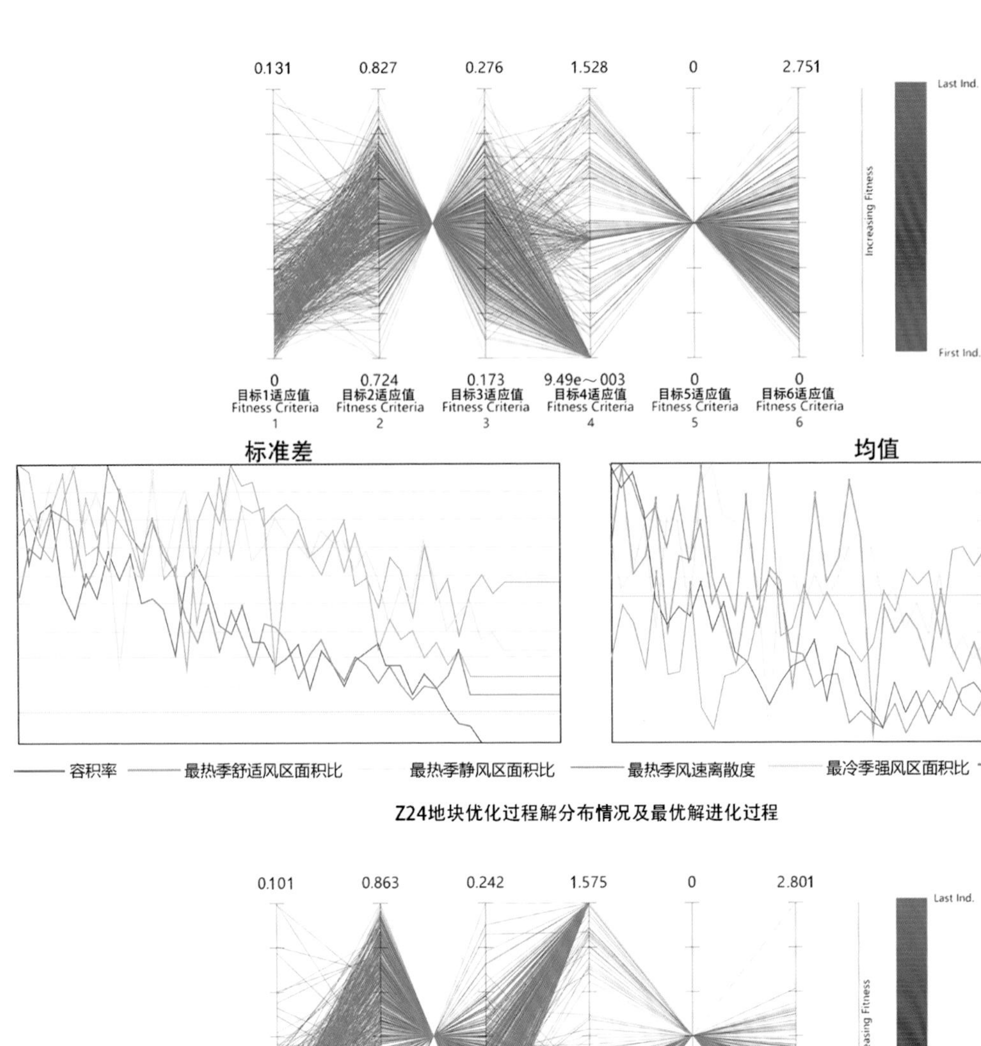

Z24地块优化过程解分布情况及最优解进化过程

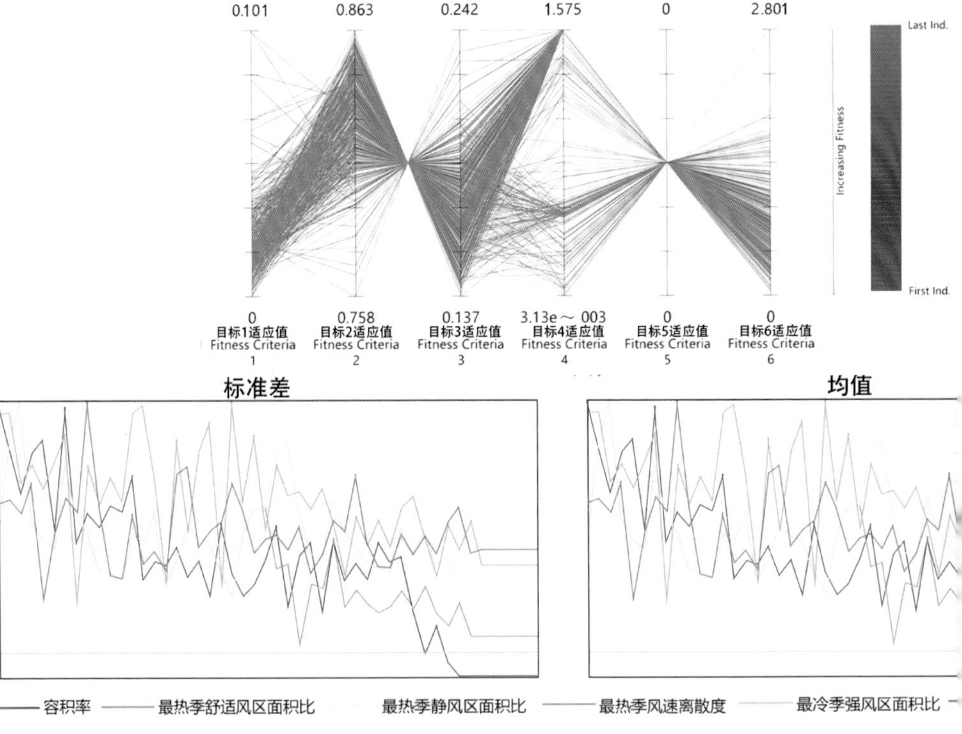

Z74地块优化过程解分布情况及最优解进化过程

图 5-27　院落型街区案

（图

Z24地块各种群标准差值进化过程

Z74地块各种群标准差值进化过程

度

分布情况及进化过程

绘）

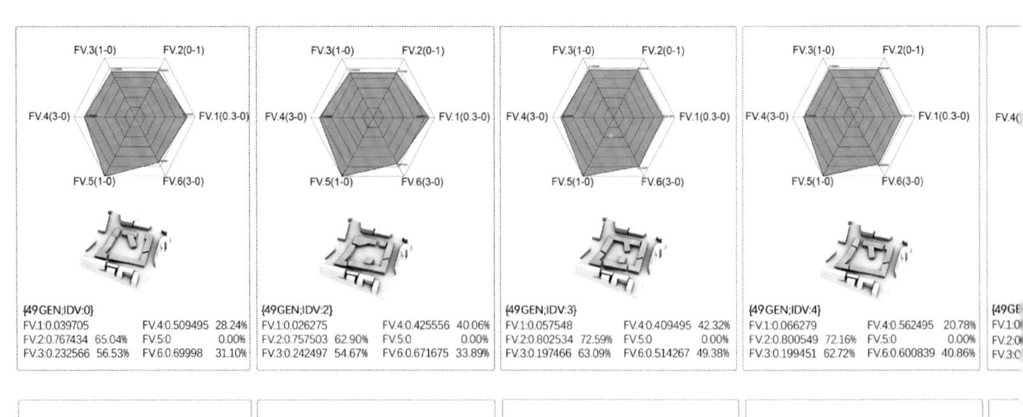

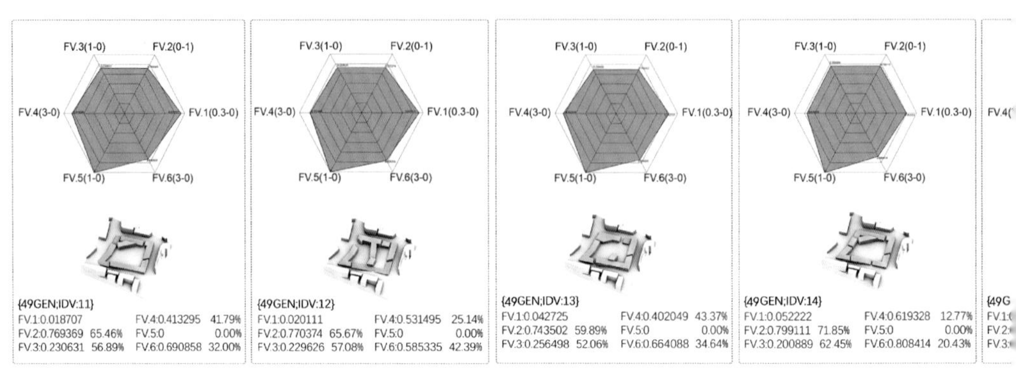

Z24地块最后一

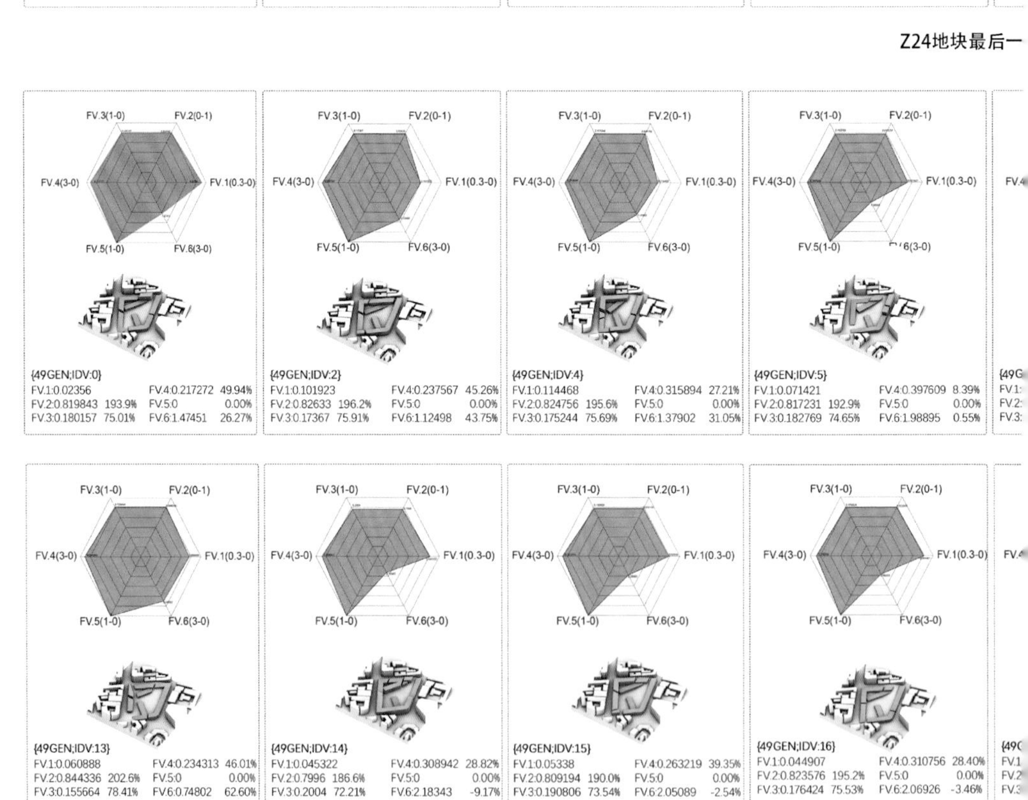

Z74地块最后一

图 5-28　院落型街区

（图

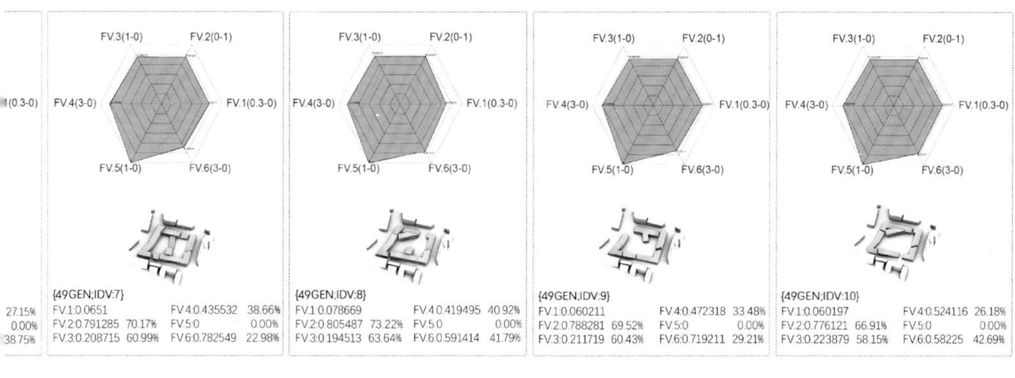

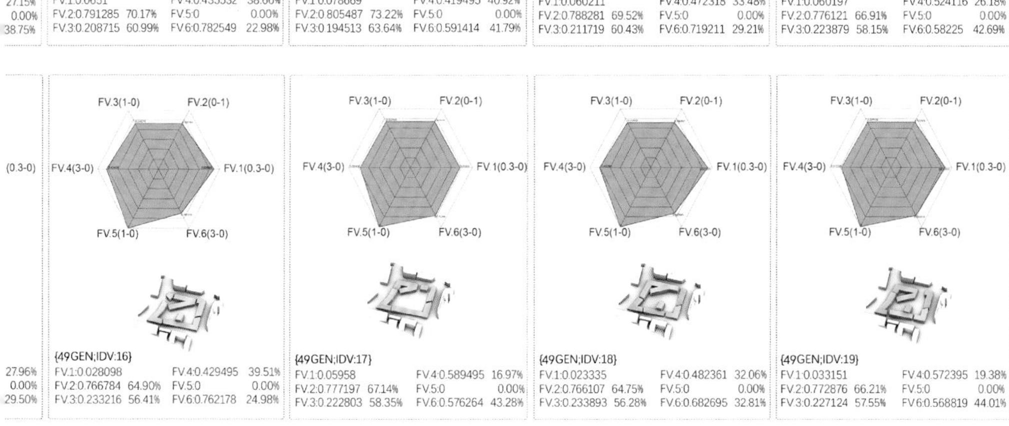

标数据及优化率

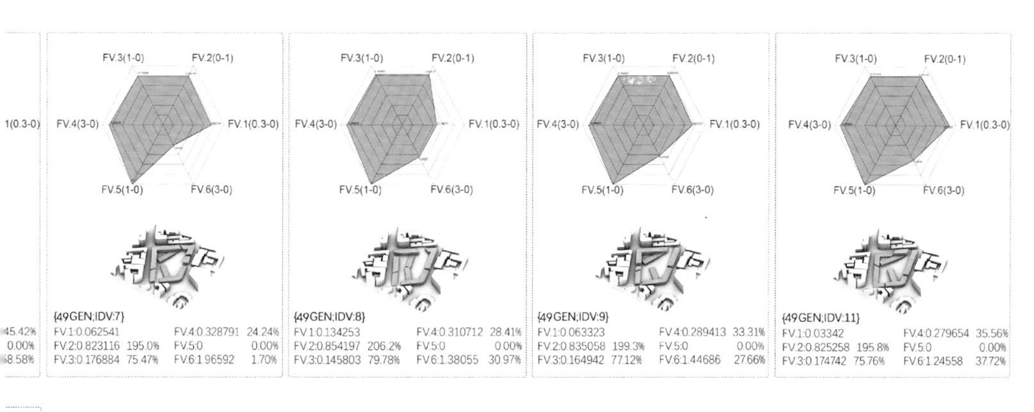

(0.3-0)

49.92%
0.00%
38.66%

图中：FV.1至FV.6分别指目标1至目标6；IDV指“解”。

标数据及优化率

一代最优解模型及数据

绘）

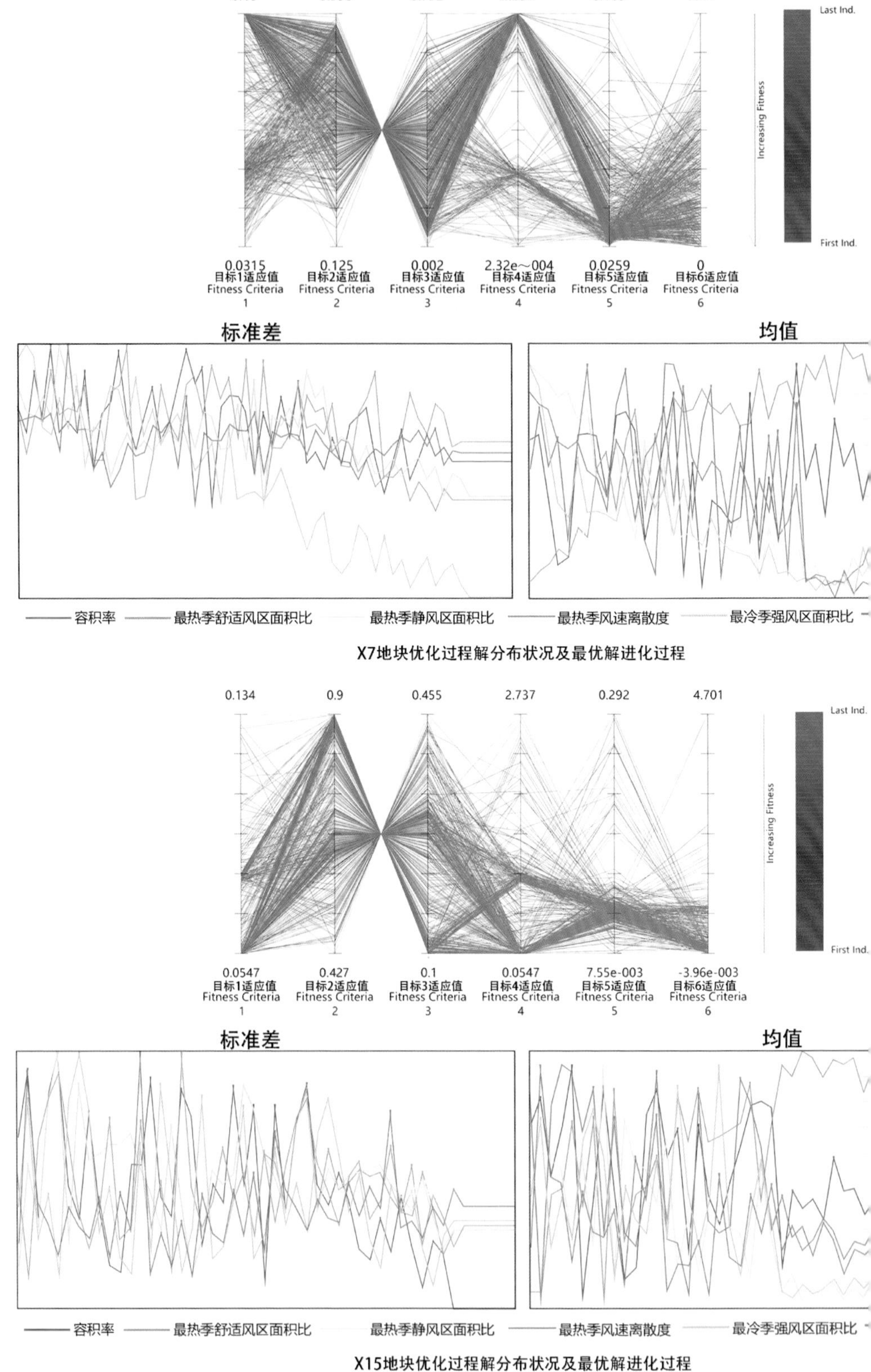

0.18
0.998
0.792
2.253
0.169
3.74
Last Ind.
Increasing Fitness
First Ind.
0.0315
目标1适应值
Fitness Criteria
1
0.125
目标2适应值
Fitness Criteria
2
0.002
目标3适应值
Fitness Criteria
3
2.32e～004
目标4适应值
Fitness Criteria
4
0.0259
目标5适应值
Fitness Criteria
5
0
目标6适应值
Fitness Criteria
6
标准差
均值
容积率
最热季舒适风区面积比
最热季静风区面积比
最热季风速离散度
最冷季强风区面积比
X7地块优化过程解分布状况及最优解进化过程
0.134
0.9
0.455
2.737
0.292
4.701
Last Ind.
Increasing Fitness
First Ind.
0.0547
目标1适应值
Fitness Criteria
1
0.427
目标2适应值
Fitness Criteria
2
0.1
目标3适应值
Fitness Criteria
3
0.0547
目标4适应值
Fitness Criteria
4
7.55e-003
目标5适应值
Fitness Criteria
5
-3.96e-003
目标6适应值
Fitness Criteria
6
标准差
均值
容积率
最热季舒适风区面积比
最热季静风区面积比
最热季风速离散度
最冷季强风区面积比
X15地块优化过程解分布状况及最优解进化过程

图 5-29　柱、点型街区

（图

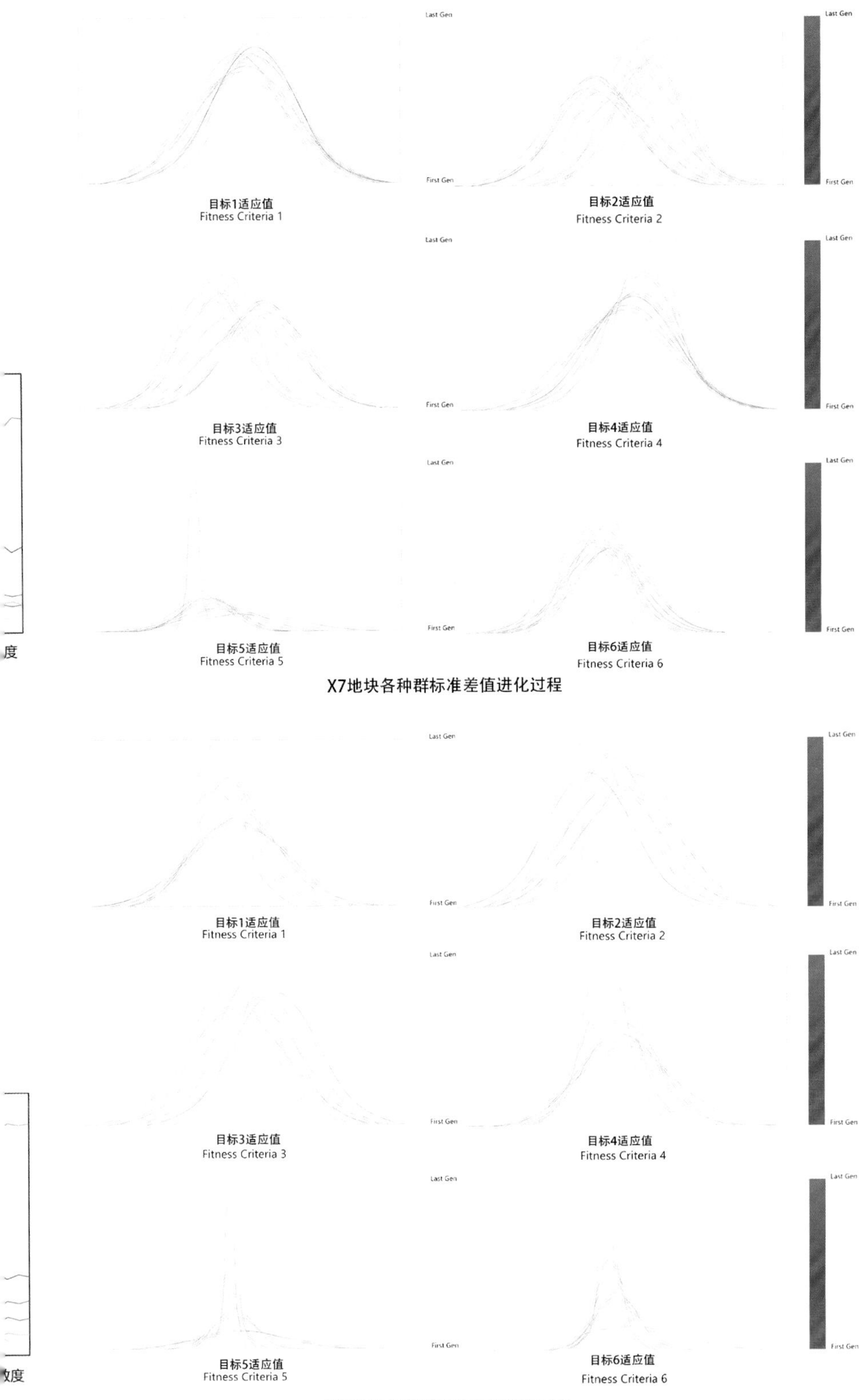

分布情况及进化过程

自绘）

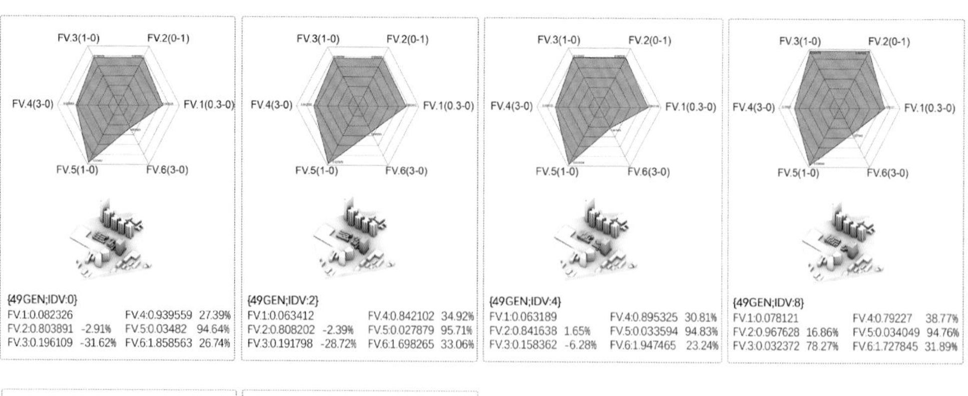

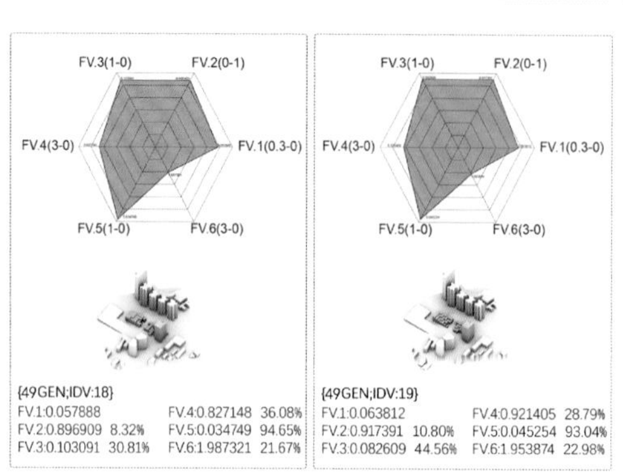

X7地块最终一代

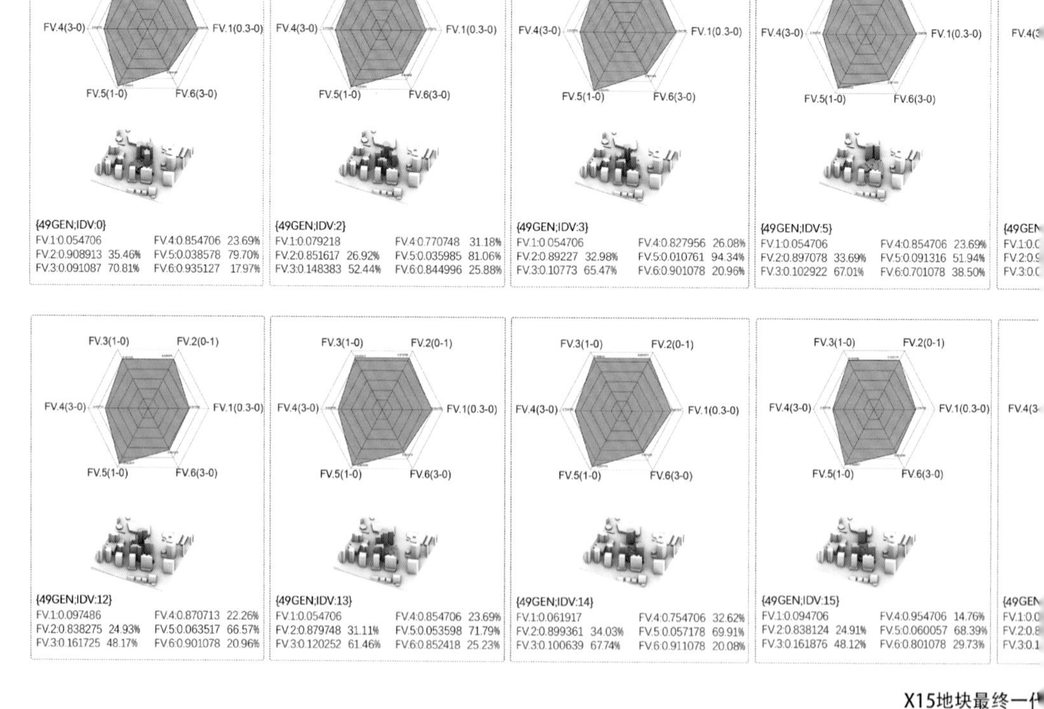

X15地块最终一代

图 5-30 柱、点型街区案

（图片

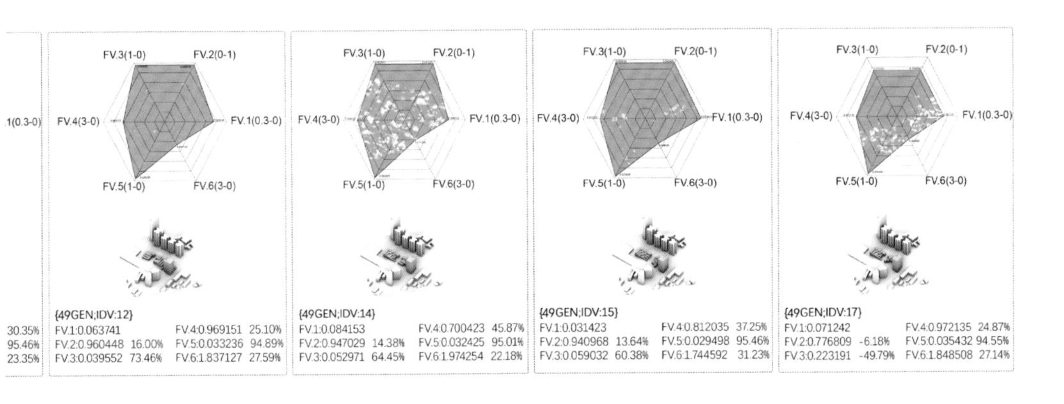

标数据及优化率

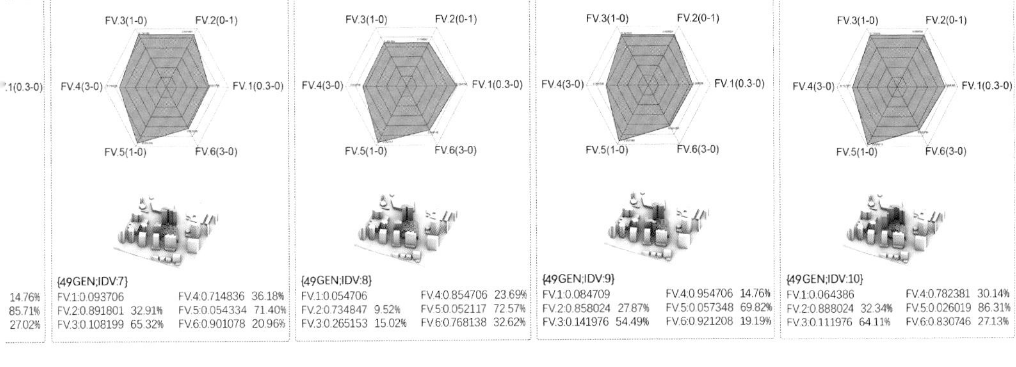

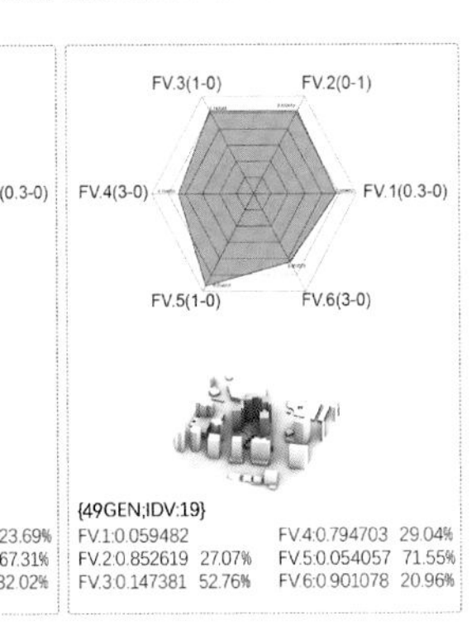

图中：FV.1至FV.6分别指目标1至目标6；IDV指“解”。

标数据及优化率

后一代最优解模型及数据

绘）

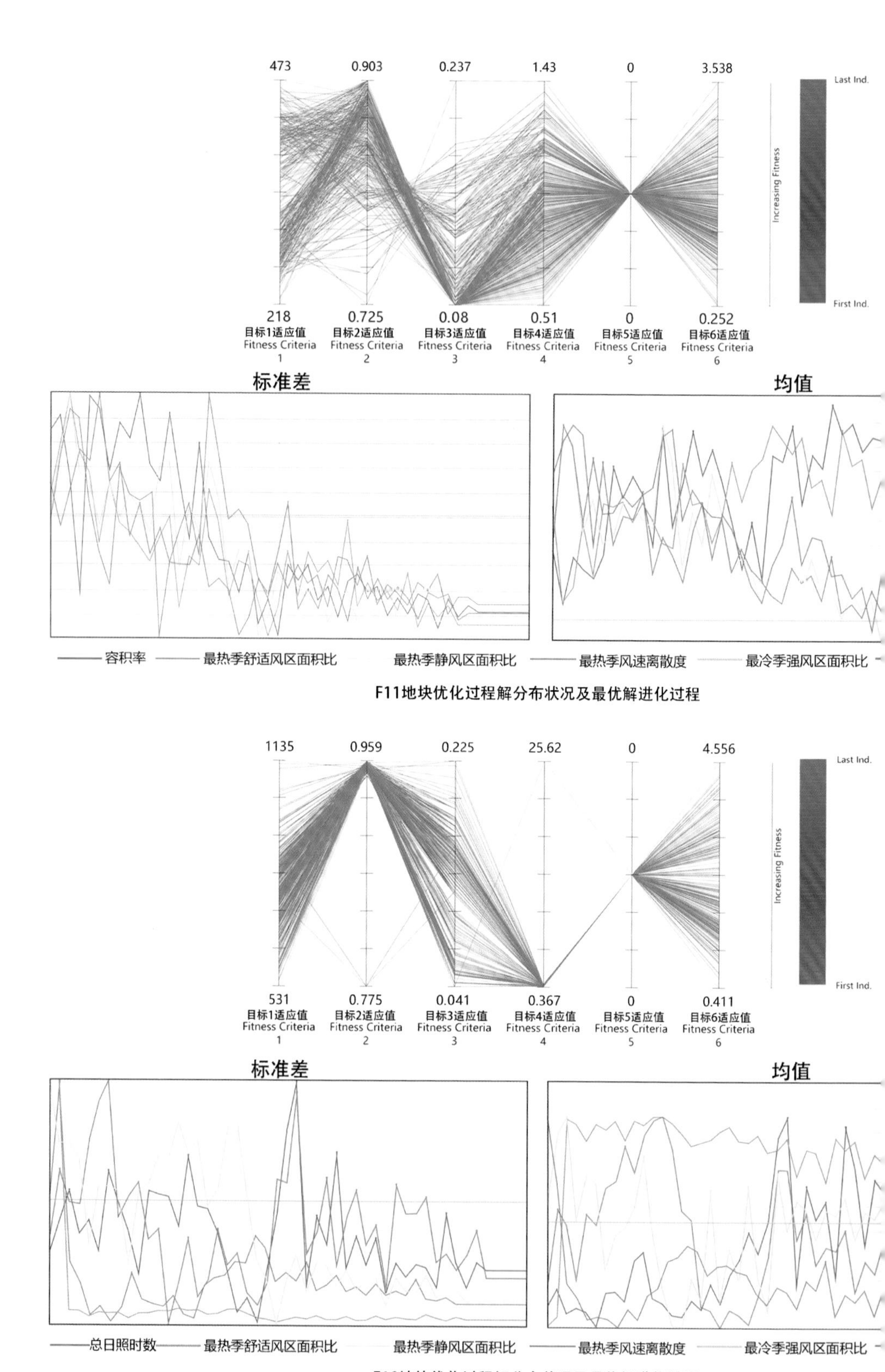

图 5-31　条型街区案例

（图片

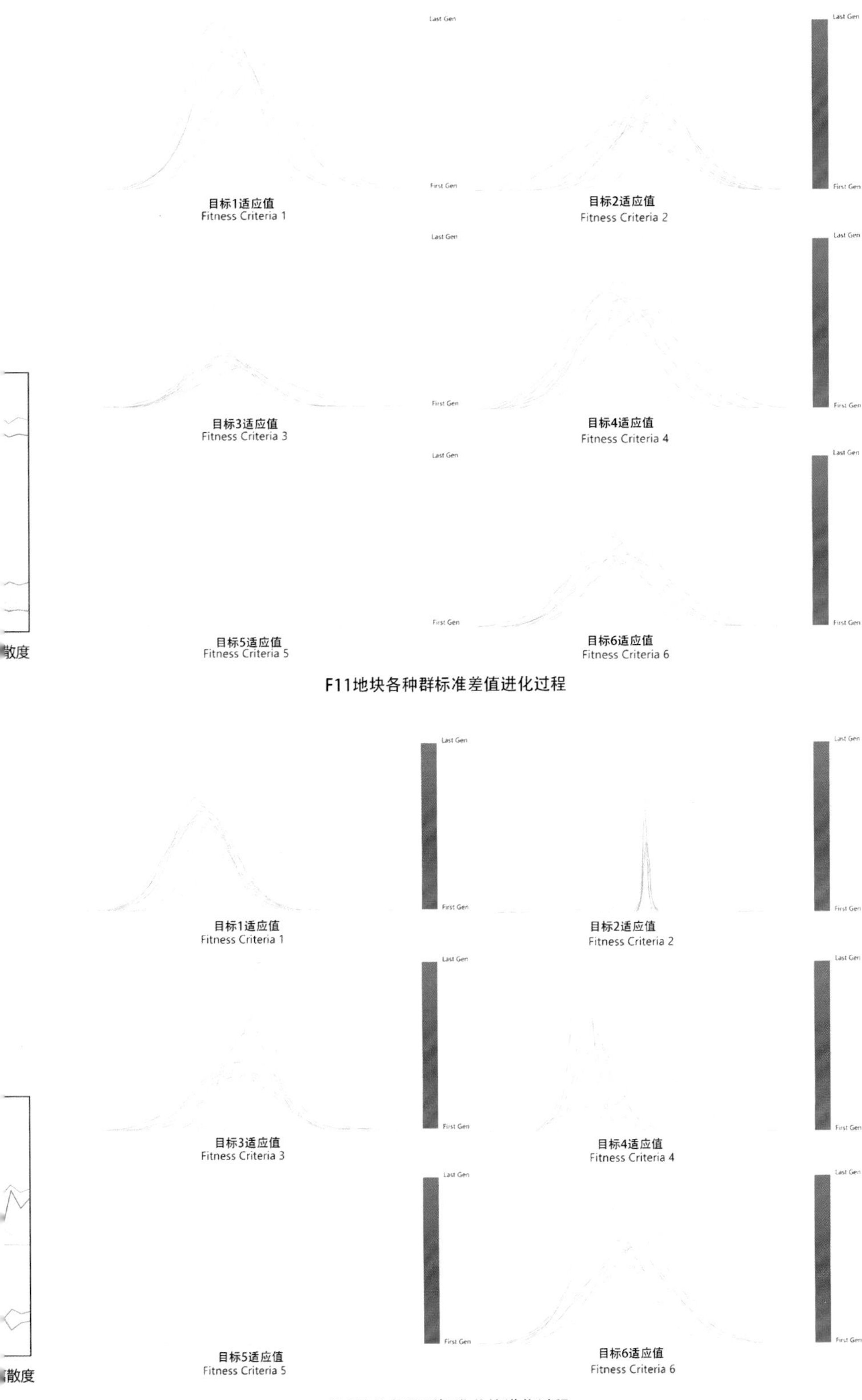
Last Gen
First Gen
目标1适应值
Fitness Criteria 1
目标2适应值
Fitness Criteria 2
目标3适应值
Fitness Criteria 3
目标4适应值
Fitness Criteria 4
目标5适应值
Fitness Criteria 5
目标6适应值
Fitness Criteria 6
散度
F11地块各种群标准差值进化过程
目标1适应值
Fitness Criteria 1
目标2适应值
Fitness Criteria 2
目标3适应值
Fitness Criteria 3
目标4适应值
Fitness Criteria 4
目标5适应值
Fitness Criteria 5
目标6适应值
Fitness Criteria 6
散度
F19地块各种群标准差值进化过程

布情况及进化过程

自绘）

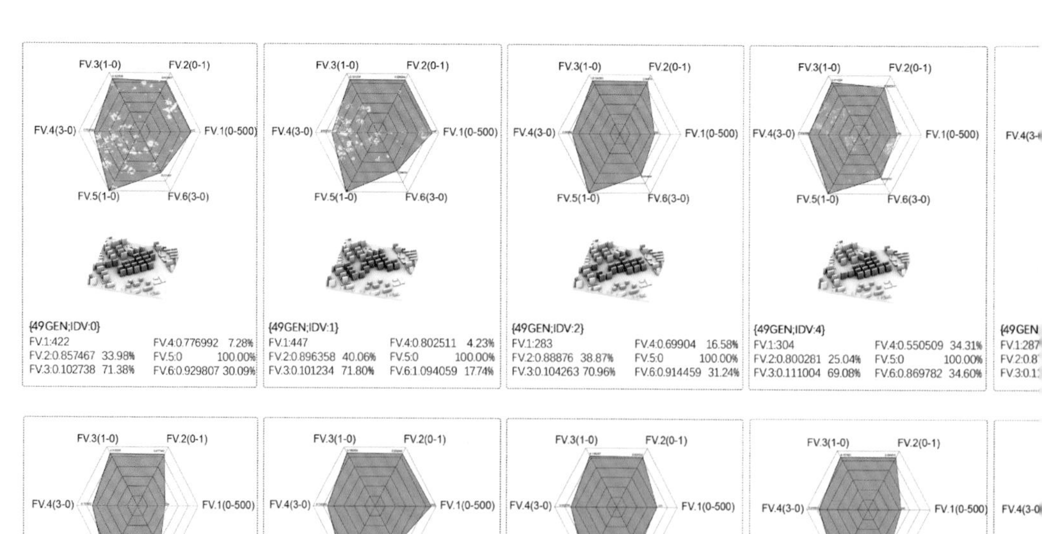

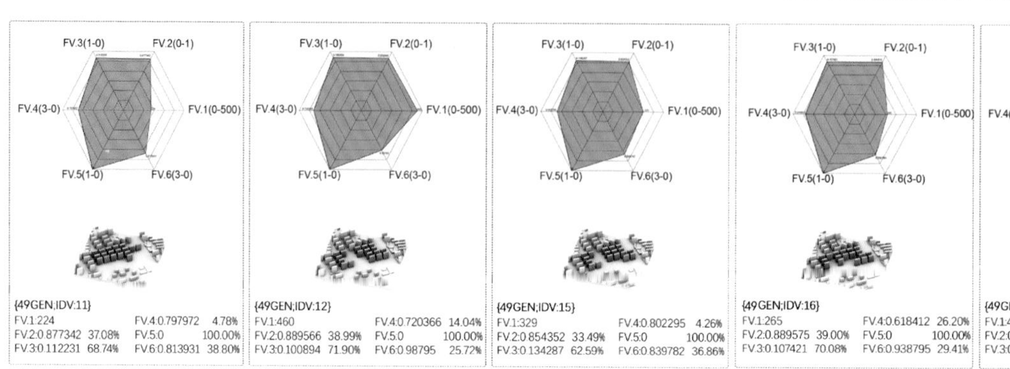
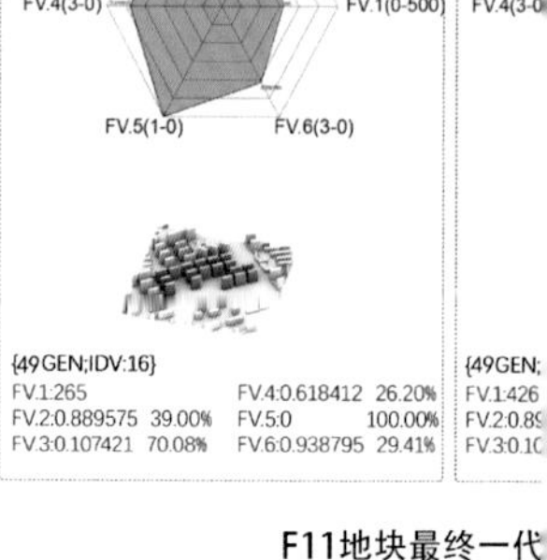

F11地块最终一代

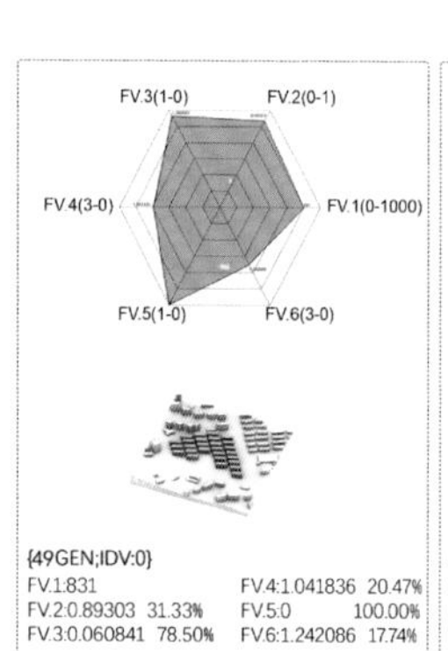

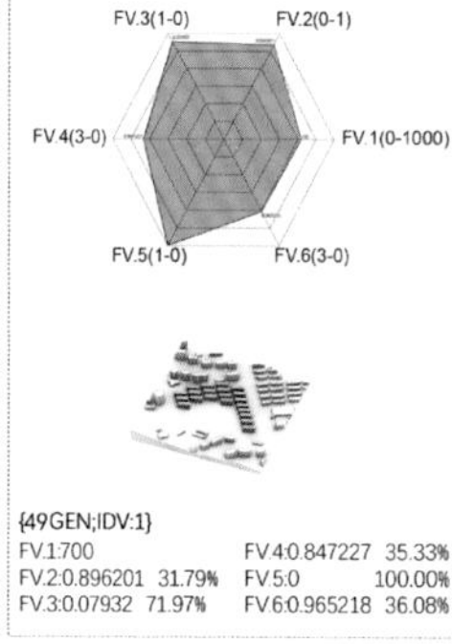

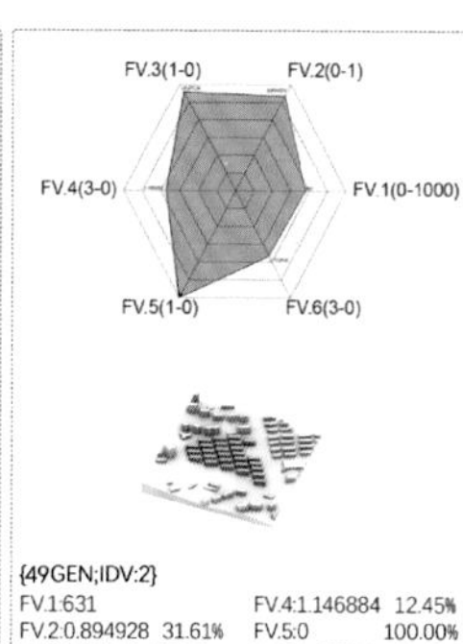

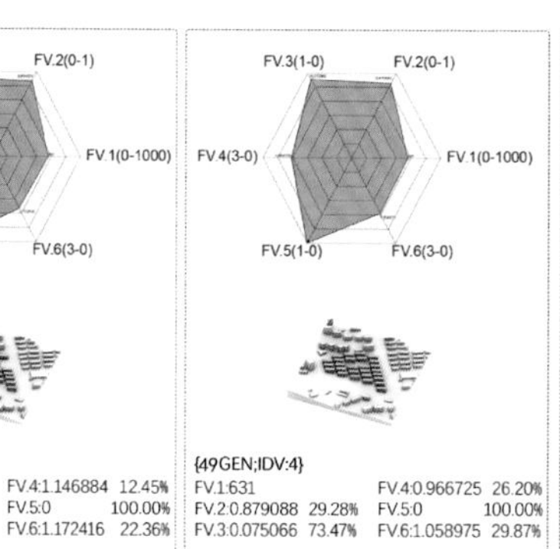

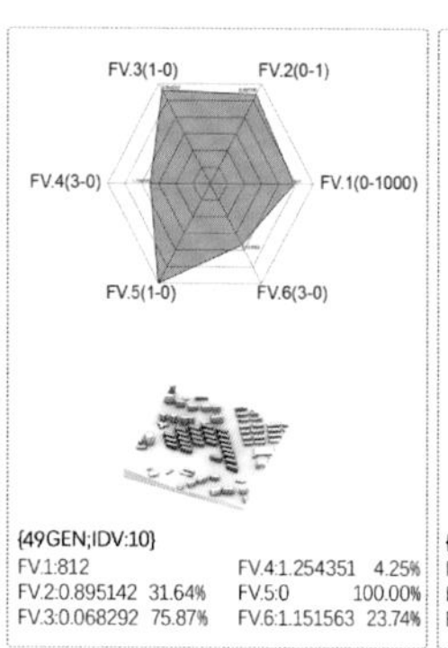

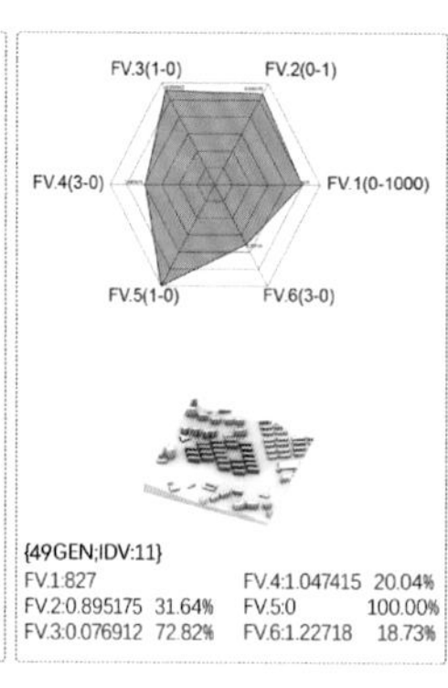

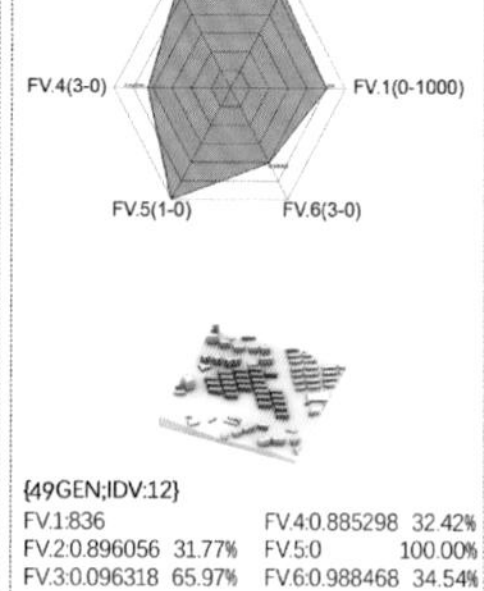

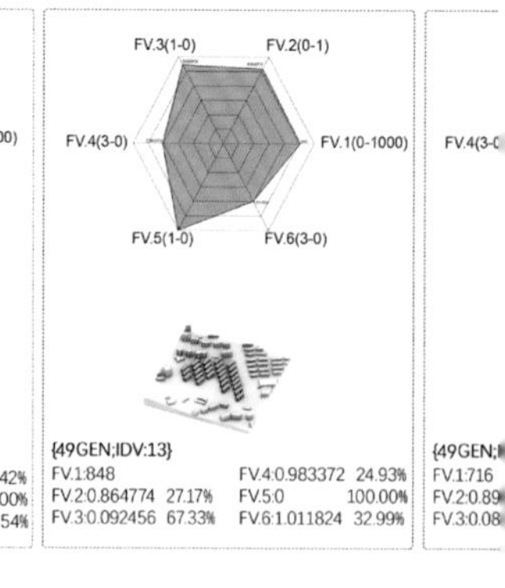

F19地块最后一代

图 5-32 条型街区案例

（图片

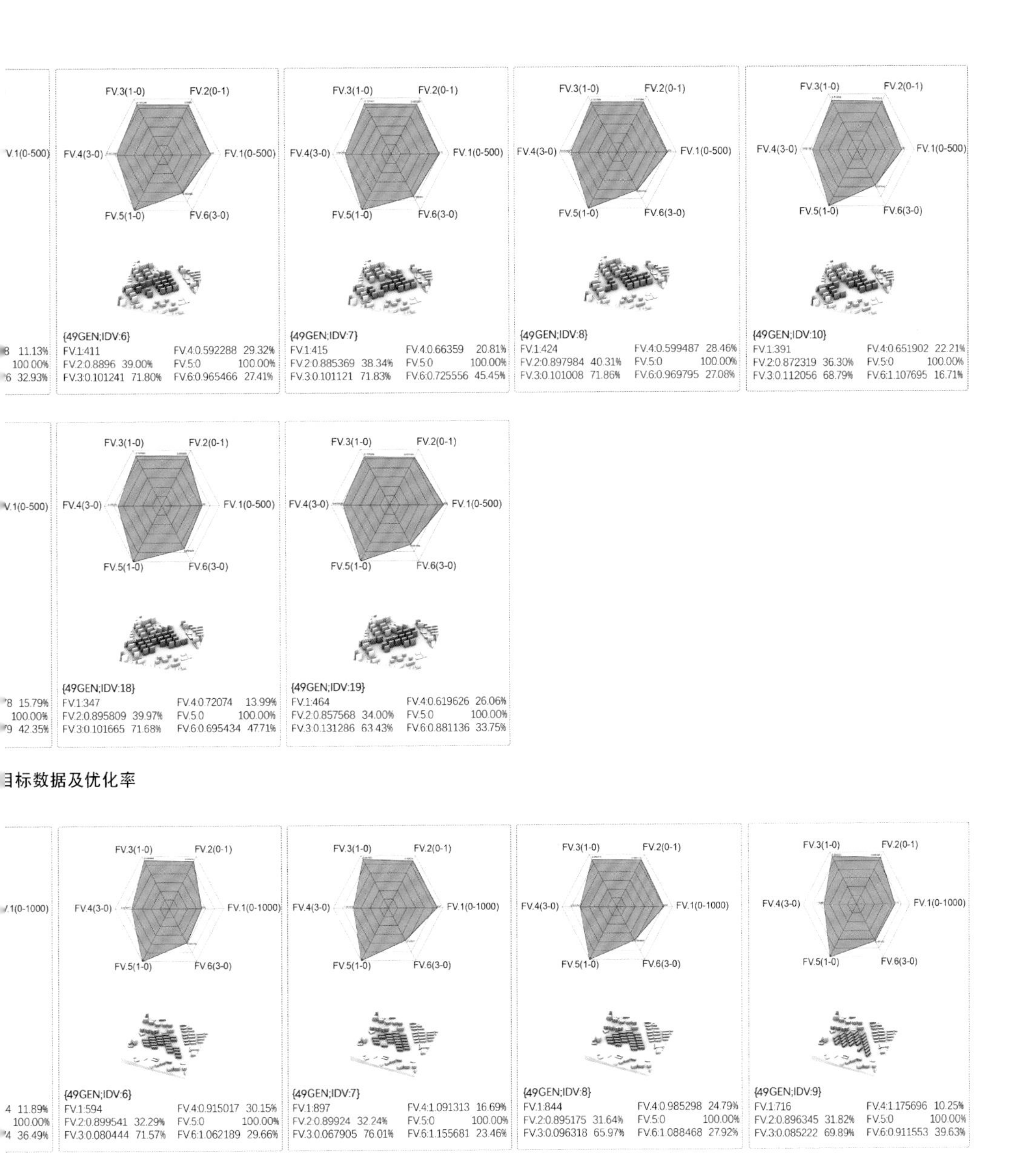

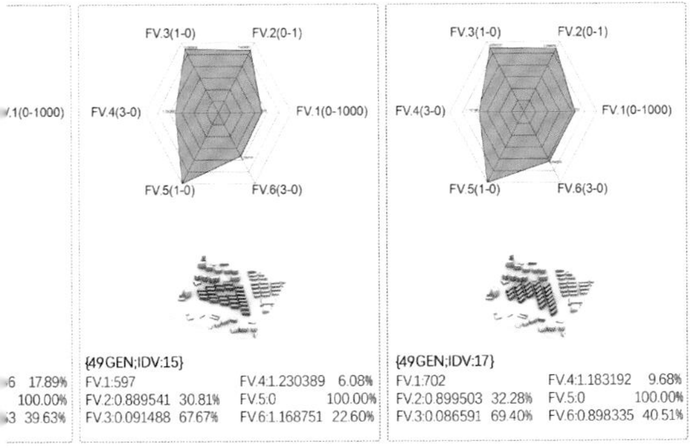

图中：
FV.1至FV.6分别指目标1至目标6；IDV指“解”。

目标数据及优化率

一代最优解模型及数据

自绘）

第六节　应用价值与指导意义

本章依托 Rhino & Grasshopper 软件平台，利用 NSGA-Ⅱ多目标进化算法，搭建了城市街区风环境评价与多目标形态优化设计插件程序。通过对该程序的检验，能够根据任务书要求，针对不同类型街区的形态特征和风环境情况进行形态生成、风环境评价与设计性能优化，插件程序经过多次迭代运算后可获得室外风环境层面的街区形态最优解集。

该插件程序结合当前社会、经济、技术发展，通过计算机技术提高信息传递效率，涉及舒适健康、信息技术、软件工程、统计分析等研究内容，丰富了在绿色可持续设计领域内的机器学习理念。

该插件程序可直接应用于设计市场，为城市设计相关从业人员提供决策依据，对风环境层面设计工具模拟和优化两方面进行整合，能够满足不同工具之间交换数据，为设计、模拟和智能寻优搭建了桥梁，促进了数据的互动与反馈，达到了自动寻优的效果，弥补了传统性能化设计模式在准确性和方向性方面的缺陷。同时对于设计师来说，该插件程序界面友好、易于操作，可以对各功能模块进行后续的补充与修正。

第七节　本章小结

基于第二章对城市街区形态生成、寻优方法的研究以及对优化工具的选用，本章研究了街区形态优化方法，并基于第三章、第四章的研究内容，从三个代表城市片区中各选取了两个代表街区作为案例进行验证，主要结论有如下几点。

(1) 提出了方案设计优化平台的三个功能模块：形态生成模块、风环境评价模块和性能优化模块，分别在街区形态生成、风环境评价、设计优化方面发挥作用，可满足城市设计在风环境层面的参考需求，同时平台具备一定的适应性和自由度，便于增加更多的功能模块。

(2) 形态生成模块中，对院落型，柱、点型和条型街区的生成逻辑均进行

了研究与阐述，针对条型街区提出了利用日照圆锥曲面法确保日照条件的满足，并抽取了三个街区进行了形态生成模块的验证。

(3) 针对风环境评价模块，提出了最热季与最冷季的风环境模拟方法框架以及模型处理方法。

(4) 在性能优化模块中，介绍了优化评价方法，提出使用优化率的概念对优化效果进行评价。

(5) 针对每个代表片区，各选取两个代表性街区进行了优化平台的验证，经过50代的运算，代表性街区各风环境指标最优解均达到收敛，初步验证了平台对街区风环境优化的有效性。

第六章 结论与展望

第一节 主要结论

城市街区是城市的基本组成单元，也是与人们生活关系最为密切的区域。对于城市街区风环境来说，虽然目前性能模拟技术和多目标控制模式都已日臻完善，但是传统的性能模拟平台杂而多，要求设计者有较高的专业背景才能操作，且多目标优化工具多数情况下是通过脚本来实现，不易与模型和性能模拟平台对接，这就造成了一般情况下，设计师难以充分地利用这些工具实现在方案初期对城市街区的风环境进行优化设计的目标。因此，为实现城市街区风环境的性能评价与多目标优化，有效提高街区形态设计与技术的融合和交互水平，亟须发展相应的优化设计方法，搭建优化工具平台，满足不同设计工具之间的数据交换，连接设计、评价与优化功能，在三者间形成互动与反馈，以达到自动寻优的效果，弥补传统设计模式在这一方面的缺陷。

本书基于 Rhino & Grasshopper 软件平台搭建了城市街区风环境评价与多目标形态优化设计插件程序，编制了街区形态生成模块，利用 Butterfly 风环境模拟插件编制了风环境评价模块，利用 NSGA-Ⅱ进化算法插件 Wallacei 编制了多目标优化模块，从而实现了城市街区风环境评价与形态生成设计，有效促进了设计和模拟之间的联动效应，达到自动寻优效果，显著提升设计效率。本书主要结论有如下几点。

(1) 通过对多目标性能化设计、街区形态、风环境评价以及优化设计过程及工具的研究，确定了城市街区风环境优化设计流程，解决传统设计方法所面临的街区风环境优化问题。

首先，在多目标性能化设计层面，确定了人机结合的“生成—评价—寻

优”所构成的多目标优化设计过程。该过程类似于传统设计，但由人机结合的多目标优化设计过程与传统设计方法相比存在巨大优势。

其次，在街区形态与风环境评价方面，通过对各指标的研究，提出街区形态的分类方法（尺度、密度、强度、平均高度、围合度及形态）与风环境评价方法（舒适风区面积比、强风区面积比、静风区面积比、风速离散度、舒适风速离散度、风速区间及风速众数），为形态生成、风环境评价及多目标优化设计的研究奠定了基础。

最后，在优化设计过程及工具方面，提出针对街区形态的参数化生成渠道与方法，该方法以参数化软件平台为人机耦合接口，参数化模型为信息交换媒介，通过人对形态逻辑的制定，计算机对形态参数的调整，人机共同决策和人机相互协作完成形态生成过程。确定了多目标优化项与风环境评价指标的关系，利用五种两目标典型模型及 IGD 评价法，针对 SPEA2 和 NSGA-Ⅱ两种多目标进化算法进行了性能检验，确定了 NSGA-Ⅱ算法的优势。

（2）通过对我国城市地理特征以及街区形态特征的阐述，确定了青岛的代表性。以青岛东岸城区为例，多源获取城市数据，依照数据分析，对城市街区进行了分类，并选取相对应的代表城市片区，为风环境模拟评价研究提供研究基础。

首先，根据青岛规划确定了以青岛东岸城区为研究范围。对青岛东岸城区建筑、街道、地形进行了数据获取与整合分析，从街区尺度、街区密度、街区开发强度（容积率）三个方面阐述了街区形态指标在城市中的分布特征。

然后，根据青岛东岸城区街区形态的分析，总结了三种主要的街区形态类型：院落型街区，柱、点型街区，条型街区。针对三种街区形态类型对应的不同形态指标，选取了三个代表城市片区：以中山路片区为代表的小尺度、高密度、中低强度城市历史风貌街区，以香港中路片区为代表的中小尺度、中密度、中高强度城市金融商业街区，以浮山后片区为代表的大尺度、低密度、中低强度城市居住建筑街区。三个代表片区基本涵盖了青岛东岸城区的街区形态类型，在我国城市街区形态中也具有广泛的代表意义。

(3) 从气象数据获取到模拟评价，确定了基于人主要活动时间的模拟边界条件，以及城市片区的风环境模拟与指标计算方法，确定了基于城市片区的模拟结果对每个街区的评价指标数据及边界条件数据的提取方法。

以青岛东岸城区代表城市片区为例，通过模拟评价得出，院落型街区(中山路片区)主要问题在于最热季围合度较高的街区通风问题；柱、点型街区(香港中路片区)最热季多数街区通风良好，但最冷季强风区过多，两季的风速离散度均较高；条型街区(浮山后片区)主要问题较为分散，个别街区存在最热季静风区、最冷季强风区面积比较大，多数街区风速离散度较高等问题。

(4) 基于对多目标性能化设计方法及风环境评价方法的研究，搭建了城市街区风环境优化设计插件程序，并进行了验证。

首先，提出插件程序的基本结构，由形态生成模块、风环境评价模块、性能优化模块构成。在形态生成模块中，制定了三种街区类型的形态生成逻辑，在条型街区形态生成逻辑中提出了使用日照圆锥曲面法确保满足日照条件，分别对每种街区进行了形态生成验证。

然后，在风环境评价模块中，采用同时对最热季与最冷季的风环境进行模拟的方法，分别计算出街区最热季和最冷季的风环境评价指标。在性能优化模块中提出使用优化率的概念对优化效果进行评价。

最后，针对每个代表片区，各选取了两个代表性街区进行了优化平台的验证，经过50代的运算，代表性街区各风环境指标最优解均达到收敛，初步验证了平台对街区风环境优化的有效性。

第二节　研究的不足

(一) 数据来源的准确性

本书在第三章和第四章中使用了OSM、地理空间数据云、青岛用地规划、青岛地面气象站等数据。其中，OSM的数据来源为广泛的数据贡献者，需要对获取的数据进行二次处理和筛选才能使用，对数据不够完整的城市，该数据源在使用时可能会出现与现状差别较大或数据缺失的情况。而地理

空间数据云中的数据精度为 30 m,对于街区尺度来说精度不足,在模拟优化时预计会影响结果的准确性。

(二) 街区形态生成结果不够理想

在城市街区风环境评价与多目标形态优化设计插件程序的三个模块中,形态生成模块是作为设计方案生成功能设置的,是程序的核心模块之一,直接决定了方案生成的特征准确度和多样性。目前在特征准确度方面,院落型街区生成的形态特征仍有差距。另外,生成的街区形态在寻优最后阶段表现出了一定的"趋同"现象,说明在制定生成逻辑时需要对变量的类型进行进一步调整,保证多样性的同时,缩小生成形态总数,提高优化效率。

(三) 优化过程的耗时问题

为了保证风环境评价的准确性,本书通过模拟的手段来对每一个街区形态方案进行评价,但这种做法使得模拟占用了整个优化过程的多数时间,对于大尺度街区来说耗时较长,也导致了不能选择较大的种群数量即迭代次数,同时对计算机算力的要求也非常高,影响了优化效率。

第三节　研究展望

(1) 对于数据来源需要进行验证,同时丰富相关数据来源,进一步完善数据来源的准确性和可选择要素种类。目前已经有部分 Grasshopper 平台下的插件支持地理信息数据的接入,但数据来源不足以进行综合分析,在下一步研究中可开发获取丰富数据来源的 Grasshopper 平台接口,使基础研究可以进一步整合到参数化软件平台中。

(2) 在街区形态生成方面,构建更加丰富的形态特征、空间关系或者比例特征约束等变量关系,丰富形态生成逻辑,从"人"的角度为计算机探索更多思维驱动的设计能力。同时在形态生成逻辑中运用嵌套算法来控制形态生成的多样性问题,保证在性能优化结果中为设计师提供多样的方案选择,缩小形态生成方案的总数,提高寻优效率。

(3) 在风环境评价阶段进一步探究高效及准确的技术与方法。由于风环境仅作为人体舒适度（空气温度、空气湿度、空气流速、辐射温度等）的一部分要素，对健康、安全来讲，所涉及的要素更加复杂，针对街区尺度室外环境，在下一步研究中，需要将更多的室外环境要素充实进来，形成能够多要素评价室外环境的功能模块，使寻优结果具备更加全面的参考价值。

（4）在性能优化阶段，目前仅使用搭载进化算法的第三方插件来进行计算，面向更复杂的多目标寻优问题时，就面临对算法进行改进的需要。因此后续需要对算法进行更进一步探究，让研究从对算法的简单利用发展为对算法的适应性改进，使算法能够更适用于对应的多目标求解问题。

附　　录

附录 A　青岛东岸城区各代表片区街区形态指标

表 A-1　中山路片区各街区形态指标

街区编号	用地面积/m^2	建筑占地面积/m^2	建筑面积/m^2	建筑密度	容积率	围合度	平均高度/m
Z1	2238.66	0.00	0.00	0.00	0.00	0.00	0.00
Z2	2977.43	0.00	0.00	0.00	0.00	0.00	0.00
Z3	5615.45	1476.78	6491.58	0.26	1.16	0.83	22.46
Z4	3784.98	1104.82	4439.86	0.29	1.17	0.89	12.00
Z5	11341.83	1492.06	4476.17	0.13	0.39	0.62	9.00
Z6	12026.21	4318.99	38870.95	0.36	3.23	0.66	27.00
Z7	11903.59	2981.28	11645.85	0.25	0.98	0.77	12.20
Z8	13091.89	1702.98	25549.08	0.13	1.95	0.42	78.00
Z9	11958.77	4074.44	22840.23	0.34	1.91	0.84	15.00
Z10	11958.77	1213.21	8492.50	0.22	1.52	0.65	21.00
Z11	11814.39	4364.95	18592.25	0.37	1.57	0.87	11.63
Z12	10718.83	4145.57	20905.58	0.39	1.95	0.88	11.57
Z13	12588.18	4576.45	99253.70	0.36	7.88	0.50	85.99
Z14	17774.39	5885.88	26268.19	0.33	1.48	0.79	9.25
Z15	9049.59	2554.04	30081.13	0.28	3.32	0.57	50.99
Z16	21484.89	5428.49	17192.74	0.25	0.80	0.83	8.82
Z17	16273.89	7112.77	27734.02	0.44	1.70	0.79	8.54
Z18	12104.23	2843.73	13690.34	0.23	1.13	0.53	10.00

续表

街区编号	用地面积/m²	建筑占地面积/m²	建筑面积/m²	建筑密度	容积率	围合度	平均高度/m
Z19	18527.82	7622.74	35763.65	0.41	1.93	0.82	12.80
Z20	14382.84	5287.90	60386.72	0.37	4.20	0.73	39.75
Z21	16525.78	6386.43	21709.86	0.39	1.31	0.83	9.21
Z22	16331.43	6701.24	20070.08	0.41	1.23	0.77	7.41
Z23	9533.18	4458.28	106043.48	0.47	11.12	0.77	147.00
Z24	9614.61	3881.00	19054.01	0.40	2.04	0.79	13.50
Z25	25771.30	6630.99	39604.06	0.26	1.54	0.93	13.31
Z26	12936.56	5995.92	26148.54	0.46	2.02	0.86	7.80
Z27	17584.03	7971.36	36652.73	0.45	2.08	0.78	6.60
Z28	15933.13	5228.78	16617.96	0.33	1.04	0.85	5.00
Z29	17657.85	8218.09	32872.36	0.47	1.86	0.91	6.00
Z30	9880.68	3487.99	19565.08	0.35	1.98	0.80	17.25
Z31	9952.23	3801.38	18674.51	0.38	1.88	0.84	9.43
Z32	5947.78	2528.02	8694.66	0.43	1.46	0.92	9.00
Z33	17329.26	7252.85	29889.97	0.42	1.72	0.81	10.35
Z34	27473.37	10881.31	54727.20	0.40	1.99	0.90	8.81
Z35	3958.04	1491.82	6918.38	0.38	1.75	0.68	21.00
Z36	2209.11	0.00	0.00	0.00	0.00	0.00	0.00
Z37	12505.43	5583.60	22038.35	0.45	1.76	0.72	10.13
Z38	10130.41	4843.01	18020.28	0.48	1.78	0.89	8.18
Z39	13510.68	3665.75	18413.59	0.27	1.36	0.85	10.80
Z40	4201.90	2631.64	10526.56	0.63	2.51	0.89	12.00
Z41	14292.16	7275.06	25377.35	0.51	1.78	0.94	7.06
Z42	6882.45	2681.30	12863.63	0.39	1.87	0.91	11.57
Z43	9479.66	5888.30	19544.59	0.62	2.06	0.94	8.25
Z44	7842.61	4682.69	14703.61	0.60	1.87	0.98	10.50

续表

街区编号	用地面积/m^2	建筑占地面积/m^2	建筑面积/m^2	建筑密度	容积率	围合度	平均高度/m
Z45	1060.48	403.05	883.01	0.38	0.83	0.81	6.00
Z46	7105.58	3073.30	9643.56	0.43	1.36	0.85	7.11
Z47	12148.42	5103.35	26196.67	0.42	2.16	0.69	10.20
Z48	6146.06	1945.75	8972.77	0.32	1.46	0.84	10.00
Z49	6825.36	2862.44	13172.89	0.42	1.93	0.89	4.00
Z50	6493.26	3716.87	10895.74	0.57	1.68	0.88	7.00
Z51	5266.52	3459.49	6957.44	0.66	1.32	0.75	6.00
Z52	7714.73	3811.66	11434.98	0.49	1.48	0.80	9.00
Z53	4522.28	2380.45	4760.90	0.53	1.05	0.90	6.00
Z54	4494.19	3007.27	9021.80	0.67	2.01	0.86	10.12
Z55	3829.93	1364.64	2732.19	0.36	0.71	0.83	6.00
Z56	4284.32	2612.73	13063.65	0.61	3.05	0.75	15.00
Z57	4404.55	2791.79	8375.37	0.63	1.90	0.60	9.00
Z58	4527.07	2170.83	4341.65	0.48	0.96	0.85	6.00
Z59	4828.51	1706.46	29009.88	0.35	6.01	0.62	51.00
Z60	4232.13	1473.39	19154.08	0.35	4.53	0.70	39.00
Z61	4945.47	1633.38	3747.55	0.33	0.76	0.77	8.80
Z62	4600.56	1739.75	31315.42	0.38	18.00	0.00	54.00
Z63	3750.76	1470.68	4002.60	0.39	1.07	0.74	8.00
Z64	6809.84	2864.74	10011.29	0.42	1.47	0.74	13.00
Z65	6809.84	2864.74	10011.29	0.42	1.47	0.74	13.00
Z66	4058.61	1522.57	5124.27	0.38	1.26	0.71	6.00
Z67	3805.57	1383.88	36627.08	0.36	9.62	0.00	83.00
Z68	3868.60	2402.50	7207.51	0.62	1.86	0.71	9.00
Z69	3864.93	2305.05	4610.09	0.60	1.19	0.70	6.00
Z70	3481.82	2047.18	4094.35	0.59	1.18	0.80	6.00

续表

街区编号	用地面积/m^2	建筑占地面积/m^2	建筑面积/m^2	建筑密度	容积率	围合度	平均高度/m
Z71	4605.79	2152.65	7804.14	0.47	1.69	0.74	8.00
Z72	4828.44	2865.22	8595.65	0.59	1.78	0.84	8.60
Z73	5219.14	2402.56	4805.11	0.46	0.92	0.78	6.00
Z74	11412.01	6057.10	23988.18	0.53	2.10	0.74	9.00
Z75	15530.40	7188.24	32106.09	0.46	2.07	0.89	13.50
Z76	14834.87	6812.67	40476.22	0.46	2.73	0.78	10.50
Z77	15390.20	9797.07	30169.09	0.64	1.96	0.94	9.67
Z78	15307.64	6483.39	46495.89	0.42	3.04	0.94	16.80
Z79	11619.22	7085.89	29413.85	0.61	2.53	0.84	10.00
Z80	7135.35	3307.07	12658.33	0.46	1.77	0.87	12.00
Z81	20027.09	9322.05	39260.99	0.47	4.21	0.91	10.00
Z82	12653.02	5104.61	89725.20	0.40	7.09	0.77	81.00
Z83	9743.48	4407.53	21061.85	0.45	2.16	0.58	24.94
Z84	8701.42	3782.93	15645.89	0.43	1.80	0.94	13.71
Z85	10359.58	4801.64	20565.23	0.46	1.99	0.91	10.80

（表格来源：笔者自绘）

表 A-2　香港中路片区街区形态指标

街区编号	用地面积/m^2	建筑占地面积/m^2	建筑面积/m^2	建筑密度	容积率	围合度	平均高度/m
X1	64153.57	12227.72	180016.79	0.19	2.81	0.76	33.00
X2	32442.17	7734.22	98540.87	0.24	3.04	0.77	67.50
X3	45090.06	12271.10	124307.66	0.27	2.76	0.72	14.10
X4	49213.21	12905.73	166970.11	0.26	3.39	0.78	28.21
X5	25261.27	4804.69	69241.14	0.19	2.74	0.67	40.00
X6	21710.35	11583.60	23167.20	0.53	1.07	0.69	6.16
X7	13799.59	5894.19	69373.14	0.43	5.03	0.70	48.00

续表

街区编号	用地面积/m^2	建筑占地面积/m^2	建筑面积/m^2	建筑密度	容积率	围合度	平均高度/m
X8	62832.87	17055.96	274204.47	0.27	4.36	0.75	67.33
X9	24026.08	0.00	0.00	0.00	0.00	0.00	0.00
X10	29152.31	10377.05	68121.02	0.36	2.34	0.75	41.64
X11	27326.90	8766.61	92283.07	0.32	3.38	0.70	48.00
X12	32351.64	8794.96	81957.18	0.27	2.53	0.64	31.63
X13	41551.93	7546.15	168756.59	0.18	4.06	0.57	82.00
X14	23539.14	8631.38	101160.37	0.37	4.30	0.75	73.50
X15	24041.39	10790.92	159232.44	0.45	6.62	0.79	114.00
X16	26549.13	4160.25	49766.34	0.16	1.87	0.51	63.00
X17	19050.59	1800.28	18581.95	0.09	0.98	0.68	50.00
X18	22561.28	6994.86	106191.42	0.31	4.71	0.78	86.00
X19	89065.07	24676.49	178325.93	0.28	2.00	0.87	15.00
X20	57129.55	16489.94	109476.55	0.29	1.92	0.79	20.06
X21	50134.73	11225.11	54954.20	0.22	1.10	0.85	14.55
X22	48150.22	16532.09	62386.18	0.34	1.30	0.94	12.29
X23	10210.12	3523.51	17092.77	0.35	1.67	0.85	18.00
X24	25431.56	7872.49	33180.73	0.31	1.30	0.87	12.19
X25	26222.34	7585.85	36658.85	0.29	1.40	0.92	13.57
X26	14906.75	4943.25	17062.73	0.33	1.14	0.84	11.47
X27	30916.07	13196.07	48691.63	0.43	1.57	0.72	24.00
X28	20639.15	9233.77	36935.10	0.45	1.79	0.69	12.00
X29	66900.83	21186.88	121609.72	0.32	1.82	0.87	20.65
X30	26004.48	7981.19	23029.60	0.31	0.89	0.90	9.50
X31	28557.46	8132.38	61315.78	0.28	2.15	0.90	18.94
X32	30140.42	6780.61	64130.52	0.22	2.13	0.90	33.00
X33	33468.26	4610.11	20350.48	0.14	0.61	0.69	12.00

续表

街区编号	用地面积/m²	建筑占地面积/m²	建筑面积/m²	建筑密度	容积率	围合度	平均高度/m
X34	84907.54	17788.66	131393.80	0.21	1.55	0.62	33.00
X35	69982.66	13098.89	47607.46	0.19	0.68	0.69	9.44
X36	39816.63	14569.90	126294.43	0.37	3.17	0.70	87.00
X37	62843.97	26409.41	90975.71	0.42	1.45	0.88	40.00
X38	65653.22	14968.00	85440.88	0.23	1.30	0.74	10.79
X39	2971.63	766.33	1894.10	0.26	0.64	0.71	7.50
X40	6995.18	1540.67	4424.05	0.22	0.63	0.65	8.57
X41	8515.71	2235.58	4519.61	0.26	0.53	0.82	6.02
X42	34142.79	8675.68	38410.64	0.25	1.13	0.68	14.68
X43	51356.75	11509.80	47614.30	0.22	0.93	0.49	10.50

（表格来源：笔者自绘）

表 A-3　浮山后片区街区形态指标

街区编号	用地面积/m²	建筑占地面积/m²	建筑面积/m²	建筑密度	容积率	围合度	平均高度/m
F1	663744.68	104727.12	787184.60	0.16	1.19	0.75	14.88
F2	487440.83	77821.51	618548.52	0.16	1.27	0.90	27.09
F3	236636.24	34184.11	200073.75	0.14	0.85	0.82	17.40
F4	134278.61	3164.08	149707.82	0.02	1.11	0.71	14.14
F5	207219.80	7745.92	204307.91	0.04	0.99	0.87	17.15
F6	223607.54	455.17	452951.92	0.00	2.03	0.79	57.77
F7	134873.85	20048.63	115974.50	0.15	0.86	0.89	17.60
F8	94693.00	5444.60	185048.01	0.06	1.95	0.82	38.89
F9	208414.36	43456.03	262625.17	0.21	1.26	0.86	18.53
F10	122382.64	13331.90	80596.03	0.11	0.66	0.74	25.00
F11	90688.27	12256.15	192607.48	0.14	2.12	0.89	60.23

续表

街区编号	用地面积/m^2	建筑占地面积/m^2	建筑面积/m^2	建筑密度	容积率	围合度	平均高度/m
F12	106619.72	6913.15	50146.89	0.06	0.47	0.54	16.00
F13	240280.69	51625.45	411814.63	0.21	1.71	0.87	31.29
F14	359699.56	32916.88	161172.03	0.09	0.45	0.71	14.14
F15	64425.83	13361.99	62437.45	0.21	0.97	0.89	13.94
F16	104083.96	22893.58	110933.34	0.22	1.07	0.73	14.45
F17	124010.16	35701.36	173689.19	0.29	1.40	0.92	15.10
F18	102406.74	19691.22	90663.25	0.19	0.89	0.85	13.85
F19	90133.83	16807.92	101173.37	0.19	1.12	0.74	18.74
F20	150475.73	17997.01	152648.33	0.12	1.01	0.86	24.93
F21	270512.89	42864.46	380101.37	0.16	1.41	0.85	24.12
F22	112673.87	36838.80	156347.41	0.33	1.39	0.82	11.77
F23	91018.94	19335.18	38670.36	0.21	0.42	0.92	5.96
F24	102094.25	18295.17	223692.45	0.18	2.19	0.85	38.64
F25	441048.26	57888.86	361589.74	0.13	0.82	0.84	21.61
F26	277276.21	60570.45	203586.17	0.22	0.73	0.87	6.83
F27	30417.00	6231.72	37954.73	0.20	1.25	0.75	27.31
F28	166353.52	33334.72	164620.27	0.20	0.99	0.84	15.98
F29	126376.91	26180.52	110003.30	0.21	0.87	0.83	13.44
F30	143289.58	15423.96	66122.37	0.11	0.46	0.72	12.97
F31	24699.13	5126.64	25762.85	0.21	1.04	0.83	14.65
F32	47617.76	6822.42	33136.80	0.14	0.70	0.62	13.50
F33	51299.89	10307.17	88089.58	0.20	1.72	0.75	25.70
F34	40192.70	10155.02	56269.91	0.25	1.40	0.78	17.11
F35	135595.03	22589.71	92549.66	0.17	0.68		

（表格来源：笔者自绘）

附录 B 2009—2018 年风玫瑰图

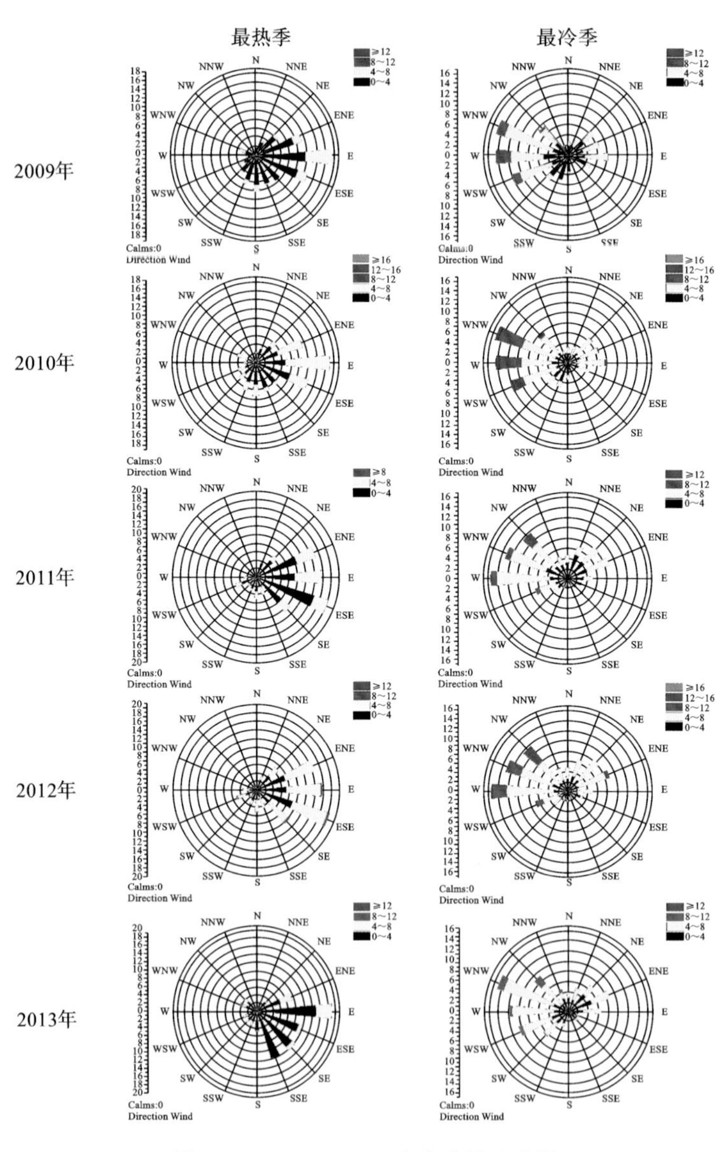

图 B-1 MERRA-2 10 米高度风玫瑰图

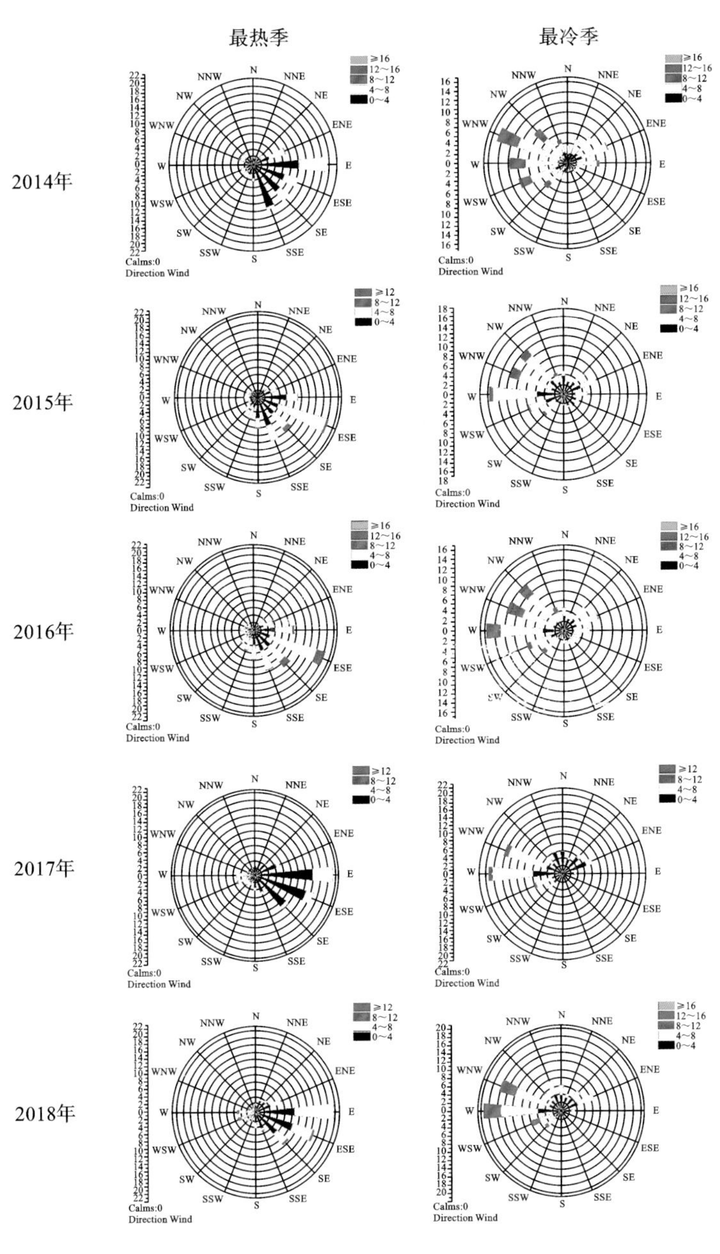
最热季
最冷季
2014年
2015年
2016年
2017年
2018年
Calms:0
Direction Wind

续图 B-1

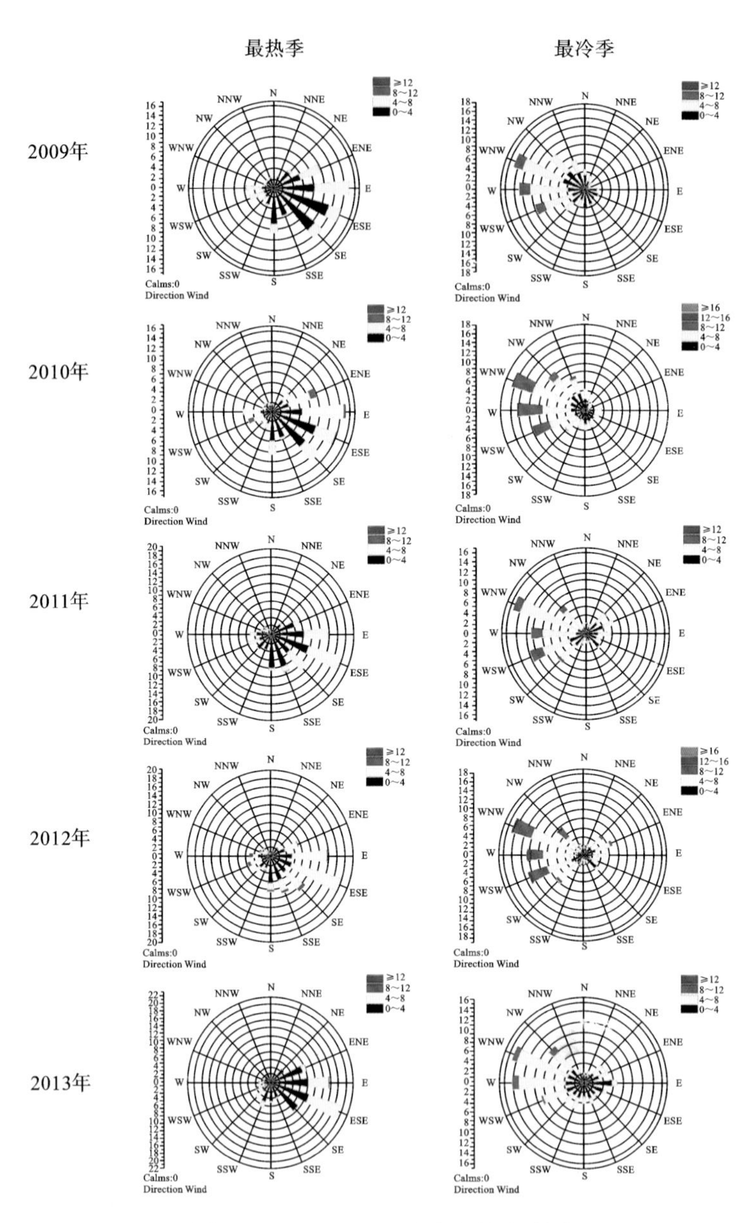

图 B-2　MERRA-2 2 米高度风玫瑰图

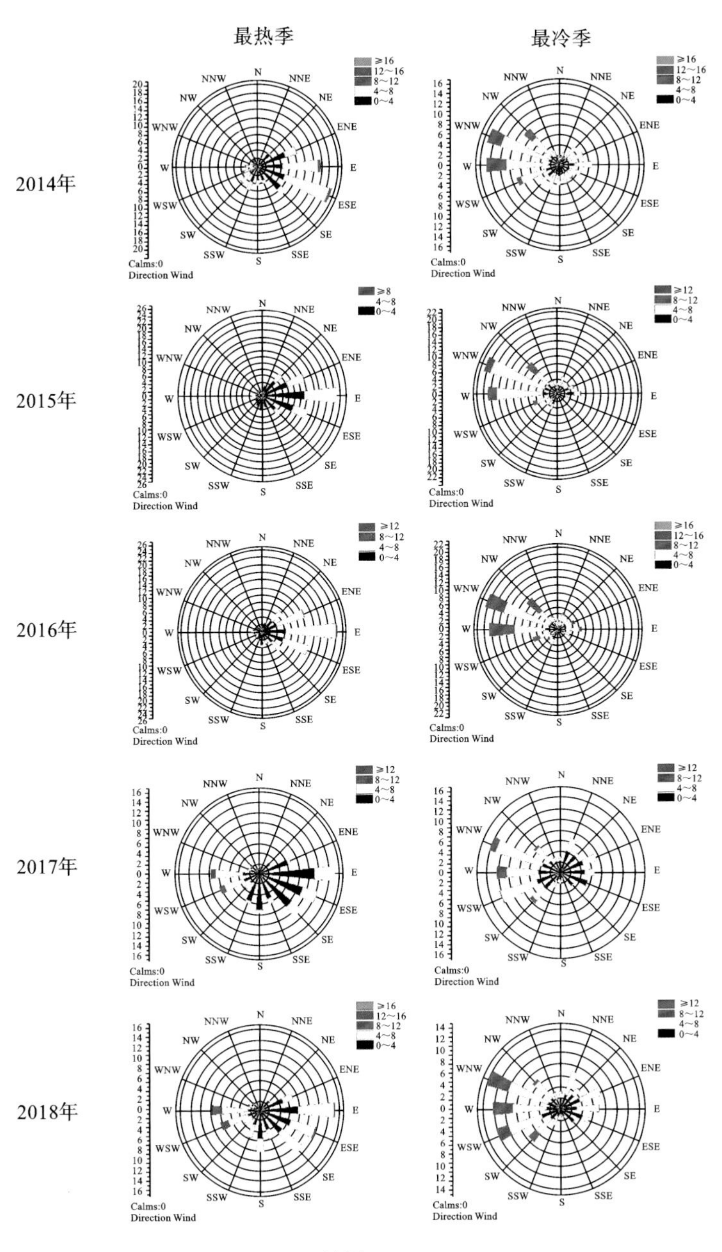
最热季
最冷季
2014年
2015年
2016年
2017年
2018年
Calms:0
Direction Wind

续图 B-2

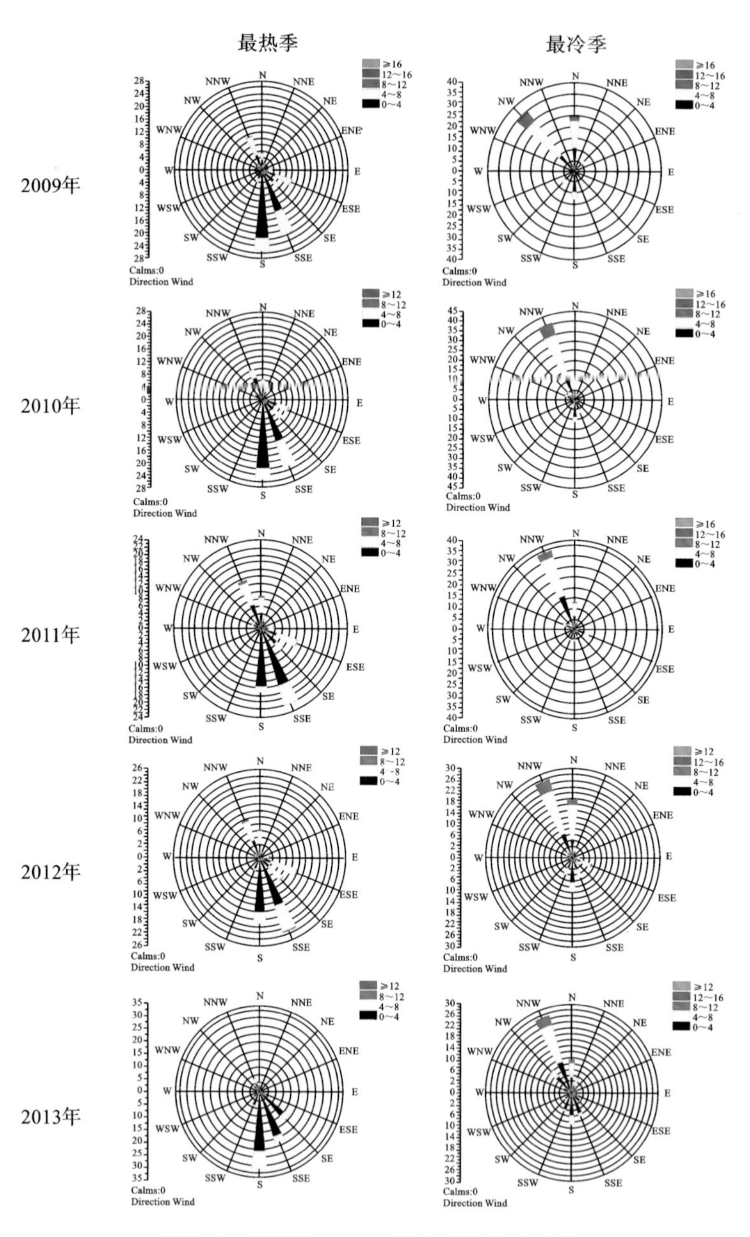

图 B-3　地面站 2 mins 滑动平均风玫瑰图

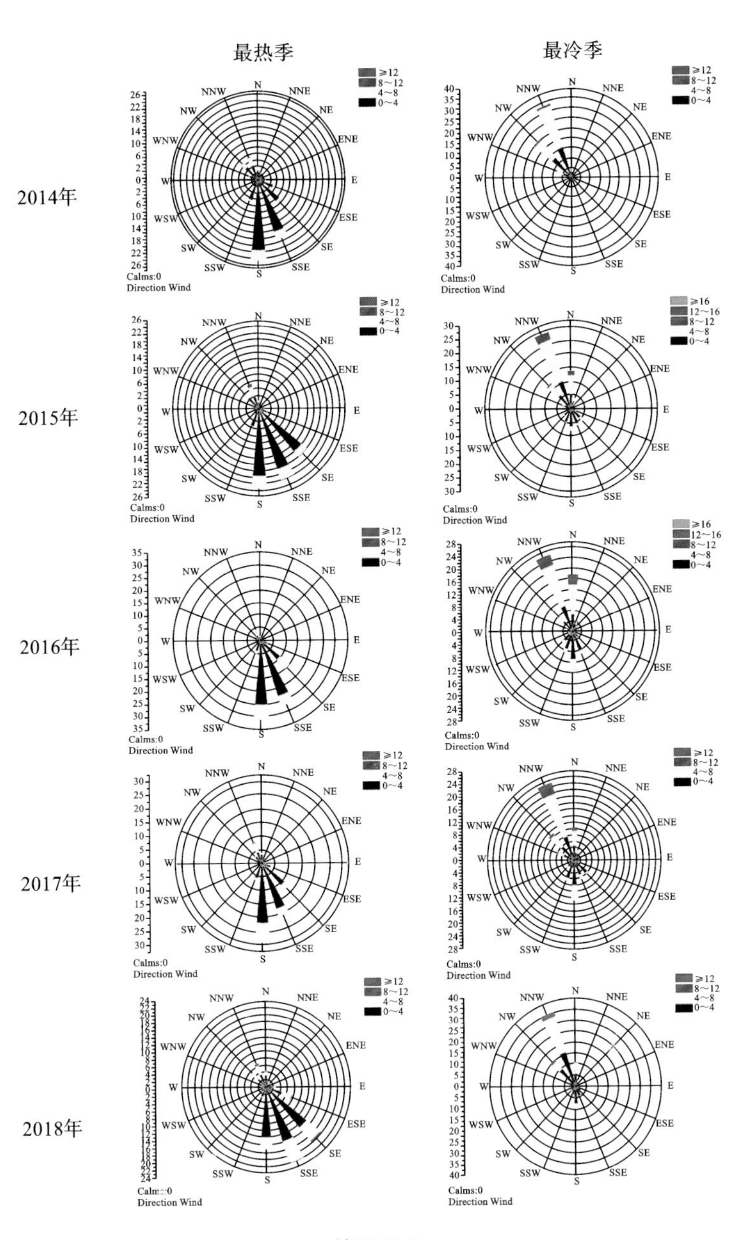
最热季
最冷季
2014年
2015年
2016年
2017年
2018年
N
NNE
NE
ENE
E
ESE
SE
SSE
S
SSW
SW
WSW
W
WNW
NW
NNW
≥16
12～16
≥12
8～12
4～8
0～4
Calms:0
Direction Wind

续图 B-3

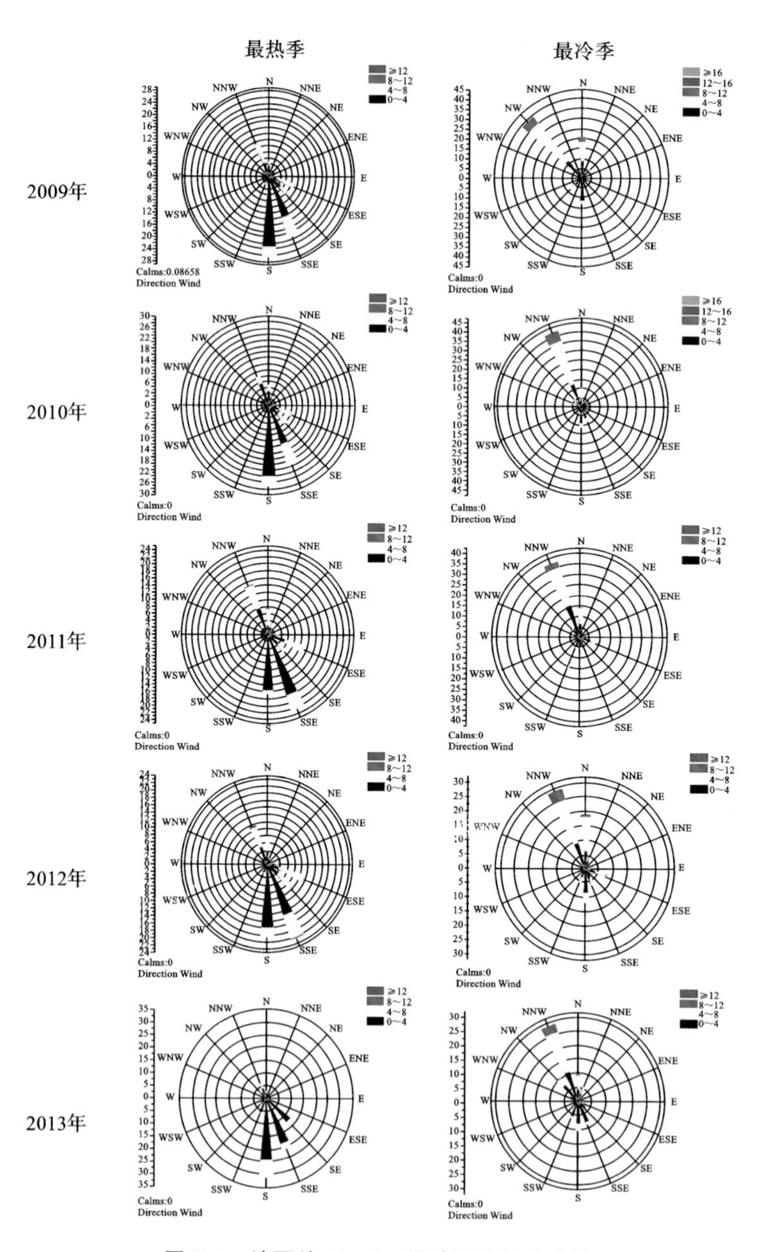

图 B-4　地面站 10 mins 滑动平均风玫瑰图

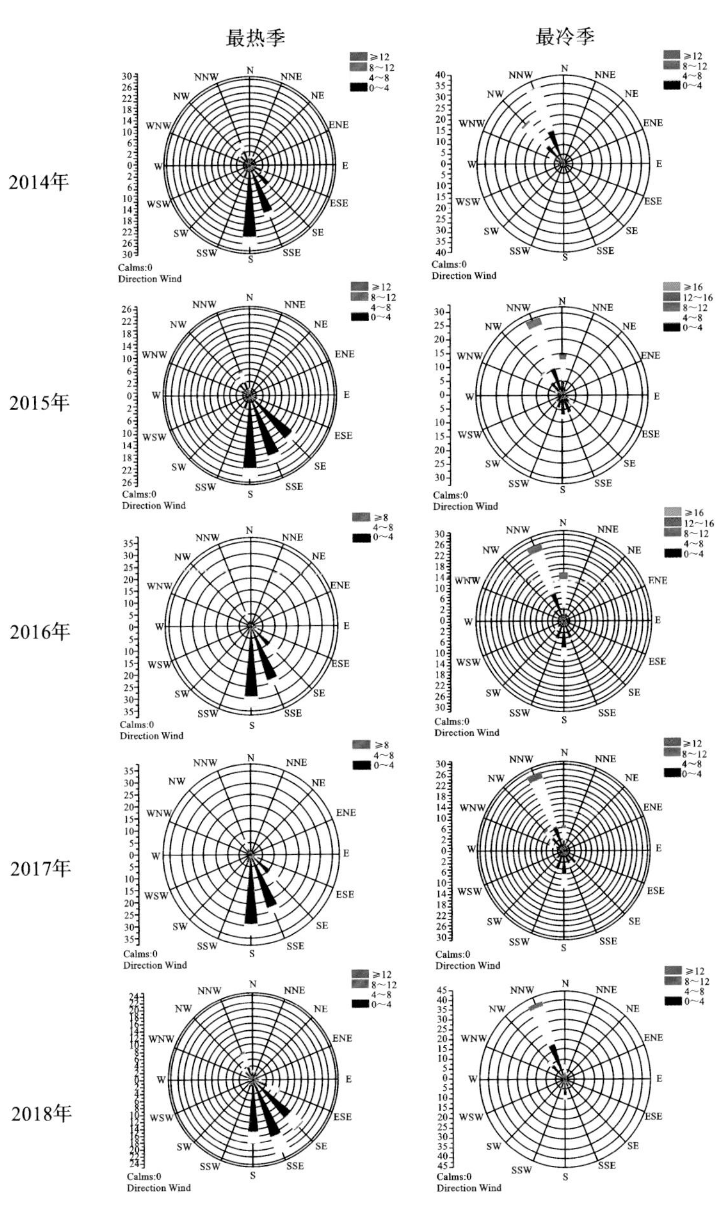

最热季
最冷季
2014年
2015年
2016年
2017年
2018年
N
NNE
NE
ENE
E
ESE
SE
SSE
S
SSW
SW
WSW
W
WNW
NW
NNW
≥16
12～16
≥12
8～12
≥8
4～8
0～4
Calms:0
Direction Wind

续图 B-4

附录C 青岛东岸城区各代表片区风环境模拟数据

表C-1 中山路片区各街区最热季风环境模拟指标数据

街区编号	平均风速/(m/s)	风速众数	舒适风区面积比	静风区面积比	强风区面积比	风速离散度	舒适风速离散度	风速区间/(m/s)	街区入流风速/(m/s)	街区入流风向
Z1	2.59	1.7	1.00	0.00	0.00	0.69	1.29	1.298～3.728	2.49	{−0.15,0.989,0}
Z2	3.59	3.6	1.00	0.00	0.00	0.34	2.12	2.919～4.706	3.49	{0.01,1.0,0}
Z3	1.30	0.9	0.40	0.60	0.00	1.11	1.13	0.092～4.649	1.74	{0.24,0.971,0}
Z4	1.47	1.4	0.69	0.31	0.00	0.89	0.90	0.159～4.284	1.79	{0.9,0.436,0}
Z5	3.75	3.6	0.80	0.04	0.16	1.26	2.58	0.258～5.645	3.73	{−0.12,0.993,0}
Z6	2.46	2.1	0.72	0.19	0.09	1.51	1.79	0.155～6.008	2.73	{0.11,0.994,0}
Z7	2.58	3.6	0.90	0.10	0.00	1.23	1.64	0.151～5.078	3.47	{−0.05,0.999,0}
Z8	2.28	0.8	0.75	0.25	0.00	1.38	1.58	0.097～4.985	3.24	{−0.03,1.0,0}
Z9	2.00	1.1	0.79	0.20	0.02	1.14	1.24	0.172～5.531	2.46	{−1,0,0}
Z10	2.60	4.3	0.80	0.17	0.02	1.50	1.86	0.175～5.563	3.18	{−0.88,0.475,0}

续表

街区编号	平均风速/(m/s)	风速众数	舒适风区面积比	静风区面积比	强风区面积比	风速离散度	舒适风速离散度	风速区间/(m/s)	街区入流风速/(m/s)	街区入流风向
Z11	1.38	1.1	0.70	0.31	0.00	0.70	0.71	0.097～3.926	1.42	{−0.51,0.86,0}
Z12	2.01	0.7	0.69	0.31	0.00	1.29	1.39	0.102～4.896	2.69	{−0.98,0.199,0}
Z13	1.89	1	0.76	0.24	0.00	1.24	1.30	0.036～5.014	2.70	{−0.02,1.0,0}
Z14	1.51	1.6	0.69	0.31	0.00	0.80	0.80	0.051～3.504	1.98	{−0.95,0.312,0}
Z15	2.84	2.8	0.94	0.06	0.00	1.07	1.71	0.242～4.689	2.86	{−0.24,0.971,0}
Z16	1.26	0.5	0.58	0.42	0.00	0.70	0.74	0.09～3.096	1.65	{−0.51,0.86,0}
Z17	1.51	1.4	0.59	0.36	0.05	1.25	1.25	0.105～6.221	2.30	{−0.99,0.141,0}
Z18	1.86	1	0.62	0.32	0.06	1.44	1.48	0.081～6.239	2.58	{−0.98,0.199,0}
Z19	1.53	0.6	0.59	0.41	0.00	0.96	0.96	0.161～3.856	2.25	{−0.9,0.436,0}
Z20	3.15	5.2	0.78	0.08	0.15	1.47	2.21	0.191～6.407	3.59	{−0.72,0.694,0}
Z21	1.92	0.7	0.73	0.26	0.01	1.15	1.22	0.036～5.397	2.80	{−0.09,0.996,0}
Z22	1.65	0.6	0.60	0.39	0.00	1.16	1.17	0.17～5.162	2.41	{−0.24,0.971,0}

续表

街区编号	平均风速/(m/s)	风速众数	舒适风区面积比	静风区面积比	强风区面积比	风速离散度	舒适风速离散度	风速区间/(m/s)	街区入流风速/(m/s)	街区入流风向
Z23	1.89	2	0.90	0.11	0.00	0.72	0.82	0.235～4.695	2.33	{－0.24, 0.971,0}
Z24	1.10	0.5	0.47	0.54	0.00	0.71	0.82	0.088～3.67	1.59	{－0.92, 0.392,0}
Z25	2.60	4.3	0.80	0.17	0.02	1.50	1.86	0.175～5.563	1.56	{0.14, 0.99,0}
Z26	1.36	0.6	0.62	0.38	0.00	0.76	0.77	0.038～3.52	1.33	{0.14, 0.99,0}
Z27	2.29	2.8	0.64	0.30	0.06	1.50	1.70	0.03～6.305	2.47	{0.16, 0.987,0}
Z28	1.72	2.4	0.71	0.29	0.00	0.90	0.93	0.087～4.652	2.37	{0.73, 0.683,0}
Z29	1.31	1.5	0.62	0.38	0.00	0.69	0.71	0.089～3.478	1.91	{－0.76, 0.65,0}
Z30	1.23	0.8	0.56	0.44	0.00	0.70	0.75	0.152～3.395	1.68	{－0.49, 0.872,0}
Z31	0.84	0.3	0.33	0.67	0.00	0.61	0.90	0.117～2.855	1.25	{－0.98, 0.199,0}
Z32	1.69	1	0.71	0.29	0.00	0.90	0.92	0.165～4.096	2.23	{0.73, 0.683,0}
Z33	1.15	1	0.57	0.44	0.00	0.59	0.69	0.072～2.911	1.33	{0.4, 0.917,0}
Z34	0.88	0.7	0.38	0.62	0.00	0.44	0.76	0.07～2.459	1.03	{－0.99, 0.141,0}

续表

街区编号	平均风速/(m/s)	风速众数	舒适风区面积比	静风区面积比	强风区面积比	风速离散度	舒适风速离散度	风速区间/(m/s)	街区入流风速/(m/s)	街区入流风向
Z35	0.91	0.4	0.47	0.53	0.00	0.43	0.73	0.143～1.675	0.94	{−0.99,0.141,0}
Z36	1.36	1.2	0.68	0.32	0.00	0.67	0.68	0.114～2.461	1.66	{−0.01,1.0,0}
Z37	0.95	0.8	0.41	0.60	0.00	0.35	0.65	0.074～2.008	1.09	{−0.99,0.141,0}
Z38	2.41	1	0.66	0.21	0.12	1.60	1.84	0.138～6.976	2.70	{0.41,0.912,0}
Z39	1.29	0.5	0.49	0.51	0.00	0.92	0.94	0.072～3.773	1.68	{−0.76,0.65,0}
Z40	2.15	3.4	0.84	0.16	0.00	1.03	1.21	0.254～3.709	2.06	{0.72,0.694,0}
Z41	1.06	1.1	0.53	0.47	0.00	0.67	0.80	0.024～3.062	1.30	{0.83,0.558,0}
Z42	0.96	0.4	0.37	0.63	0.00	0.71	0.90	0.057～4.183	1.08	{0.95,0.312,0}
Z43	1.15	1.2	0.58	0.42	0.00	0.57	0.67	0.082～3.398	1.20	{0.98,0.199,0}
Z44	0.91	1.2	0.50	0.50	0.00	0.43	0.73	0.017～1.889	1.03	{0.83,0.558,0}
Z45	0.84	1.3	0.46	0.54	0.00	0.36	0.75	0.202～1.377	0.73	{0.26,0.966,0}
Z46	0.81	0.9	0.27	0.73	0.00	0.41	0.80	0.051～2.062	0.83	{0.64,0.768,0}

续表

街区编号	平均风速/(m/s)	风速众数	舒适风区面积比	静风区面积比	强风区面积比	风速离散度	舒适风速离散度	风速区间/(m/s)	街区入流风速/(m/s)	街区入流风向
Z47	0.76	0.4	0.27	0.73	0.00	0.41	0.84	0.077～2.184	0.80	{0.64,0.768,0}
Z48	1.14	1	0.49	0.51	0.00	0.70	0.78	0.072～3.177	1.23	{0.75,0.661,0}
Z49	1.50	1.9	0.64	0.36	0.00	0.86	0.86	0.224～3.987	1.78	{0.99,0.141,0}
Z50	0.66	0.2	0.29	0.71	0.00	0.60	1.03	0.043～2.306	1.20	{－0.98,0.199,0}
Z51	0.98	1.3	0.45	0.55	0.00	0.50	0.72	0.127～2.208	1.09	{0.99,0.141,0}
Z52	1.28	1	0.60	0.40	0.00	0.56	0.60	0.032～3.133	1.49	{－0.87,0.493,0}
Z53	2.37	3.7	0.90	0.10	0.00	1.09	1.39	0.398～4.21	2.03	{0.99,0.141,0}
Z54	1.14	0.5	0.54	0.46	0.00	0.64	0.73	0.172～3.094	1.24	{0.97,0.243,0}
Z55	1.17	1.1	0.62	0.38	0.00	0.64	0.72	0.127～2.208	1.09	{0.97,0.243,0}
Z56	1.25	0.5	0.60	0.40	0.00	0.66	0.71	0.231～2.374	1.42	{0.98,0.199,0}
Z57	1.31	0.8	0.38	0.62	0.00	0.96	0.98	0.127～3.799	1.58	{0.56,0.828,0}
Z58	1.60	2.5	0.72	0.29	0.00	0.80	0.81	0.272～3.234	1.91	{－0.49,0.872,0}

续表

街区编号	平均风速/(m/s)	风速众数	舒适风区面积比	静风区面积比	强风区面积比	风速离散度	舒适风速离散度	风速区间/(m/s)	街区入流风速/(m/s)	街区入流风向
Z59	1.72	0.8	0.57	0.43	0.00	1.12	1.14	0.044～3.664	2.13	{0.14,0.99,0}
Z60	1.58	0.4	0.60	0.40	0.00	1.06	1.06	0.111～3.848	2.17	{0.96,0.28,0}
Z61	1.67	0.9	0.64	0.36	0.00	0.86	0.88	0.147～3.382	2.20	{0.98,0.199,0}
Z62	2.69	3	0.96	0.04	0.00	0.93	1.51	0.373～4.835	2.72	{0.98,0.199,0}
Z63	1.26	0.6	0.55	0.45	0.00	0.82	0.85	0.088～3.183	1.34	{−0.21,0.978,0}
Z64	1.34	1.1	0.77	0.23	0.00	0.55	0.57	0.167～2.939	1.05	{0.02,1.0,0}
Z65	1.50	0.8	0.63	0.37	0.00	0.82	0.82	0.061～3.267	1.46	{0.67,0.742,0}
Z66	1.30	1.1	0.60	0.40	0.00	0.83	0.86	0.101～3.877	1.36	{1,0,0}
Z67	1.88	1.5	0.80	0.20	0.00	0.95	1.02	0.26～4.513	1.91	{1,0,0}
Z68	0.74	0.2	0.35	0.65	0.00	0.48	0.90	0.086～2.207	0.77	{0.38,0.925,0}
Z69	0.97	1.1	0.66	0.35	0.00	0.35	0.64	0.157～1.532	0.88	{−0.33,0.944,0}
Z70	0.97	0.6	0.40	0.60	0.00	0.47	0.71	0.157～2.936	1.13	{−0.23,0.973,0}

续表

街区编号	平均风速/(m/s)	风速众数	舒适风区面积比	静风区面积比	强风区面积比	风速离散度	舒适风速离散度	风速区间/(m/s)	街区入流风速/(m/s)	街区入流风向
Z71	1.16	1.3	0.65	0.35	0.00	0.48	0.59	0.2～2.11	1.23	{0.68,0.733,0}
Z72	1.12	0.9	0.54	0.46	0.00	0.42	0.56	0.145～2.11	1.25	{0.98,0.199,0}
Z73	1.06	0.7	0.49	0.51	0.00	0.54	0.70	0.196～1.897	1.15	{0.98,0.199,0}
Z74	0.74	0.3	0.28	0.72	0.00	0.43	0.88	0.033～2.078	0.95	{0.9,0.436,0}
Z75	0.93	0.2	0.36	0.64	0.00	0.65	0.87	0.048～3.082	0.87	{0.97,0.243,0}
Z76	1.06	0.6	0.47	0.54	0.00	0.73	0.85	0.029～2.818	1.50	{−0.99,0.141,0}
Z77	1.44	2.6	0.64	0.36	0.00	0.75	0.76	0.046～3.283	1.69	{0.94,0.341,0}
Z78	0.91	0.6	0.43	0.57	0.00	0.48	0.75	0.058～2.52	0.89	{0.99,0.141,0}
Z79	0.97	0.9	0.45	0.55	0.00	0.49	0.72	0.096～2.039	1.04	{−0.65,0.76,0}
Z80	0.83	1.1	0.36	0.64	0.00	0.32	0.74	0.118～1.575	1.02	{0.97,0.243,0}
Z81	1.14	0.9	0.50	0.50	0.00	0.65	0.75	0.046～3.202	1.33	{0.81,0.586,0}
Z82	1.87	1.6	0.84	0.16	0.00	0.74	0.83	0.197～3.344	2.19	{0.81,0.586,0}

续表

街区编号	平均风速/(m/s)	风速众数	舒适风区面积比	静风区面积比	强风区面积比	风速离散度	舒适风速离散度	风速区间/(m/s)	街区入流风速/(m/s)	街区入流风向
Z83	1.17	1.1	0.59	0.41	0.00	0.60	0.68	0.119～2.521	1.47	{0.71,0.704,0}
Z84	1.04	1.8	0.50	0.50	0.00	0.60	0.75	0.038～2.521	1.28	{−0.91,0.415,0}
Z85	1.06	0.3	0.53	0.47	0.00	0.54	0.70	0.089～2.732	1.43	{−0.91,0.415,0}

(表格来源:笔者自绘)

表 C-2　中山路片区各街区最冷季风环境模拟指标数据

地块编号	平均风速/(m/s)	风速众数	舒适风区面积比	静风区面积比	强风区面积比	风速离散度	舒适风速离散度	风速区间/(m/s)	街区入流风速/(m/s)	街区入流风向
Z1	1.99	0.60	0.73	0.27	0.00	1.10	1.21	0.028～4.632	2.06	{0.98,0.199,0}
Z2	3.34	4.40	0.97	0.00	0.00	1.00	2.09	1.452～5.294	2.93	{−0.98,0.199,0}
Z3	3.50	3.80	0.92	0.02	0.00	1.17	2.31	0.216～6.557	3.99	{−0.99,0.141,0}
Z4	3.25	2.90	0.98	0.02	0.00	0.77	1.91	0.325～5.031	3.24	{0.21,0.978,0}
Z5	4.29	6.90	0.61	0.03	0.02	1.96	3.42	0.237～8.394	4.94	{0.27,0.963,0}
Z6	2.64	2.00	0.93	0.07	0.00	1.20	1.66	0.209～5.265	2.94	{0.98,0.199,0}

续表

地块编号	平均风速/(m/s)	风速众数	舒适风区面积比	静风区面积比	强风区面积比	风速离散度	舒适风速离散度	风速区间/(m/s)	街区入流风速/(m/s)	街区入流风向
Z7	2.56	2.00	0.79	0.16	0.00	1.51	1.84	0.089～6.398	2.92	{−0.97,0.243,0}
Z8	3.08	0.70	0.72	0.15	0.00	1.61	2.26	0.104～6.051	3.46	{−0.94,0.341,0}
Z9	1.86	2.50	0.73	0.28	0.00	1.01	1.07	0.134～3.885	2.75	{0.43,0.903,0}
Z10	4.09	6.70	0.41	0.10	0.00	2.09	3.33	0.086～6.892	4.74	{0.24,0.971,0}
Z11	2.41	0.50	0.78	0.20	0.00	1.42	1.68	0.228～5.147	3.41	{−0.88,0.475,0}
Z12	1.90	1.20	0.76	0.22	0.00	1.19	1.26	0.095～5.882	2.73	{−0.97,0.243,0}
Z13	2.65	1.70	0.84	0.10	0.00	1.33	1.76	0.267～6.64	3.93	{−0.99,0.141,0}
Z14	1.31	0.60	0.54	0.46	0.00	0.81	0.83	0.025～3.431	2.00	{−0.95,0.312,0}
Z15	3.27	5.50	0.57	0.15	0.00	1.97	2.65	0.162～6.931	3.40	{−0.63,0.777,0}
Z16	1.48	1.30	0.68	0.32	0.00	0.89	0.89	0.086～4.706	2.37	{−0.88,0.475,0}
Z17	1.73	0.50	0.61	0.35	0.00	1.30	1.32	0.086～5.79	2.36	{−0.99,0.141,0}
Z18	3.13	1.90	0.72	0.11	0.00	1.67	2.33	0.065～6.804	3.45	{−0.99,0.141,0}

续表

地块编号	平均风速/(m/s)	风速众数	舒适风区面积比	静风区面积比	强风区面积比	风速离散度	舒适风速离散度	风速区间/(m/s)	街区入流风速/(m/s)	街区入流风向
Z19	1.45	1.00	0.57	0.43	0.00	1.07	1.08	0.026～5.035	2.41	{−0.95, 0.312, 0}
Z20	3.50	2.20	0.65	0.07	0.03	2.02	2.84	0.181～8.319	4.50	{0.11, 0.994, 0}
Z21	1.65	1.00	0.73	0.27	0.00	0.92	0.93	0.086～5.091	1.99	{0.99, 0.141, 0}
Z22	2.20	2.00	0.81	0.18	0.00	1.28	1.45	0.12～5.958	3.25	{−0.99, 0.141, 0}
Z23	3.97	3.70	0.70	0.03	0.01	1.64	2.96	0.367～8.254	4.17	{−0.99, 0.141, 0}
Z24	1.78	0.60	0.73	0.27	0.00	1.02	1.06	0.195～5.42	2.38	{−0.95, 0.312, 0}
Z25	2.22	0.90	0.72	0.23	0.00	1.37	1.55	0.051～6.473	2.56	{0.42, 0.908, 0}
Z26	1.92	1.80	0.74	0.23	0.00	1.30	1.37	0.07～7.096	2.21	{0.51, 0.86, 0}
Z27	2.55	2.10	0.72	0.15	0.00	1.65	1.96	0.113～6.625	2.57	{0.51, 0.86, 0}
Z28	1.86	2.00	0.74	0.26	0.00	1.01	1.07	0.065～4.534	2.64	{0.96, 0.28, 0}
Z29	1.75	1.00	0.72	0.28	0.00	1.04	1.07	0.113～4.521	2.37	{−0.98, 0.199, 0}
Z30	2.14	2.90	0.79	0.21	0.00	1.05	1.24	0.126～4.559	2.45	{−0.99, 0.141, 0}

续表

地块编号	平均风速/(m/s)	风速众数	舒适风区面积比	静风区面积比	强风区面积比	风速离散度	舒适风速离散度	风速区间/(m/s)	街区入流风速/(m/s)	街区入流风向
Z31	1.73	1.10	0.77	0.22	0.00	1.00	1.02	0.115～5.534	2.40	{0.12,0.993,0}
Z32	2.23	3.50	0.84	0.16	0.00	1.06	1.29	0.374～4.050	3.19	{0.96,0.28,0}
Z33	1.99	0.40	0.69	0.31	0.00	1.28	1.37	0.054～4.714	3.24	{0.77,0.638,0}
Z34	2.12	0.70	0.76	0.23	0.00	1.25	1.39	0.068～5.796	2.72	{−0.99,0.141,0}
Z35	1.91	2.50	0.79	0.21	0.00	0.94	1.03	0.288～4.105	1.97	{0.76,0.65,0}
Z36	1.82	2.90	0.80	0.20	0.00	0.79	0.85	0.136～3.098	1.93	{−0.05,0.999,0}
Z37	1.99	2.90	0.71	0.29	0.00	1.12	1.22	0.079～4.52	2.32	{−0.74,0.673,0}
Z38	3.03	0.40	0.66	0.17	0.00	1.75	2.32	0.186～6.03	3.94	{−0.42,0.908,0}
Z39	2.46	1.50	0.77	0.15	0.00	1.46	1.75	0.154～6.483	2.96	{0.99,0.141,0}
Z40	2.60	3.60	0.82	0.13	0.00	1.29	1.69	0.121～5.521	2.70	{−0.68,0.733,0}
Z41	2.25	1.00	0.65	0.29	0.00	1.49	1.67	0.197～5.938	2.67	{−0.44,0.898,0}
Z42	1.81	1.00	0.68	0.31	0.00	1.19	1.23	0.221～5.239	1.82	{0.36,0.933,0}

续表

地块编号	平均风速/(m/s)	风速众数	舒适风区面积比	静风区面积比	强风区面积比	风速离散度	舒适风速离散度	风速区间/(m/s)	街区入流风速/(m/s)	街区入流风向
Z43	1.67	2.10	0.75	0.25	0.00	0.89	0.91	0.109～4.513	1.92	{0.36，0.933,0}
Z44	1.93	1.10	0.90	0.10	0.00	0.79	0.90	0.19～3.668	1.92	{－1,0,0}
Z45	1.61	1.50	0.91	0.09	0.00	0.55	0.56	0.564～2.813	1.64	{－0.38，0.925,0}
Z46	1.69	1.10	0.72	0.28	0.00	0.91	0.93	0.119～3.433	1.88	{－0.46，0.888,0}
Z47	2.43	1.80	0.84	0.11	0.00	1.30	1.60	0.123～6.147	2.60	{－0.46，0.888,0}
Z48	3.05	2.70	0.86	0.08	0.00	1.28	2.02	0.138～6.221	3.13	{0.97，0.243,0}
Z49	2.16	2.70	0.86	0.14	0.00	0.91	1.12	0.062～4.788	2.51	{－0.98，0.199,0}
Z50	1.32	0.80	0.53	0.47	0.00	0.82	0.84	0.089～3.312	1.86	{－0.99，0.141,0}
Z51	1.86	1.80	0.92	0.08	0.00	0.59	0.69	0.28～3.423	1.88	{0.44，0.898,0}
Z52	2.05	2.80	0.80	0.20	0.00	1.03	1.17	0.145～4.249	2.03	{－0.98，0.199,0}
Z53	2.90	4.50	0.83	0.17	0.00	1.32	1.93	0.299～4.937	2.48	{－0.99，0.141,0}
Z54	1.59	0.50	0.69	0.31	0.00	0.91	0.92	0.091～4.975	2.03	{0.9，0.436,0}

续表

地块编号	平均风速/(m/s)	风速众数	舒适风区面积比	静风区面积比	强风区面积比	风速离散度	舒适风速离散度	风速区间/(m/s)	街区入流风速/(m/s)	街区入流风向
Z55	2.50	1.70	0.93	0.03	0.00	1.23	1.59	0.369～6.335	2.77	{−0.72,0.694,0}
Z56	3.15	4.50	0.81	0.13	0.00	1.58	2.28	0.168～6.205	2.85	{0.43,0.903,0}
Z57	3.35	2.60	0.82	0.00	0.00	1.40	2.31	0.931～6.724	3.36	{−0.9,0.436,0}
Z58	3.27	5.20	0.73	0.10	0.00	1.61	2.39	0.251～6.612	2.58	{−0.98,0.199,0}
Z59	3.29	1.20	0.65	0.08	0.02	2.20	2.83	0.29～7.608	3.98	{0.98,0.199,0}
Z60	3.12	2.60	0.59	0.16	0.01	1.97	2.55	0.17～7.438	3.42	{−0.72,0.694,0}
Z61	2.97	2.40	0.81	0.10	0.00	1.49	2.09	0.165～6.316	2.86	{−0.74,0.673,0}
Z62	3.71	5.50	0.59	0.06	0.00	1.74	2.81	0.226～6.461	3.68	{−0.94,0.341,0}
Z63	3.23	3.70	0.97	0.01	0.00	0.86	1.93	0.238～5.495	2.88	{−0.98,0.199,0}
Z64	2.73	2.20	0.78	0.12	0.00	1.43	1.88	0.334～5.863	2.96	{−0.98,0.199,0}
Z65	1.87	2.10	0.87	0.13	0.00	0.71	0.80	0.209～3.758	2.33	{0.74,0.673,0}
Z66	3.53	4.30	0.81	0.07	0.00	1.37	2.45	0.353～6.628	3.91	{−0.96,0.28,0}

续表

地块编号	平均风速/(m/s)	风速众数	舒适风区面积比	静风区面积比	强风区面积比	风速离散度	舒适风速离散度	风速区间/(m/s)	街区入流风速/(m/s)	街区入流风向
Z67	3.57	3.60	0.83	0.06	0.00	1.30	2.45	0.545～6.628	4.39	{−0.99,0.141,0}
Z68	2.53	1.90	0.91	0.08	0.00	1.19	1.57	0.263～5.014	2.61	{−0.69,0.724,0}
Z69	3.19	3.80	0.98	0.02	0.00	0.92	1.92	0.432～4.631	3.24	{0.33,0.944,0}
Z70	2.76	2.30	0.99	0.01	0.00	0.89	1.55	0.5～4.654	3.34	{−0.26,0.966,0}
Z71	2.49	1.80	0.90	0.09	0.00	1.24	1.58	0.217～5.055	2.83	{−0.97,0.243,0}
Z72	1.68	0.60	0.51	0.46	0.00	1.36	1.37	0.226～5.497	1.93	{−0.99,0.141,0}
Z73	1.42	1.00	0.62	0.38	0.00	0.82	0.82	0.158～3.835	1.57	{0.15,0.989,0}
Z74	2.23	0.30	0.42	0.44	0.00	2.00	2.13	0.157～6.649	2.39	{1,0,0}
Z75	1.89	1.10	0.71	0.29	0.00	1.37	1.42	0.066～5.002	1.43	{0.98,0.199,0}
Z76	1.60	0.60	0.61	0.39	0.00	1.07	1.07	0.094～4.703	2.46	{−1,0,0}
Z77	2.53	0.70	0.44	0.39	0.00	2.05	2.29	0.002～6.84	3.22	{0.99,0.141,0}
Z78	2.45	1.10	0.63	0.24	0.00	1.74	1.99	0.057～6.178	2.42	{0.98,0.199,0}

续表

地块编号	平均风速/(m/s)	风速众数	舒适风区面积比	静风区面积比	强风区面积比	风速离散度	舒适风速离散度	风速区间/(m/s)	街区入流风速/(m/s)	街区入流风向
Z79	2.48	2.40	0.84	0.16	0.00	1.40	1.71	0.148～5.316	3.17	{0.99,0.141,0}
Z80	1.51	0.50	0.68	0.32	0.00	0.80	0.80	0.12～3.699	1.82	{0.99,0.141,0}
Z81	1.85	0.70	0.55	0.41	0.00	1.48	1.52	0.073～5.763	2.21	{0.99,0.141,0}
Z82	3.50	4.10	0.74	0.05	0.00	1.58	2.55	0.132～6.87	3.83	{−0.76,0.65,0}
Z83	3.38	3.70	0.75	0.10	0.00	1.53	2.42	0.187～5.738	3.46	{0.12,0.993,0}
Z84	1.64	3.00	0.70	0.30	0.00	0.97	0.98	0.211～4.682	2.32	{0.99,0.141,0}
Z85	1.86	0.60	0.64	0.37	0.00	1.23	1.28	0.085～4.681	2.69	{−0.61,0.792,0}

（表格来源：笔者自绘）

表 C-3 香港中路片区各街区最热季风环境模拟指标数据

地块编号	平均风速/(m/s)	风速众数	舒适风区面积比	静风区面积比	强风区面积比	风速离散度	舒适风速离散度	风速区间/(m/s)	街区入流风速/(m/s)	街区入流风向
X1	2.15	0.70	0.76	0.23	0.01	1.30	1.45	0.065～5.798	2.37	{0.97,0.243,0}
X2	2.59	2.20	0.83	0.14	0.03	1.36	1.74	0.141～5.999	3.19	{0.97,0.243,0}

续表

地块编号	平均风速/(m/s)	风速众数	舒适风区面积比	静风区面积比	强风区面积比	风速离散度	舒适风速离散度	风速区间/(m/s)	街区入流风速/(m/s)	街区入流风向
X3	1.41	0.70	0.63	0.37	0.00	0.79	0.80	0.126～4.235	1.52	{0.98,0.199,0}
X4	2.35	1.80	0.86	0.13	0.01	1.10	1.39	0.143～5.211	3.04	{0.99,0.141,0}
X5	2.43	1.60	0.89	0.08	0.03	1.16	1.49	0.233～5.631	2.46	{0.99,0.141,0}
X6	2.07	2.00	0.90	0.10	0.00	0.90	1.07	0.443～4.749	2.29	{−0.99,0.141,0}
X7	1.74	2.00	0.78	0.22	0.00	0.81	0.84	0.13～4.788	1.79	{−0.99,0.141,0}
X8	2.44	1.90	0.83	0.15	0.02	1.29	1.60	0.075～6.206	3.17	{0.96,0.28,0}
X9	3.59	4.00	0.86	0.03	0.12	1.17	2.40	0.18～5.771	3.31	{1,0,0}
X10	2.23	1.10	0.77	0.19	0.04	1.36	1.55	0.107～5.684	3.20	{−0.92,0.392,0}
X11	2.65	0.60	0.68	0.21	0.11	1.62	1.98	0.191～6.396	3.52	{0.01,1.0,0}
X12	1.62	1.50	0.73	0.27	0.00	0.95	0.96	0.107～4.363	2.39	{−0.96,0.28,0}
X13	3.60	5.80	0.58	0.10	0.32	1.87	2.81	0.086～7.533	4.23	{−0.92,0.392,0}
X14	2.45	1.60	0.77	0.16	0.08	1.56	1.83	0.137～6.546	2.59	{0.06,0.998,0}

续表

地块编号	平均风速/(m/s)	风速众数	舒适风区面积比	静风区面积比	强风区面积比	风速离散度	舒适风速离散度	风速区间/(m/s)	街区入流风速/(m/s)	街区入流风向
X15	2.35	0.80	0.68	0.26	0.07	1.57	1.79	0.098～6.041	3.40	{−0.36,0.933,0}
X16	3.06	1.60	0.73	0.09	0.18	1.69	2.30	0.162～6.943	3.24	{−0.99,0.141,0}
X17	2.57	3.30	0.92	0.08	0.00	1.01	1.47	0.274～5.961	3.17	{0.99,0.141,0}
X18	2.62	2.00	0.74	0.16	0.09	1.60	1.96	0.1～6.371	3.53	{0.99,0.141,0}
X19	2.61	1.80	0.71	0.16	0.13	1.69	2.02	0.051～6.981	3.48	{0.04,0.999,0}
X20	2.29	1.50	0.76	0.20	0.04	1.39	1.60	0.075～6.578	2.71	{0.25,0.968,0}
X21	2.00	1.20	0.78	0.22	0.01	1.12	1.23	0.043～5.616	1.98	{−0.9,0.436,0}
X22	1.08	0.40	0.43	0.57	0.00	0.73	0.84	0.02～3.698	1.45	{0.3,0.954,0}
X23	1.65	1.30	0.75	0.26	0.00	0.88	0.89	0.055～3.339	1.75	{0.98,0.199,0}
X24	1.04	1.10	0.51	0.50	0.00	0.49	0.67	0.023～2.972	1.18	{0.91,0.415,0}
X25	0.61	0.20	0.15	0.85	0.00	0.41	0.98	0.067～3.137	0.94	{0.96,0.28,0}
X26	0.85	0.70	0.26	0.74	0.00	0.49	0.82	0.048～3.049	0.83	{0.96,0.28,0}

续表

地块编号	平均风速/(m/s)	风速众数	舒适风区面积比	静风区面积比	强风区面积比	风速离散度	舒适风速离散度	风速区间/(m/s)	街区入流风速/(m/s)	街区入流风向
X27	1.68	1.60	0.67	0.31	0.02	1.12	1.14	0.051～6.673	1.72	{－0.88,0.475,0}
X28	1.30	1.80	0.63	0.37	0.00	0.72	0.75	0.072～3.308	1.29	{－0.67,0.742,0}
X29	1.33	1.00	0.57	0.43	0.00	0.82	0.84	0.026～4.188	1.61	{0.98,0.199,0}
X30	1.19	1.00	0.55	0.45	0.00	0.65	0.72	0.087～3.13	1.61	{－0.19,0.982,0}
X31	1.64	2.00	0.77	0.23	0.00	0.70	0.71	0.134～3.435	1.60	{－0.92,0.392,0}
X32	1.94	2.10	0.74	0.25	0.01	1.11	1.19	0.087～5.519	1.61	{－0.87,0.493,0}
X33	1.94	1.60	0.83	0.17	0.00	0.95	1.05	0.044～4.752	2.12	{0.97,0.243,0}
X34	2.58	2.00	0.83	0.10	0.07	1.37	1.74	0.104～6.419	2.74	{0.99,0.141,0}
X35	2.10	1.40	0.81	0.20	0.00	1.10	1.25	0.1～4.677	2.50	{0.98,0.199,0}
X36	2.07	1.20	0.80	0.20	0.00	1.21	1.34	0.059～5.03	2.36	{0.99,0.141,0}
X37	1.65	0.70	0.68	0.32	0.00	1.00	1.01	0.036～4.085	2.04	{－0.03,1.0,0}
X38	1.69	0.80	0.72	0.28	0.00	0.89	0.91	0.053～4.375	2.00	{0.97,0.243,0}

续表

地块编号	平均风速/(m/s)	风速众数	舒适风区面积比	静风区面积比	强风区面积比	风速离散度	舒适风速离散度	风速区间/(m/s)	街区入流风速/(m/s)	街区入流风向
X39	1. 90	1. 40	0. 82	0. 19	0. 00	0. 81	0. 91	0. 338～3. 368	1. 99	{0. 92, 0. 392,0}
X40	1. 70	1. 90	0. 82	0. 18	0. 00	0. 72	0. 75	0. 159～3. 368	2. 09	{0. 8, 0. 6,0}
X41	1. 56	1. 30	0. 74	0. 26	0. 00	0. 74	0. 74	0. 144～3. 289	1. 96	{0. 98, 0. 199,0}
X42	1. 58	2. 20	0. 74	0. 26	0. 00	0. 79	0. 79	0. 084～4. 307	1. 89	{0. 81, 0. 586,0}
X43	1. 41	1. 00	0. 58	0. 42	0. 00	0. 89	0. 89	0. 072～3. 982	1. 95	{0. 81, 0. 586,0}

(表格来源:笔者自绘)

表 C-4　香港中路片区各街区最冷季风环境模拟指标数据

地块编号	平均风速/(m/s)	风速众数	舒适风区面积比	静风区面积比	强风区面积比	风速离散度	舒适风速离散度	风速区间/(m/s)	街区入流风速/(m/s)	街区入流风向
X1	5. 62	5. 30	0. 27	0. 08	0. 65	2. 71	4. 93	0. 154～9. 627	1. 63	{－0. 9, 0. 436,0}
X2	3. 60	1. 20	0. 68	0. 09	0. 24	2. 31	3. 13	0. 106～9. 976	4. 27	{－0. 97, 0. 243,0}
X3	3. 92	4. 60	0. 61	0. 06	0. 33	1. 92	3. 09	0. 151～9. 984	5. 11	{－0. 06, 0. 998,0}
X4	4. 05	4. 20	0. 58	0. 06	0. 36	2. 06	3. 28	0. 142～9. 955	3. 77	{－0. 99, 0. 141,0}

续表

地块编号	平均风速/(m/s)	风速众数	舒适风区面积比	静风区面积比	强风区面积比	风速离散度	舒适风速离散度	风速区间/(m/s)	街区入流风速/(m/s)	街区入流风向
X5	3.31	1.40	0.68	0.11	0.21	1.90	2.63	0.121～8.4	5.03	{−0.03,1.0,0}
X6	4.13	3.50	0.59	0.07	0.34	1.86	3.22	0.275～8.407	1.67	{−0.85,0.527,0}
X7	5.62	5.30	0.27	0.08	0.65	2.71	4.93	0.154～9.627	6.16	{0.41,0.912,0}
X8	4.36	6.60	0.53	0.07	0.40	2.54	3.83	0.16～9.996	3.89	{0.14,0.99,0}
X9	6.66	6.10	0.05	0.00	0.95	1.03	5.27	1.122～8.853	3.52	{−0.88,0.475,0}
X10	2.58	2.00	0.82	0.10	0.08	1.47	1.83	0.082～8.119	3.41	{−0.84,0.543,0}
X11	4.46	3.10	0.41	0.11	0.48	2.49	3.86	0.108～9.273	3.45	{−0.84,0.543,0}
X12	4.65	2.60	0.48	0.06	0.46	2.13	3.80	0.137～9.88	3.88	{−0.08,0.997,0}
X13	3.64	0.90	0.59	0.12	0.29	2.42	3.23	0.085～9.996	3.39	{−0.94,0.341,0}
X14	3.29	2.90	0.70	0.13	0.17	1.74	2.49	0.1～8.044	3.00	{−0.99,0.141,0}
X15	2.91	0.90	0.59	0.23	0.19	1.88	2.35	0.17～7.367	1.95	{−0.99,0.141,0}
X16	3.80	3.60	0.71	0.04	0.25	1.61	2.81	0.239～7.325	1.88	{−0.43,0.903,0}

续表

地块编号	平均风速/(m/s)	风速众数	舒适风区面积比	静风区面积比	强风区面积比	风速离散度	舒适风速离散度	风速区间/(m/s)	街区入流风速/(m/s)	街区入流风向
X17	3.58	4.00	0.72	0.07	0.22	1.52	2.58	0.268～6.466	2.64	{−0.43,0.903,0}
X18	3.34	1.70	0.70	0.08	0.22	1.72	2.52	0.136～7.846	2.52	{−0.4,0.917,0}
X19	2.17	1.20	0.72	0.24	0.05	1.49	1.63	0.06～7.619	1.38	{−0.85,0.527,0}
X20	2.77	2.80	0.84	0.09	0.07	1.44	1.91	0.089～7.967	2.98	{−0.99,0.141,0}
X21	2.03	2.00	0.79	0.21	0.01	1.14	1.26	0.066～5.593	2.22	{−0.97,0.243,0}
X22	1.42	0.70	0.62	0.38	0.00	0.83	0.84	0.067～4.469	2.73	{−1,0,0}
X23	3.14	2.20	0.70	0.13	0.17	1.77	2.42	0.106～7.124	3.54	{0.23,0.973,0}
X24	2.01	1.60	0.69	0.26	0.05	1.43	1.52	0.085～7.006	2.20	{−0.49,0.872,0}
X25	1.15	1.20	0.57	0.43	0.00	0.64	0.73	0.037～3.618	3.86	{−0.49,0.872,0}
X26	1.65	1.50	0.76	0.24	0.00	0.83	0.84	0.032～4.603	4.49	{0.8,0.6,0}
X27	2.24	2.40	0.79	0.21	0.00	1.14	1.36	0.049～4.527	3.86	{0.93,0.368,0}
X28	2.40	1.50	0.88	0.11	0.00	0.98	1.33	0.229～5.156	4.45	{0.18,0.984,0}

续表

地块编号	平均风速/(m/s)	风速众数	舒适风区面积比	静风区面积比	强风区面积比	风速离散度	舒适风速离散度	风速区间/(m/s)	街区入流风速/(m/s)	街区入流风向
X29	2.23	1.00	0.73	0.21	0.06	1.39	1.57	0.063～6.701	3.70	{0.99,0.141,0}
X30	2.77	3.60	0.91	0.09	0.00	1.14	1.71	0.201～5.591	1.16	{0.8,0.6,0}
X31	2.25	1.70	0.80	0.16	0.04	1.21	1.42	0.158～5.625	1.10	{0.66,0.751,0}
X32	2.83	2.70	0.71	0.17	0.13	1.70	2.16	0.082～7.129	1.35	{0.66,0.751,0}
X33	3.16	1.40	0.72	0.10	0.18	1.77	2.42	0.132～7.679	2.03	{0.95,0.312,0}
X34	4.13	2.80	0.62	0.03	0.35	1.92	3.26	0.16～9.03	2.23	{0.98,0.199,0}
X35	3.83	4.60	0.63	0.08	0.30	2.00	3.06	0.086～9.443	2.39	{0.98,0.199,0}
X36	2.35	0.90	0.56	0.31	0.13	1.98	2.16	0.104～7.69	6.31	{0.41,0.912,0}
X37	2.95	1.70	0.73	0.12	0.15	1.71	2.24	0.075～6.934	4.20	{0.1,0.995,0}
X38	1.95	1.40	0.78	0.20	0.02	1.14	1.23	0.046～6.658	5.40	{0.49,0.872,0}
X39	1.20	0.80	0.63	0.37	0.00	0.48	0.57	0.101～2.494	4.90	{0.19,0.982,0}
X40	0.95	0.90	0.45	0.55	0.00	0.37	0.66	0.075～2.091	4.10	{0.07,0.998,0}

续表

地块编号	平均风速/(m/s)	风速众数	舒适风区面积比	静风区面积比	强风区面积比	风速离散度	舒适风速离散度	风速区间/(m/s)	街区入流风速/(m/s)	街区入流风向
X41	1.57	1.70	0.77	0.23	0.00	0.65	0.65	0.08～3.402	4.06	{0.72,0.694,0}
X42	2.26	3.10	0.79	0.19	0.03	1.30	1.50	0.085～7.163	3.59	{−0.97,0.243,0}
X43	1.70	1.60	0.78	0.22	0.00	0.82	0.85	0.089～4.364	3.75	{−0.6,0.8,0}

(表格来源:笔者自绘)

表 C-5　浮山后片区各街区最热季风环境模拟指标数据

地块编号	平均风速/(m/s)	风速众数	舒适风区面积比	静风区面积比	强风区面积比	风速离散度	舒适风速离散度	风速区间/(m/s)	街区入流风速/(m/s)	街区入流风向
F1	2.97	2.70	0.84	0.08	0.08	1.36	2.01	0.043～7.634	3.69	{0.99,0.14,0}
F2	2.19	3.00	0.79	0.20	0.01	1.20	1.39	0.032～7.718	3.26	{0.99,0.14,0}
F3	1.67	1.80	0.74	0.26	0.00	0.87	0.88	0.051～5.269	2.02	{1,0.00,0}
F4	1.75	1.20	0.75	0.25	0.00	0.96	0.99	0.052～4.985	2.15	{0.99,0.14,0}
F5	2.86	5.00	0.71	0.15	0.14	1.63	2.12	0.053～7.352	4.38	{−0.87,0.49,0}
F6	1.97	1.20	0.76	0.20	0.03	1.19	1.28	0.027～6.929	2.18	{1,0.00,0}

续表

地块编号	平均风速/(m/s)	风速众数	舒适风区面积比	静风区面积比	强风区面积比	风速离散度	舒适风速离散度	风速区间/(m/s)	街区入流风速/(m/s)	街区入流风向
F7	1.88	0.70	0.69	0.30	0.01	1.20	1.25	0.032～5.887	2.53	{0.9,0.44,0}
F8	1.29	0.80	0.56	0.44	0.00	0.77	0.80	0.025～3.669	1.65	{−1,0.00,0}
F9	1.28	1.10	0.57	0.43	0.00	0.78	0.82	0.038～4.625	1.56	{0.86,0.51,0}
F10	2.23	1.00	0.74	0.23	0.03	1.34	1.52	0.062～6.297	2.94	{0.99,0.14,0}
F11	2.03	0.40	0.69	0.29	0.03	1.31	1.41	0.045～6.299	2.17	{0.87,0.49,0}
F12	2.51	2.10	0.95	0.05	0.00	0.85	1.32	0.089～4.647	2.61	{0.99,0.14,0}
F13	2.25	1.30	0.78	0.20	0.03	1.30	1.50	0.026～6.806	2.20	{−1,0.00,0}
F14	2.17	1.60	0.87	0.13	0.00	1.01	1.21	0.056～4.898	2.44	{0.99,0.14,0}
F15	2.04	1.80	0.84	0.16	0.00	0.99	1.13	0.099～4.738	2.12	{0.99,0.14,0}
F16	1.79	1.60	0.83	0.17	0.00	0.81	0.87	0.136～5.243	2.01	{−0.99,0.14,0}
F17	1.73	1.40	0.77	0.23	0.00	0.88	0.91	0.020～4.446	1.69	{0.99,0.14,0}
F18	1.37	1.30	0.70	0.30	0.00	0.62	0.63	0.046～3.415	1.52	{1,0.00,0}

续表

地块编号	平均风速/（m/s）	风速众数	舒适风区面积比	静风区面积比	强风区面积比	风速离散度	舒适风速离散度	风速区间/（m/s）	街区入流风速/（m/s）	街区入流风向
F19	1.39	1.40	0.64	0.36	0.00	0.84	0.85	0.066～5.222	1.67	{－0.79，0.61，0}
F20	1.75	1.50	0.79	0.21	0.00	0.83	0.86	0.046～4.391	1.99	{0.99，0.14，0}
F21	2.15	1.90	0.83	0.17	0.00	1.08	1.26	0.029～5.433	1.96	{0.94，0.34，0}
F22	2.11	2.40	0.84	0.16	0.00	0.92	1.10	0.027～4.442	2.23	{0.93，0.37，0}
F23	2.40	2.30	0.91	0.09	0.00	0.94	1.30	0.097～5.127	2.46	{0.67，0.74，0}
F24	1.99	2.10	0.79	0.20	0.01	1.03	1.15	0.079～5.802	2.31	{0.4，0.92，0}
F25	2.30	1.60	0.84	0.15	0.02	1.18	1.43	0.033～5.961	3.41	{0.97，0.24，0}
F26	2.31	2.00	0.84	0.16	0.00	1.16	1.41	0.037～5.214	2.23	{0.36，0.93，0}
F27	1.94	2.10	0.80	0.20	0.00	0.96	1.06	0.061～4.793	1.79	{0.26，0.97，0}
F28	1.72	2.10	0.75	0.25	0.00	0.90	0.93	0.043～6.212	2.07	{0.99，0.14，0}
F29	1.86	1.70	0.80	0.20	0.00	0.95	1.01	0.060～5.371	2.40	{0.99，0.14，0}
F30	1.93	1.50	0.80	0.19	0.00	1.01	1.09	0.039～6.285	2.20	{－0.76，0.65，0}

续表

地块编号	平均风速/(m/s)	风速众数	舒适风区面积比	静风区面积比	强风区面积比	风速离散度	舒适风速离散度	风速区间/(m/s)	街区入流风速/(m/s)	街区入流风向
F31	1.46	0.80	0.68	0.32	0.00	0.71	0.71	0.039～3.158	1.40	{0.98,0.20,0}
F32	2.24	2.10	0.86	0.12	0.02	1.03	1.27	0.150～5.768	2.06	{0.99,0.14,0}
F33	2.17	1.10	0.78	0.19	0.03	1.30	1.46	0.108～5.573	2.51	{0.77,0.64,0}
F34	1.76	0.70	0.69	0.31	0.00	1.01	1.04	0.040～4.188	2.26	{0.21,0.98,0}
F35	2.05	2.80	0.81	0.19	0.00	1.02	1.16	0.061～4.946	2.29	{−0.98,0.20,0}

（表格来源：笔者自绘）

表 C-6　浮山后片区各街区最冷季风环境模拟指标数据

地块编号	平均风速/(m/s)	风速众数	舒适风区面积比	静风区面积比	强风区面积比	风速离散度	舒适风速离散度	风速区间/(m/s)	街区入流风速/(m/s)	街区入流风向
F1	5.16	8.10	0.44	0.04	0.52	2.36	4.35	0.08～10.00	6.28	{−0.1,0.99,0}
F2	2.79	1.40	0.73	0.14	0.13	1.78	2.20	0.02～9.54	3.82	{−0.18,0.98,0}
F3	3.34	2.50	0.74	0.07	0.19	1.69	2.50	0.04～9.92	3.17	{−0.97,0.24,0}
F4	2.87	1.40	0.75	0.12	0.13	1.71	2.19	0.01～9.33	3.70	{−0.99,0.14,0}

续表

地块编号	平均风速/(m/s)	风速众数	舒适风区面积比	静风区面积比	强风区面积比	风速离散度	舒适风速离散度	风速区间/(m/s)	街区入流风速/(m/s)	街区入流风向
F5	2.77	1.80	0.75	0.13	0.12	1.63	2.07	0.06～7.68	3.92	{−0.99,0.14,0}
F6	3.29	1.40	0.59	0.16	0.25	2.42	3.01	0.07～9.69	6.22	{−0.27,0.96,0}
F7	2.71	2.20	0.86	0.10	0.04	1.29	1.77	0.04～6.54	3.22	{−0.99,0.14,0}
F8	3.16	1.90	0.65	0.13	0.22	2.02	2.62	0.08～9.99	3.57	{−0.99,0.14,0}
F9	2.81	1.80	0.73	0.13	0.14	1.70	2.15	0.04～8.09	2.83	{−0.99,0.14,0}
F10	2.32	2.90	0.81	0.17	0.02	1.21	1.46	0.07～6.00	2.72	{−1,0.00,0}
F11	2.11	0.90	0.69	0.24	0.07	1.51	1.63	0.05～8.56	3.19	{−1,0.00,0}
F12	4.26	4.00	0.57	0.10	0.33	2.60	3.79	0.10～10.00	3.66	{−1,0.00,0}
F13	3.53	2.20	0.70	0.09	0.21	2.22	3.01	0.05～9.99	4.09	{−1,0.00,0}
F14	4.00	5.90	0.56	0.08	0.36	2.08	3.25	0.10～9.82	4.07	{−0.99,0.14,0}
F15	1.69	0.80	0.73	0.27	0.00	0.93	0.94	0.04～5.79	1.78	{0.98,0.20,0}
F16	2.04	1.00	0.75	0.24	0.01	1.21	1.32	0.04～5.85	2.46	{−1,0.00,0}

续表

地块编号	平均风速/(m/s)	风速众数	舒适风区面积比	静风区面积比	强风区面积比	风速离散度	舒适风速离散度	风速区间/(m/s)	街区入流风速/(m/s)	街区入流风向
F17	1.91	1.90	0.81	0.19	0.00	0.98	1.07	0.07～4.81	2.31	{−0.96,0.28,0}
F18	2.47	1.50	0.85	0.12	0.03	1.27	1.60	0.04～7.12	2.52	{−1,0.00,0}
F19	2.33	2.00	0.80	0.15	0.05	1.33	1.57	0.12～6.80	2.79	{0.05,1.00,0}
F20	3.10	2.60	0.72	0.12	0.16	1.87	2.46	0.09～9.57	3.62	{−0.23,0.97,0}
F21	3.05	3.50	0.75	0.12	0.13	1.86	2.42	0.07～9.11	4.17	{−0.08,1.00,0}
F22	2.80	2.60	0.82	0.09	0.10	1.40	1.91	0.10～6.64	2.75	{−0.99,0.14,0}
F23	1.76	1.40	0.81	0.19	0.00	0.88	0.92	0.03～4.50	1.96	{1,0.00,0}
F24	2.15	0.80	0.72	0.26	0.03	1.36	1.50	0.06～5.86	3.05	{0.93,0.37,0}
F25	2.69	2.10	0.80	0.11	0.08	1.48	1.90	0.03～7.33	3.27	{−0.93,0.37,0}
F26	2.80	2.20	0.72	0.13	0.14	1.72	2.16	0.07～8.21	3.54	{0.09,1.00,0}
F27	2.59	2.50	0.77	0.14	0.09	1.48	1.84	0.09～7.23	3.10	{0.98,0.20,0}
F28	2.44	2.00	0.81	0.16	0.03	1.36	1.65	0.02～6.71	2.98	{−0.99,0.14,0}

续表

地块编号	平均风速/(m/s)	风速众数	舒适风区面积比	静风区面积比	强风区面积比	风速离散度	舒适风速离散度	风速区间/(m/s)	街区入流风速/(m/s)	街区入流风向
F29	2.60	3.70	0.81	0.16	0.03	1.35	1.74	0.10～6.82	3.34	{−0.65,0.76,0}
F30	4.31	5.70	0.49	0.06	0.45	2.05	3.48	0.10～8.00	3.73	{−1,0.00,0}
F31	1.78	1.70	0.79	0.21	0.00	0.85	0.90	0.17～4.41	2.13	{−0.99,0.14,0}
F32	2.09	3.00	0.83	0.17	0.00	0.96	1.13	0.11～4.75	1.88	{−0.99,0.14,0}
F33	3.06	3.80	0.68	0.16	0.15	1.75	2.34	0.08～7.72	4.14	{−0.96,0.28,0}
F34	2.14	1.60	0.86	0.14	0.00	1.03	1.22	0.16～5.06	1.90	{−0.99,0.14,0}
F35	2.78	1.20	0.71	0.16	0.13	1.80	2.21	0.08～9.64	3.53	{−0.08,1.00,0}

（表格来源：笔者自绘）

参考文献

[1] 徐小东.基于生物气候条件的绿色城市设计生态策略研究[D].南京:东南大学,2005.

[2] 商讯.2019年上半年全国机动车保有量达3.4亿辆[J].商用汽车,2019,7.

[3] 中华人民共和国住房和城乡建设部.中国城市建设统计年鉴2009年[M].北京:中国计划出版社,2010.

[4] 住房和城乡建设部.2016年城乡建设统计公报[J].城乡建设,2017(17):38-43.

[5] 龙惟定,白玮,梁浩,等.低碳城市的城市形态和能源愿景[J].建筑科学,2010,26(02):13-18+23.

[6] Oke T R. Street design and urban canopy layer climate[J]. Energy and Buildings,1988(11):103-113.

[7] 曾煜朗,董靓.步行街道夏季微气候研究——以成都宽窄巷子为例[J].中国园林,2014(08):92-96.

[8] 王青,詹庆明.武汉地区住宅小区风环境的数值模拟分析[J].中外建筑,2010(12):95-97.

[9] 秦文翠.街区尺度上的城市微气候数值模拟研究[D].重庆:西南大学,2015.

[10] 陈宏,李保峰,张卫宁.城市微气候调节与街区形态要素的相关性研究[J].城市建筑,2015(31):41-43.

[11] 张涛.城市中心区风环境与空间形态耦合研究[D].南京:东南大学,2015.

[12] 扬·盖尔.人性化的城市[M].徐哲文,译.北京:中国建筑工业出版社,2010.

[13] Oke T R. The distinction between canopy and boundary-layer urban heat islands[J]. Atmosphere,1976,14(4):268-277.

[14] 王振.夏热冬冷地区基于城市微气候的街区层峡气候适应性设计策略研究[D].武汉:华中科技大学,2008.

[15] 王汉青,通风工程[M],北京:机械工业出版社,2007.

[16] 刘加平.城市物理环境[M],北京:中国建筑工业出版社,2011.

[17] 王金岩.城市街廓模式研究:以沈阳市为例[D].大连:大连理工大学,2006.

[18] 肖亮.城市街区尺度研究[D].上海:同济大学,2006.

[19] 刘代云.论城市设计创作中街区尺度的塑造[J].建筑学报,2007(6):1-3.

[20] 李晓西,卢一沙.适宜的城市街区尺度初探[J].山西建筑,2008,34(9):43-44.

[21] 梁江,陈亮,孙晖.面向市场经济机制的主动应对——深圳福田中心区 22、23-1 街坊控制性详细规划演进分析[J].规划师,2006(10):48-50.

[22] 刘敏霞.地块尺度对于城市形态的影响[J].山西建筑,2009,35(1):31-33.

[23] 齐从谦,崔琼瑶.基于参数化技术的设计方法研究[J].机械设计与研究,2002,18(5):13-15.

[24] 罗海玉.参数化设计及其关键技术[J].甘肃科技纵横,2003(05):19-20.

[25] 骆耀辉.基于优化算法的参数化建筑设计探究[D].成都:西南交通大学,2015.

[26] 郝思齐,池慧.三种常见现代优化算法的比较[J].价值工程,2014(27):301-302.

[27] 臧鑫宇.绿色街区城市设计策略与方法研究[D].天津:天津大学,2014.

[28] 廖春玲.与风环境协同的山地街区形态设计方法研究[D].重庆:重庆

大学,2018.

[29] 苏伟忠,王发曾,杨英宝.城市开放空间的空间结构与功能分析[J].地域研究与开发,2004(05):24-27.

[30] 肖亮.城市街区尺度研究[D].上海:同济大学,2006.

[31] 邵大伟.城市开放空间格局的演变、机制及优化研究[D].南京:南京师范大学,2011.

[32] 王红卫.城市型居住街区空间布局研究[D].广州:华南理工大学,2012.

[33] Nagamune S, Kinoshita H. A study on the classifications of urban blocks containing pedestrian paths in Hong Kong: case study of Chung Wan, Sheung Wan, Sai Wan area in Hong Kong Island[J]. Journal of Architecture and Planning, 2016, 81(722): 933-942.

[34] Novack T, Stilla U. Context-Based Classification of Urban Blocks According to Their Built-up Structure [J]. PFG-Journal of Photogrammetry, Remote Sensing and Geoinformation Science, 2017, 85(6): 365-376.

[35] 宋亚程,韩冬青,张烨.南京城市街区形态的层级结构表述初探[J].建筑学报,2018(08):34-39.

[36] 维特鲁威.建筑十书[M].高履泰,译.北京:知识产权出版社,2001.

[37] 杨俊宴,张涛,谭瑛.城市风环境研究的技术演进及其评价体系整合[J].南方建筑,2014(03):31-38.

[38] 朱瑞兆.风与城市规划[J].气象科技,1980(04):3-6.

[39] Givoni B. Climate considerations in building and urban design[M]. Van Nostrand Reinhold Company, 1998.

[40] Baker K. An urban approach to climate-sensitive design: strategies for the tropics[J]. Taylor & Francis, 2014.

[41] 柏春.城市气候设计:城市空间形态气候合理性实现的途径[M].北京:中国建筑工业出版社,2005.

[42] 李鹍,余庄.基于气候调节的城市通风道探析[J].自然资源学报,

2006,21(6):991-997.

[43] 朱亚斓,余莉莉,丁绍刚.城市通风道在改善城市环境中的运用[J].城市发展研究,2008(1):46-49.

[44] 刘姝宇,沈济黄.基于局地环流的城市通风道规划方法——以德国斯图加特市为例[J].浙江大学学报(工学版),2010(10):1985-1991.

[45] 洪亮平,余庄,李鹍,等.夏热冬冷地区城市广义通风道规划探析——以武汉四新地区城市设计为例[J].中国园林,2011,27(2):39-43.

[46] 任超,袁超,何正军,等.城市通风廊道研究及其规划应用[J].城市规划学刊,2014(3):52-60.

[47] 赵红斌,刘晖.盆地城市通风廊道营建方法研究——以西安市为例[J].中国园林,2014(11):32-35.

[48] 张桂玲.山地城市近地层风环境的数字化研究[D].重庆:重庆大学,2016.

[49] Oke T R. Street design and urban canopy layer climate[J]. Energy and Buildings,1988,11(1-3):103-113.

[50] Dabberdt W F, Hoydysh W G. Street canyon dispersion: sensitivity to block shape and entrainment[J]. Atmospheric Environment. Part A. General Topics,1991,25(7):1143-1153.

[51] Hunter L J, Johnson G T, Watson I D. An investigation of three-dimensional characteristics of flow regimes within the urban canyon [J]. Atmospheric Environment. Part B. Urban Atmosphere,1992,26(4):425-432.

[52] Littlefair P J, Santamouris M, Alvarez S, et al. Environmental site layout planning: Solar access, microclimate and passive cooling in urban areas[M]. Boca Raton:CRC Rress Inc,2000.

[53] Chang C H, Meroney R N. Concentration and flow distributions in urban street canyons: wind tunnel and computational data [J]. Journal of Wind Engineering & Industrial Aerodynamics,2003,91(9):1141-1154.

[54] Ahmad K,Khare M,Chaudhry K K. Wind tunnel simulation studies on dispersion at urban street canyons and intersections—a review[J]. Journal of Wind Engineering & Industrial Aerodynamics,2005,93(9):697-717.

[55] 许川. 成都地区传统与现代城市形态的街谷风环境对比分析[D]. 成都:西南交通大学,2017.

[56] Kuo C Y,Wang R J,Lin Y P,et al. Urban design with the wind: pedestrian-Level wind field in the street canyons downstream of parallel high-rise buildings[J]. Energies,2020,13(11):2827.

[57] CUI D J,LI X D,DU Y X,et al. Effects of envelope features on wind flow and pollutant exposure in street canyons[J]. Building and Environment,2020,176.

[58] To A P,Lam K M. Evaluation of pedestrian-level wind environment around a row of tall buildings using a quartile-level wind speed descripter[J]. Journal of Wind Engineering and Industrial Aerodynamics,1995,54(94):527-541.

[59] 周莉,席光. 高层建筑群风场的数值分析[J]. 西安交通大学学报,2001,35(5):471-474.

[60] 李云平. 寒地高层住区风环境模拟分析及设计策略研究[D]. 哈尔滨:哈尔滨工业大学,2007.

[61] 许伟,杨仕超,李庆祥. 高层建筑密集区的风环境数值模拟研究[J]. 广东土木与建筑,2009,(3):17-20.

[62] Tsang C W,Kwok K C S,Hitchcock P A. Wind tunnel study of pedestrian level wind environment around tall buildings: Effects of building dimensions, separation and podium[J]. Building and Environment,2012,49(3):167-181.

[63] 侯拓宇,陆明. 严寒城市商业街区风环境感知预测与空间优化[J]. 建筑学报,2018(S1):153-157.

[64] 甘月朗,陈宏. 空间形态指标对于板式街区通风的适用性分析[J]. 城

市规划,2018,42(12):97-108.

[65] 曾穗平,田健,曾坚.基于 CFD 模拟的典型住区模块通风效率与优化布局研究[J].建筑学报,2019(02):30-36.

[66] Camuffo D. Microclimate for Cultural Heritage: Measurement, Risk Assessment, Conservation, Restoration, and Maintenance of Indoor and Outdoor Monuments Third Edition[J]. Elsevier, 2019: (383-429).

[67] Melbourne W H. Criteria for environmental wind conditions[J]. Journal of Wind Engineering and Industrial Aerodynamics, 1978, 3 (2-3):241-249.

[68] Murakami S, Iwasa Y, Morikawa Y. Study on acceptable criteria for assessing wind environment at ground level based on residents' diaries[J]. Journal of Wind Engineering and Industrial Aerodynamics, 1986, 24(1):1-18.

[69] Ohba M, Kobayashi N, Murakami S. Study on the assessment of environmental wind conditions at ground level in a built-up area-based on long-term measurements using portable 3-cup anemometers [J]. Journal of Wind Engineering & Industrial Aerodynamics, 1988, 28(1-3):129-138.

[70] Wise A. Effects due to groups of buildings [J]. Philosophical Transactions of the Royal Society of London. Series A, Mathematical and Physical Sciences, 1971, 269:469-485.

[71] Penwarden A D. Acceptable wind speeds in towns[J]. Building Science, 1973, 8(3):259-267.

[72] Hunt J C R, Poulton E C, Mumford J C. The effects of wind on people; new criteria based on wind tunnel experiments[J]. Building and Environment, 1976, 11(1):15-28.

[73] Stathopoulos T, Storms R. Wind environmental conditions in passages between buildings[J]. Journal of Wind Engineering and Industrial

Aerodynamics,1986,24(1):19-31.

[74] White B R. Analysis and wind-tunnel simulation of pedestrian-level winds in San Francisco[J]. Journal of Wind Engineering and Industrial Aerodynamics,1992,44(1-3):2353-2364.

[75] Uehara K,Murakami S, Oikawa S, et al. Wind tunnel experiments on how thermal stratification affects flow in and above urban street canyons[J]. Atmospheric Environment,2000,34(10):1553-1562.

[76] 刘辉志,姜瑜君,梁彬,等.城市高大建筑群周围风环境研究[J].中国科学:D辑.地球科学,2005(1):84-96.

[77] Kubota T, Miura M, Tominaga Y, et al. Wind tunnel tests on the relationship between building density and pedestrian-level wind velocity: Development of guidelines for realizing acceptable wind environment in residential neighborhoods[J]. Building & Environment, 2008, 43(10):1699-1708.

[78] 王成刚,罗峰,王咏薇,等.高密度建筑群及超高建筑物对风环境影响的风洞实验[J].大气科学学报,2016,39(01):133-139.

[79] 李彪.城市建筑群分布非均一性对风环境影响研究[D].哈尔滨:哈尔滨工业大学,2016.

[80] 徐晓达.超高层建筑周边行人高度处平均风速分布特性及风环境评估[D].北京:北京交通大学,2019.

[81] Tang Y,Gu M,Jin X. Research on wind-induced response of structurally asymmetric tall buildings[J]. Journal of Tongji University(natural science),2010,38(2):178-182+316.

[82] Bottema M. Wind climate and urban geometry [D]. Technische Universiteit Eindhoven,1993.

[83] Gadilhe A, Janvier L, Barnaud G. Numerical and experimental modelling of the three-dimensional turbulent wind flow through an urban square [J]. Journal of Wind Engineering and Industrial Aerodynamics,1993,46-47:755-763.

[84] Takakura S, Suyama Y, Aoyama M. Numerical simulation of flowfield around buildings in an urban area[J]. Journal of Wind Engineering and Industrial Aerodynamics, 1993, 46-47: 765-771.

[85] Stathopoulos T, Baskaran B A. Computer simulation of wind environmental conditions around buildings[J]. Engineering Structures, 1996, 18(11): 876-885.

[86] 武文斐，符永正，李义科. 高层建筑表面风压分布规律的数值计算与分析[J]. 通风除尘，1997(01): 29-32.

[87] Murakami S, Ooka R, Mochida A, et al. CFD analysis of wind climate from human scale to urban scale[J]. Journal of Wind Engineering and Industrial Aerodynamics, 1999, 81(1-3): 57-81.

[88] 杨伟，顾明. 高层建筑三维定常风场数值模拟[J]. 同济大学学报：自然科学版，2003(06): 647-651.

[89] Wang B M, Liu H Z, Chen K, et al. Evaluation of pedestrian winds around tall buildings by numerical approach[J]. Meteorology & Atmospheric Physics, 2004, 87(1-3): 133-142.

[90] Skote M, Sandberg M, Westerberg U, et al. Numerical and experimental studies of wind environment in an urban morphology [J]. Atmospheric Environment, 2005, 39(33): 6147-6158.

[91] Gomes M G, Rodrigues A M, Mendes P. Experimental and numerical study of wind pressures on irregular-plan shapes[J]. Journal of Wind Engineering and Industrial Aerodynamics, 2005, 93(10): 741-756.

[92] Zhang A S, Gao C L, Zhang L. Numerical simulation of the wind field around different building arrangements[J]. Journal of Wind Engineering and Industrial Aerodynamics, 2005, 93(12): 891-904.

[93] 王辉，陈水福，唐锦春. 群体建筑风环境的数值模拟及分析[J]. 力学与实践，2006(01): 14-18.

[94] 王珍吾，高云飞，孟庆林，等. 建筑群布局与自然通风关系的研究[J]. 建筑科学，2007(06): 24-27+75.

[95] 马剑,陈水福.平面布局对高层建筑群风环境影响的数值研究[J].浙江大学学报:工学版,2007,41(09):1477-1481.

[96] 李云平.寒地高层住区风环境模拟分析及设计策略研究[D].哈尔滨:哈尔滨工业大学,2007.

[97] 史彦丽.建筑室内外风环境的数值方法研究[D].长沙:湖南大学,2008.

[98] 陈飞.民居建筑风环境研究——以上海步高里及周庄张厅为例[J].建筑学报,2009(S1):30-34.

[99] 乐地.高层建筑布局对城市区域热环境影响的研究[D].长沙:湖南大学,2012.

[100] 史源,任超,吴恩融.基于室外风环境与热舒适度的城市设计改进策略——以北京西单商业街为例[J].城市规划学刊,2012(05):92-98.

[101] Montazeri H, Blocken B. CFD simulation of wind-induced pressure coefficients on buildings with and without balconies: Validation and sensitivity analysis [J]. Building and Environment, 2013, 60: 137-149.

[102] Blocken B. 50 years of computational wind engineering: Past, present and future[J]. Journal of Wind Engineering and Industrial Aerodynamics, 2014, 129: 69-102.

[103] Ramponi R, Blocken B, Laura B, et al. CFD simulation of outdoor ventilation of generic urban configurations with different urban densities and equal and unequal street widths [J]. Building and Environment, 2015, 92: 152-166.

[104] 曾穗平.基于“源—流—汇”理论的城市风环境优化与CFD分析方法[D].天津:天津大学,2016.

[105] 刘滨谊,司润泽.基于数据实测与CFD模拟的住区风环境景观适应性策略——以同济大学彰武路宿舍区为例[J].中国园林,2018,34(02):24-28.

[106] Meaden G T, Kochev S, Kolendowicz L, et al. Comparing the

theoretical versions of the Beaufort scale, the T-Scale and the Fujita scale[J]. Atmospheric research, 2007, 83(2-4): 446-449.

[107] 宋明洁. 城市中央商务区规划设计中室外风环境特性研究[D]. 天津:天津大学, 2012.

[108] 中华人民共和国住房和城乡建设部. 绿色建筑评价标准: GB/T 50378—2014[S]. 北京:中国建筑工业出版社, 2014, 4.

[109] Murakami S, Deguchi K. New criteria for wind effects on pedestrians [J]. Journal of Wind Engineering and Industrial Aerodynamics, 1981, 7(3): 289-309.

[110] Soligo M J, Irwin P A, Williams C J, et al. A comprehensive assessment of pedestrian comfort including thermal effects[J]. Journal of Wind Engineering and Industrial Aerodynamics, 1998, 77-78: 753-766.

[111] 孙玫玲,韩素芹,姚青,等. 天津市城区静风与污染物浓度变化规律的分析[J]. 气象与环境学报, 2007, 23(02): 21-24.

[112] 亚历山大. 形式综合论[M]. 王蔚,译. 武汉:华中科技大学出版社, 2010.

[113] 源清,肖文. 温故知新更上层楼(一): CAD 技术发展历程概览[J]. 计算机辅助设计与制造, 1998(1): 3-7.

[114] Mitchell W J. Computer-Aided Architectural Design [M]. New York: Petrocelli / Charter, 1977.

[115] 杨丽,张冠增. 建筑行业数字技术发展的几点思考[J]. 建筑经济, 2009(S1): 36-39.

[116] Duvernoy S. Architecture's new media: Principles, theories, and methods of computer-aided design [M]. Cambridge: MIT press, 2004.

[117] 王端. 参数化形式设计的软件平台初探[J]. 建筑技艺, 2010(6): 110-112.

[118] 蔡权. 基于环境参量的参数化建筑设计研究[D]. 南京:南京工业大

学,2012.

[119] 包瑞清.计算机辅助风景园林规划设计策略研究[D].北京:北京林业大学,2013.

[120] 徐丰.参数化环境响应——XWG 建筑工作室的设计理念及实践[J].城市建筑,2011(9):47-50.

[121] 张帆,邢凯,梁静.基于环境参量的绿色建筑参数化设计研究[C]//华中科技大学建筑学院.数字建构文化——2015 年全国建筑院系建筑数字技术教学研讨会论文集,北京:中国建筑工业出版社,2015.

[122] 苏毅.结合数字化技术的自然形态城市设计方法研究[D].天津:天津大学,2010.

[123] 游猎.可持续策略下的参数化建筑设计研究[D].天津:天津大学,2012.

[124] 申杰.基于 Grasshopper 的绿色建筑技术分析方法应用研究[D].广州:华南理工大学,2012.

[125] Caldas L G, Norford L K. A design optimization tool based on a genetic algorithm[J]. Automation in Construction, 2002, 11(2): 173-184.

[126] 周潇儒.基于整体能量需求的方案阶段建筑节能设计方法研究[D].北京:清华大学,2009.

[127] 陈佳明.基于集总参数法的居住区热环境计算程序开发[D].广州:华南理工大学,2010.

[128] 余琼.方案阶段建筑节能参数化设计方法研究[D].北京:清华大学,2011.

[129] Flager F, Basbagill J, Lepech M, et al. Multi-objective building envelope optimization for life-cycle cost and global warming potential[C]//Proceedings of ECPPM. 2012:193-200.

[130] 高菲.基于日照影响的高层住宅自动布局[D].南京:南京大学,2014.

[131] Asl M R, Stoupine A, Zarrinmehr S, et al. Optimo: A BIM-based

multi-objective optimization tool utilizing visual programming for high performance building design[C]. Proceedings of the 33rd eCAADe Conference - Volume 1, Vienna University of Technology, Vienna, Austria, 16-18 September 2015, pp. 673-682.

[132] Echenagucia T M, Capozzoli A, Cascone Y, et al. The early design stage of a building envelope: Multi-objective search through heating, cooling and lighting energy performance analysis[J]. Applied Energy, 2015, 154: 577-591.

[133] Makki M, Farzaneh A, Navarro D. The evolutionary adaptation of urban tissues through computational analysis[C]. Real time-Proceedings of the 33rd eCAADe Conference. Vienna: Vienna University of Technology, 2015, 2: 563-571.

[134] 冯锦滔. 基于城市风热环境的空间布局自动寻优方法研究[D]. 深圳:深圳大学,2017.

[135] 吴杰. 基于参数化方法的城市住区热环境多目标优化设计研究[D]. 广州:华南理工大学,2017.

[136] Zhang J, Cui P, Song H H. Impact of urban morphology on outdoor air temperature and microclimate optimization strategy base on Pareto optimality in Northeast China[J]. Building and Environment, 2020, 180(1101): 107035.

[137] Kolarevic B, Malkawi A. Peformative Architecture[M]. London: Routledge, 2004.

[138] Kibert C J. Sustainable construction: Green building design and delivery[M]. London: John Wiley & Sons, 2012.

[139] Kjell A. Design energy simulation for architects: Guide to 3D graphics[M]. London: Routledge, 2014.

[140] Sharag-Eldin A. A parametric model for predicting wind-induced pressures on low-rise vertical surfaces in shielded environments [J]. Solar Energy, 2007, 81(1): 52-61.

[141] Nguyen A T, Reiter S, Rigo P. A review on simulation-based optimization methods applied to building performance analysis[J]. Applied Energy,2014,113:1043-1058.

[142] 马小姝. 多目标优化的遗传算法研究[D]. 西安:西安电子科技大学,2010.

[143] 谭艳艳. 几种改进的分解类多目标进化算法及其应用[D]. 西安:西安电子科技大学,2013.

[144] Javad,Khazaii. Advanced Decision Making for HVAC Engineers [M]. London:Springer International Publishing,2016.

[145] Konis K, Gamas A, Kensek K. Passive performance and building form: An optimization framework for early-stage design support [J]. Solar Energy,2016,125:161-179.

[146] Cichocka J M, Migalska A, Browne W N, et al. SILVEREYE-The implementation of particle swarm optimization algorithm in a design optimization tool [C]. International Conference on Computer-Aided Architectural Design Futures. Singapore:Springer,2017.

[147] 雷德明,严新平. 多目标智能优化算法及其应用[M]. 北京:科学出版社,2009.

[148] Holland J H. Adaptation in Natural and Artificial Systems[M]. Michigan:The University of Michigan Press,1975.

[149] Zitzler E, Laumanns M, Thiele L. SPEA2: Improving the strength Pareto evolutionary algorithm[J]. TIK-report,2001,103.

[150] Deb K, Pratap A, Agarwal S, et al. A fast and elitist multiobjective genetic algorithm: NSGA-Ⅱ[J]. IEEE Transactions on Evolutionary Computation,2002,6(2):182-197.

[151] Zitzler E, Thiele L. Multiobjective evolutionary algorithms: A comparative case study and the strength Pareto approach[J]. IEEE transactions on Evolutionary Computation,1999,3(4):257-271.

[152] Srinivas N, Deb K. Muiltiobjective optimization using non-

dominated sorting in genetic algorithms [J]. Evolutionary Computation,1994,2(3):221-248.

[153] Xu X, Yin C, Wang W, et al. Revealing urban morphology and outdoor comfort through genetic algorithm-driven urban block design in dry and hot regions of China[J]. Sustainability,2019,11(13):3683.

[154] 中华人民共和国住房和城乡建设部. 城市综合交通体系规划标准 GB/T 51328-2018[S]. 北京:中国建筑工业出版社,2018.

[155] 胡昕宇. 亚洲特大城市轴核结构中心区空间与业态定量研究[D]. 南京:东南大学,2016.

[156] Goodchild M F. Commentary:Whither VGI? [J]. Geojournal,2008,72(3-4):239-244.

[157] Haklay M, Weber P. OpenStreetMap:User-generated Street Maps [J]. IEEE Pervasive Computing,2008,7(4):12-18.

[158] 范博文. 众源地理数据质量研究:以昆明市为例[D]. 昆明:云南大学,2015.

[159] 丁建勋,刘亚楠,张新长,等. OpenStreetMap 数据下的空间数据更新方法[J]. 测绘通报,2016(6):94-97.

[160] 王明,李清泉,胡庆武,等. 面向众源开放街道地图空间数据的质量评价方法[J]. 武汉大学学报:信息科学版,2013,38(12):1490-1494.

[161] 赵肄江,周晓光,黄梦妮. 基于用户信誉的自发地理信息可信度计算模型[J]. 武汉大学学报:信息科学版,2016,41(11):1530-1536.

[162] 黄烨勍,孙一民. 街区适宜尺度的判定特征及量化指标[J]. 华南理工大学学报:自然科学版,2012,40(9):131-138.

[163] 宋雪涛,蒲英霞,马劲松,等. 基于路网的城市子区域提取技术研究[J]. 地理空间信息,2017,15(6):14-17.

[164] 胡华龙,薛武,秦志远. 基于小波纹理和基元合并的高分影像居民地提取[J]. 国土资源遥感,2017,29(1):21-28.

[165] 殷畅. GIS 中的地形三维可视化[D]. 郑州:解放军信息工程大

学,2001.

[166] 胡少林.基于DEM数据的三维地形建模方法研究与实现[D].长沙:国防科学技术大学,2002.

[167] Rutten D. Galapagos:On the logic and limitations of generic solvers [J]. Architectural Design,2013,83(2):132-135.

[168] Ali A K,Lee O J,Song H. Robot-based facade spatial assembly optimization[J]. Journal of Building Engineering,2020:101556.

[169] Ali A K, Song H, Lee O J, et al. Multi-Agent-Based Urban Vegetation Design [J]. International Journal of Environmental Research and Public Health,2020,17(9):3075.

[170] Cichocka J M,Migalska A,Browne W N,et al. SILVEREYE-The implementation of particle swarm optimization algorithm in a design optimization tool[M]. International Conference on Computer-Aided Architectural Design Futures. Singapore:Springer,2017.

[171] Deb K. Multi-objective genetic algorithms:Problem difficulties and construction of test problems[J]. Evolutionary computation,1999,7(3):205-230.

[172] 王东宇.海岸带规划[M].北京:中国建筑工业出版社,2014.

[173] 耿晓婧.海岸带微气候的动力学特征研究[D].北京:清华大学,2009.

[174] Porson A,Steyn D G,Schayes G. Sea-breeze scaling from numerical model simulations,part Ⅱ:Interaction between the sea breeze and slope flows[J]. Boundary-Layer meteorology,2007,122(1):31-41.

[175] 徐海洋,于丙辰,陈刚,等.基于OpenStreetMap数据的城市街区提取与精度评价[J].地理空间信息,2019,17(03):71-74.

[176] 中国气象局.青岛地理气候特点[EB/OL].[2014-04-17]. http://www. cma. gov. cn/2011xzt/2014zt/20140417/2014041705/201404/t20140417_243735. html.

[177] 邬尚霖,孙一民.广州地区街道微气候模拟及改善策略研究[J].城市

规划学刊,2016(1):56-62.
[178] 任律,李丽平.国家自然科学基金委员会地球科学部 南京信息工程大学大气资料服务中心资料通讯[J].大气科学学报,2010(2):253-256.
[179] 中华人民共和国住房和城乡建设部.民用建筑供暖通风与空气调节设计规范:GB 50736—2012[S].北京:中国建筑工业出版社,2012.
[180] 韩爽,刘永前,杨威,等.用于计算平均风向的优化矢量平均法[J].电网技术,2012,36(05):68-72.
[181] 邱传涛,李丁华.平均风向的计算方法及其比较[J].高原气象,1997(01):94-98.
[182] Doom E V, Dhruva B, Sreenivasan K R, et al. Statistics of wind direction and its increments[J]. Physics of Fluids, 2000, 12(6): 1529-1534.
[183] 张禹瑄,胡玮通.机场自动观测系统风向变量算法[J].电脑知识与技术,2010,6(13):3453-3453+3455.
[184] Trauth M H, Gebbers R, Marwan N. MATLAB recipes for earth sciences[M]. Berlin: Springer Berlin Heidelberg, 2006: 263-277.
[185] 沈彦燕,袁峰,张静,等.矢量平均法测量地面风[J].气象水文海洋仪器,2008(2):80-83.
[186] 王伟.自动观测系统中 VRB 风向不定问题的探讨[J].气象水文海洋仪器,2009(4):42-44.
[187] 王金钊.常见风参数的几种平均方法[J].气象,1984(1):28-32.
[188] Mardia K V. Statistics of directional data[J]. Journal of the Royal Statistical Society Series B: Methodological, 1975, 37(3): 349-371.
[189] 王烨芳,薛云朝,李清.气球轨迹法测风和风廓线雷达测风的对比分析[J].气象水文海洋仪器,2007(3):30-34.
[190] 王烨芳,齐久成,王威.高空气象探测测风计算方法[J].气象水文海洋仪器,2008(3):26-28.
[191] 杨威.风电场设计后评估方法研究[D].北京:华北电力大学,2009.

［192］ 张双益，王益群，吕宙安，等. 利用 MERRA 数据对测风数据进行代表年订正的研究［J］. 可再生能源，2014，32(01)：58-62.

［193］ 王诂. 建筑日照分析的 CAD 方法［J］. 工程设计 CAD 及自动化，1996(04)：27-30＋26.